현 대 의 천 문 학 시 리 즈 ㅣ 08
Modern Astronomy Series

블랙홀과 고에너지 현상

고야마 가쓰지小山勝二 · 미네시게 신嶺重愼 엮음

김두환 감수 / 주혜란 옮김

지성사

「SERIES GENDAI NO TENMONGAKU 08: BLACKHOLE TO KOU ENERGY GENSYOU」
by Katsuji Koyama, Shin Mineshige.
Copyright ⓒ 2016 by JISUNGSA.
All rights reserved.
First published in Japan by Nippon-Hyoron-sha Co., Ltd., Tokyo.

This Korean edition is published by arrangement with Nippon-Hyoron-sha Co., Ltd., Tokyo in care of
Tuttle-Mori Agency, Inc., Tokyo through Eric Yang Agency, Inc., Seoul.

이 책의 한국어판 판권은 Tuttle-Mori Agency, Inc.과 Eric Yang Agency, Inc.를 통한
Nippon-Hyoron-sha Co.와의 독점 계약으로 지성사에 있습니다.
저작권법에 의해 한국 내에서 보호를 받는 저작물이므로 무단 전재와 무단 복제를 금합니다.

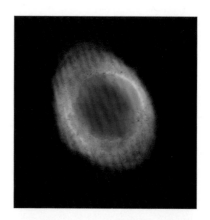

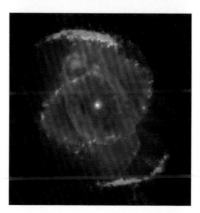

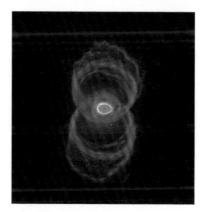

화보 1 (위부터 순서대로)
M 57(고리성운),
NGC 6543(고양이눈성운),
MyCn 18(모래시계성운) (NASA 제공).

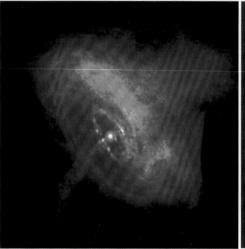

화보 2 (위)
찬드라가 관측한 게성운 펄서(왼쪽)와 돛자리 펄서 주변에 있는 펄서 성운(오른쪽)의 X선 화상.

화보 4 (오른쪽, 위부터 순서대로) →
허블 우주망원경으로 촬영한 가시광에서 본 원시별 제트(http://hubbiesite.org/gallery/), 아스카가 촬영한 특이별 SS 433의 상대론적 제트(http://www-cr.scphys.kyotou.ac.jp/), 전파간섭계로 본 거대 타원은하 M87의 제트 중심부는 하루카 위성이 보내온 것이다 (http://www.oal.ul.pt/oobservatorio/vol5/n9/M87-VLAd.jpg).

화보 3 (아래)
찬드라가 보내온 허블 디프 필드 북쪽 영역의 X선 화상(왼쪽). 록맨홀 영역의 XMM-Newton 이 보내온 록맨홀 영역의 X선 화상(오른쪽)(Brandt & Hasinger 2005, Ann. Rev. Astar. AP., 43, 827).

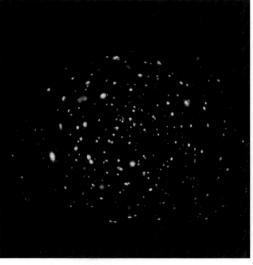

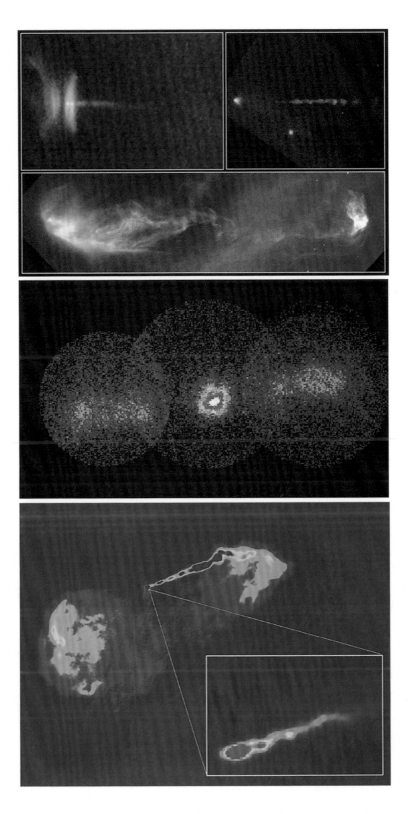

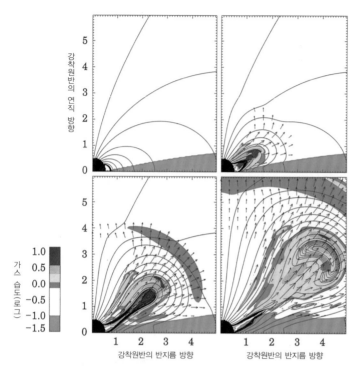

가스 밀도(로그)

강착원반의 연직 방향

강착원반의 반지름 방향

강착원반의 반지름 방향

화보 5 (왼쪽)
초기 자기장이 다이폴 자기장인 경우, 강착원반과 다이폴 자기장의 상호작용을 MHD 모의실험으로 나타냈다(Hayashi *et al*, 1996, *ApJ*, 468, L37). 그림의 가로축과 세로축 숫자는 초기 원반의 반지름을 단위로 한 것이며, 오른쪽 아래는 시간=4.01(무차원).

화보 6 (아래)
스자쿠가 보내온 초신성 잔해 SN 1006의 X선 사진. 왼쪽은 싱크로트론 X선 복사로, 우주선 가속 현장으로 생각되며 오른쪽은 O Ⅶ의 특성 X선 분포로, 고온 플라스마의 분포 양상을 보여준다. 이 둘의 공간분포는 전혀 다르다는 것을 알 수 있다.

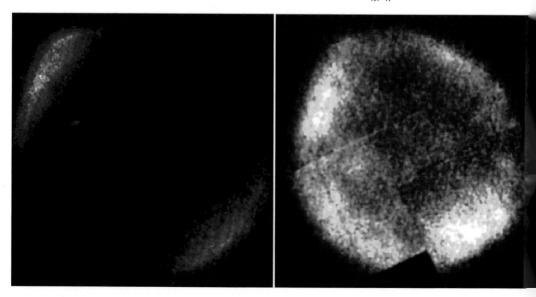

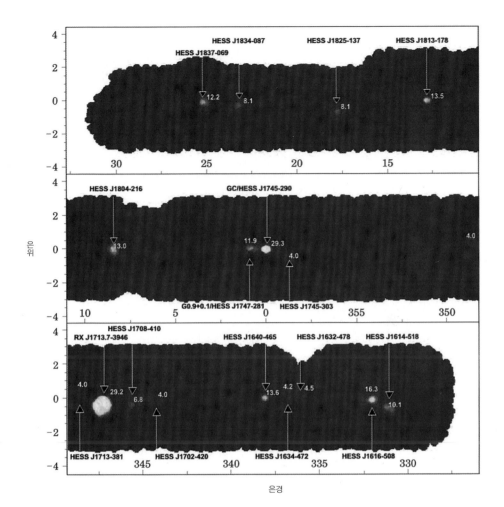

화보 7
HESS 망원경으로 발견된 TeV 감마
선원 분포도(Aharonian *et al*, 2006,
636, 777). 은하면이 은경 −30°(330°)
에서 +30° 까지 3단계에 걸쳐 표시되
어 있다.

화보 8

2704건이나 되는 감마선 폭발이 일어난 방향 분포를 BATSE 관측장치가 포착해 은하좌표로 표시했다. 컬러는 50~300 keV 대에서의 에너지 총량(erg^{-2})을 나타낸다 (http://cossc.gsfc.nasa.gov/docs/cgro/batse/).

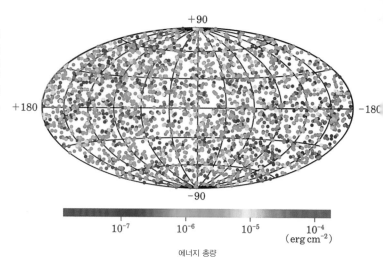

화보 9

(위)

베포Beppo SAX에서 관측한 GRB 970228의 X선 사진(가운데 밝은 부분). 좌표는 적위(도, 분, 초), 적경(시, 분, 초). 왼쪽은 폭발하고 나서 8시간 후, 오른쪽은 3일 후의 X선 잔광을 보여준다(Costa et al, 1997, Nature, 387, 783). Copyrigt ⓒ 1997, Nature Publishing Group.

(아래)

이어서 발견된 가시광의 잔광(OT로 표기). 왼쪽은 폭발한 날, 오른쪽은 8일 후의 가시광 사진이다(약 7분각 사방) (van Paradijs 1997, Nature, 386, 686). Copyright ⓒ 1997, Nature Publishing Group.

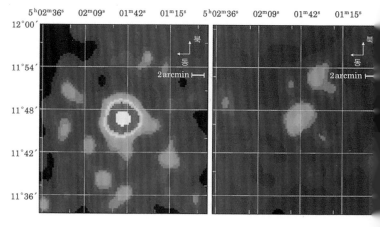

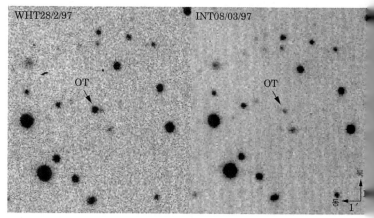

천문학은 최근 들어 놀라운 추세로 발전하면서 많은 사람들의 관심을 모으고 있다. 이것은 관측기술이 발전함으로써 인류가 볼 수 있는 우주가 크게 넓어졌기 때문이다. 우주의 끝으로 나아가려는 인류의 노력은 마침내 129억 광년 너머의 은하에 이르게 됐다. 이 은하는 빅뱅으로부터 불과 8억 년 후의 모습을 보여준다. 2006년 8월에 명왕성을 행성과는 다른 천체로 분류하는 '행성의 정의'가 국제천문연맹에서 채택된 것도 태양계 외연부의 모습이 점차 뚜렷해졌기 때문이다.

이러한 시기에 일본천문학회의 창립 100주년기념출판 사업으로 천문학의 모든 분야를 망라하는 ≪현대의 천문학 시리즈≫를 간행할 수 있게 되어 큰 영광이다.

이 시리즈에서는 최전선의 연구자들이 천문학의 기초를 설명하면서 본인의 경험을 포함한 최신 연구성과를 보여줄 것이다. 가능한 한 천문학이나 우주에 관심이 있는 고등학생들이 이해할 수 있도록 쉬운 문장으로 설명하기 위해 신경을 썼다. 특히 시리즈의 도입부인 제1권에서는 천문학을 우주-지구-인간의 관점에서 살펴보면서 우주의 생성과 우주 속에서의 인류의 위치를 명확하게 밝히고자 했다. 본론인 제2권~제17권에서는 우주에서 태양까지 여러 분야에 걸친 천문학의 연구대상, 연구에 필요한 기초지식, 천체 현상의 시뮬레이션 기초와 응용, 그리고 여러 파장의 관측기술을 설명하고 있다.

이 시리즈는 '천문학 교과서를 만들고 싶다'는 취지에서 추진되었으며, 일본천문학회에 기부해준 한 독지가의 성의로 가능할 수 있었다. 그 마음에 깊이 감사드리며, 많은 분들이 이 시리즈를 통해 천문학의 생생한 '현재'를 접하고 우주를 향한 꿈을 키워나가길 기원한다.

편집위원장 오카무라 사다노리岡村定矩

물질이 스스로의 중력으로 붕괴하면서 특이점이 나타나는데, 그 주변으로 빛조차 빠져나가지 못하는 경계(사상의 지평 또는 사건의 지평)를 만든다. 블랙홀이 만들어지는 것이다. 블랙홀이라는 단어가 등장한 지 47년 정도밖에 안 됐지만, 블랙홀만큼 사람들의 상상력을 자극하고 SF에 자주 등장하는 인기 천체가 된 예는 그리 많지 않다.

블랙홀은 전파, 광·적외선, X선 등의 관측, 또 수치계산의 빠른 진보와 발전에 따라 상상의 산물에서 실제로 존재하는 특이 천체로 확고히 자리매김하게 되었다. 8권에서는 현재 블랙홀에 대한 연구가 어떻게 진행되고 있는지 생생하게 다룰 예정이다. 블랙홀을 연구하려면 그 선구先驅 천체라 할 수 있는 백색왜성이나 중성자별에 대해서도 설명해야 한다. 이 천체들도 상식을 뛰어넘는 강중력 천체이며 이를 통틀어 고밀도 천체, 또는 밀집천체라고 일컫다. 이 강중력 천체들은 고에너지 현상이라는 공통점이 있으며, 이 분야를 고에너지 천문학이라고 한다. 이 책에 자주 등장하는 X선 천문학은 그중에서도 가장 큰 성과를 올린 분야이다. 이 책에서는 X선과 같은 기존 전자기파에서 볼 수 있는 고에너지 현상뿐 아니라, 우주선이나 새로운 눈, 뉴트리노 등을 수단으로 하는 입자선粒子線 천문학, 더 나아가 미개척 분야라고도 할 수 있는 중력파 천문학에 대해서도 다룬다.

이 책에서는 기초가 되는 이론적인 서술방식에 수식을 사용할 수밖에 없었다. 상당히 어렵게 생각하는 독자들도 있을 것이다. 아무쪼록 그 분위기만이라도 느껴주기 바란다. 이 책에서 서술한 모든 내용은 물리학의 기초법칙 위에 있다는 점, 또 거꾸로 이 책에서 논의한 연구 성과는 물리학 기초법칙의 검증과 구축에 피드백되고 있음을 알아주기 바란다.

고야마 가쓰지小山勝二

차례

제1장
고밀도 천체

1.1 백색왜성

백색왜성은 태양 정도의 질량이면서도 크기는 지구 정도밖에 되지 않는 기묘한 천체이다. 이 때문에 백색왜성의 평균 밀도는 $1\,\mathrm{m}^3$당 100만 톤이나 된다. 이 절에서는 백색왜성이 어떻게 발견되었고, 어떠한 환경에서 생성되었으며, 어떤 성질을 가지고 있는지 알아보기로 한다.

1.1.1 백색왜성의 발견

독일의 천문학자 베셀F. Bessel은, '겨울의 큰 삼각형' 중 한 각을 이루는 큰개자리 시리우스가 아주 약하기는 하지만 앞뒤로 흔들리는 듯한 운동을 하고 있음을 발견했다(1844년). 이 움직임은 마치 잘 보이지 않는 다른 천체에 휘둘리고 있는 것처럼 보였다. 이 보이지 않는 동반성companion star을 실제로 처음 본 사람은 미국의 천문학자 클라크A. Clark였다(그림 1.1). 현재는 밝은 쪽 별을 시리우스 A, 어두운 쪽 동반성은 시리우스 B라 부르고 있다.

시리우스 AB 쌍성계의 궤도 반지름은, 연주시차를 통해 알려져 있는 시리우스까지의 거리(8.6광년)와 두 별의 겉보기 이각apparent elongation으로 구할 수 있다. 이것과 궤도 주기 49.98년을 케플러의 제3법칙에 대입하면, 시리우스 A와 B의 질량을 각각 M_A, M_B라고 했을 때 그 합계 $M_\mathrm{A}+M_\mathrm{B}$를 알 수 있다. 또 두 별의 움직임 크기를 비교하면 질량비 $M_\mathrm{B}/M_\mathrm{A}$까지도 알 수 있다. 이렇게 해서 동반한 시리우스 B의 질량 M_B는 $0.75\sim0.95 M_\odot$($M_\odot$은 태양 질량)으로 구해졌다.

애덤스W. A. Adams는 세계에서 처음으로 시리우스 B를 분광관측했는데, 그 표면온도가 약 8000 K으로 주성인 시리우스 A(약 9400 K)와 별로 다르

시리우스 B

그림 1.1 큰개자리 시리우스. 오른쪽 밝은 별이 시리우스 A, 왼쪽 옆으로 희미하게 보이는 어두운 별이 시리우스 B(백색왜성)이다(http://www.astro.rug.nl/~onderwys/ACTUEELONDERZOEK/JAAR2001/jakob/aozindex.html에서 전재).

지 않다는 사실을 밝혀냈다. 시리우스 B의 밝기는 시리우스 A의 1만 분의 1밖에 안 된다. 별에서의 흑체복사 광도 L은, 별의 반지름 R과 별의 표면온도 T 사이에 $L=4\pi R^2 \sigma T^4$[1]이라는 관계가 있어 온도가 거의 같기 때문에 시리우스 B의 반지름은 A의 약 100분의 1이다. 자세히 분석해 보았더니 시리우스 B의 반지름은 1만 9000 km로 산출되었다. 겨우 지구의 3배에 지나지 않는다.[2] 에딩턴A. Eddington은 1926년의 저서에서 "우리는 질량이 태양 정도이면서 반지름은 천왕성보다 훨씬 작은 별을 알고 있다"라고 기록했다.

백색왜성은 이렇게 발견되었다. 초기에 발견된 백색왜성들은 모두 태양과 아주 가까운 곳에 있었다. 이런 사실에 비춰 에딩턴은 같은 저서에서 백색왜성은 아마도 우주에서 아주 흔한 천체일 것으로 추측했다. 현재 백색왜성과 보통 항성 수의 비율은 대략 1 : 2 정도로 알려져 있다.

---

1 상수 σ는 스테판-볼츠만 상수라고 하며, $5.67 \times 10^{-8} \mathrm{W\ m^{-2}\ K^{-4}}$이다(칼럼 「단위 이야기」 참조).
2 현재 시리우스 B의 질량은 $1.05\ M_\odot$, 표면온도는 3만 K, 반지름은 5150 km로 되어 있다.

1.1.2 백색왜성의 탄생

항성은 주로 수소로 구성된 거대한 가스구로, 스스로의 중력으로 끊임없이 수축하려고 애쓴다. 중력을 억제하는 것은 별 중심에서 수소 융합반응으로 발생하는 열이다. 그러나 연료인 수소에는 한계가 있어 우리 태양은 약 100억 년이면 수소 연료를 다 써버린다. 그러면 별 중심부에 지원이 끊기면서 중력에 급속히 수축되고 만다. 이때 별의 바깥층은 중심부의 수축으로 발생하는 에너지를 받아 반대로 완만하게 팽창한다. 별은 조밀한 핵과 주변으로 넓게 퍼진 가스구름으로 양극 분해된다. 이 상태가 행성상 성운planetary nebula이다(그림 1.2).

행성상 성운 중심에 있는 조밀한 핵이 백색왜성이다. 백색왜성의 구성성분은 주계열성 시대[3]의 성질에 따라 결정되는데, 다음 세 종류로 크게 구별할 수 있다.

• 원래 항성의 질량이 $0.46\ M_\odot$ 이하인 경우, 백색왜성의 주성분은 수소의 핵융합으로 생기는 헬륨이다.

• 원래 항성의 질량이 $0.46\ M_\odot$ 이상 $4\ M_\odot$ 이하인 경우, 백색왜성 중심에서는 헬륨 세 개가 핵융합을 일으켜 탄소로, 그 탄소에 헬륨이 하나 더 융합해 산소가 된다.

• 원래 항성의 질량이 $4\ M_\odot$ 이상 $8\ M_\odot$ 이하인 경우, 중심부에서 탄소가 계속 핵융합반응을 일으켜 모두 소진되면서 새롭게 산소와 네온, 마그네슘으로 형성된다.

[3] 항성은 일생의 대부분을 수소 융합반응(칼럼 「별 내부에서는」 참조)으로 빛을 낸다. 이것을 주계열이라고 하며, 이 시기를 주계열성 시대라고 한다.

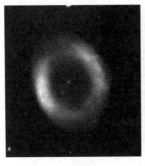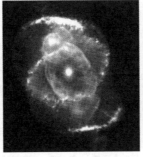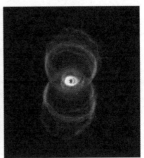

그림 1.2 여러 가지 모양의 행성상 성운(화보 1 참조).
(http://antwrp.gsfc.nasa.gov/apod/ap950727.html,
http://nssdc.gsfc.nasa.gov/image/astro/hst_stingray_nebula.jpg,
http://nssdc.gsfc.nasa.gov/image/astro/hst_hourglass_nebula.jpg에서 전재)

1.1.3 백색왜성을 지탱하는 힘

백색왜성 중심에서는 핵융합반응이 일어나지 않기 때문에 스스로의 중력을 지탱하지 못하고 서서히 붕괴되지만, 일정 정도의 반지름에서 그 수축을 멈춘다. 이때 안쪽에서부터 지탱해주는 힘은 도대체 무엇일까? 스핀 각운동량이 반$\frac{1}{2}$정수인 입자를 페르미 입자라고 하는데, 전자는 스핀 1/2이므로 페르미 입자이다.

백색왜성은 페르미 입자로 구성된 가스구로 여길 수 있다. 같은 종류의 여러 페르미 입자는 같은 장소와 운동량 상태로 동시에 존재할 수 없다. 간단하게 1차원 공간을 생각해 보면, 페르미 입자는 위치와 운동량으로 이루어진 평면상에서, 그림 1.3과 같이 면적 $\hbar$로 구획된 격자점에는 전자 두 개씩만 존재할 수 있다.[4] 여기에서 $\hbar = h/2\pi$, $h = 6.6 \times 10^{-34}$ Js는 플랑크 상수이다.

| 4 회전의 자유도가 있으므로 두 번까지 허용된다.

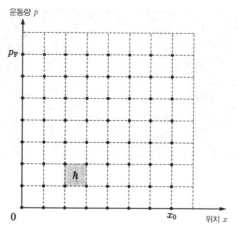

그림 1.3 자유 페르미 입자 기체의 1차원 위상 공간.

페르미 입자의 이러한 성질 때문에 백색왜성 중심의 온도가 0 K까지 떨어진다 해도 전자는 그림 1.3 왼쪽 아래의 원점으로 모두 모여들지는 않으며, 대부분은 제로가 아닌 운동량을 지닌다. 이때의 최대운동량(그림 1.3에서 p_F)을 페르미 운동량[5]이라고 하며, 이 유한한 운동량이 내부 압력을 생성한다. 온도가 제로가 되더라도 운동을 멈추지 않는 페르미 입자의 성질로 생성된 압력을 축퇴압이라고 한다. 따라서 자기중력自己重力에 대항해서 백색왜성을 떠받치고 있는 것은 전자의 축퇴압이다.

1.1.4 백색왜성의 질량과 반지름의 관계

백색왜성의 기묘한 성질 중 하나는 질량과 반지름의 관계이다. 보통의 항성에서는 질량이 클수록 별의 반지름도 크다. 이에 비해 백색왜성의 질량과 반지름의 관계는 그림 1.4와 같이, 질량이 큰 백색왜성일수록 반지름은

| 5 에너지로 표현하는 경우에는 페르미 에너지라고 한다.

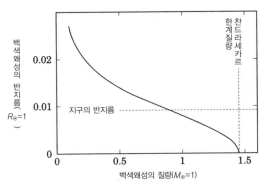

그림 1.4 백색왜성의 질량과 반지름 관계.

작다. 그 이유는 전자 한 개에 대한 역학적 에너지를 고려함으로써 설명할 수 있다.

백색왜성 내부의 아주 작은 부피 $dx\,dy\,dz$ 중에서 $(p_x,\ p_y,\ p_z)$와 $(p_x{+}dp_x,\ p_y{+}dp_y,\ p_z{+}dp_z)$ 사이의 운동량을 가지는 전자의 수 dN은 1.1.3절의 논의를 3차원 공간으로 확대하면 다음과 같다.

$$dN = \frac{1}{\hbar^3}\,dx\,dy\,dz\,dp_x\,dp_y\,dp_z$$

이것을 백색왜성 전체에 걸쳐 적분하면 총 전자수 N은, 별의 부피를 V로 하면

$$N \simeq \frac{V}{\hbar^3} \cdot \frac{4}{3}\pi\, p_F^3$$

이 된다. 즉 백색왜성의 반지름을 R이라고 하면

$$p_F \simeq \hbar n^{1/3} \simeq \frac{\hbar N^{1/3}}{R} \qquad\qquad (1.1)$$

이다. 단, n은 전자 개수밀도로 $n = N/V$이다. 전자 한 개당 운동에너지 K는 이 페르미 운동량을 이용하여

$$K \simeq \frac{p_{\mathrm{F}}^2}{2m_{\mathrm{e}}} \simeq \frac{\hbar^2 N^{2/3}}{2m_{\mathrm{e}} R^2} \tag{1.2}$$

로 쓸 수 있다. 여기에서 m_{e}는 전자의 질량이다. 한편, 전자 한 개당 중력 에너지 W는, 백색왜성의 질량(M)은 거의 핵자[6]가 떠맡고 있으므로

$$W \simeq -\frac{GMm_{\mathrm{u}}}{R} \simeq -\frac{GNm_{\mathrm{u}}^2}{R} \tag{1.3}$$

이 된다. 단, G는 만유인력상수(6.67×10^{-11} N m² kg⁻¹), m_{u}는 원자 질량단 위(1.66×10^{-27} kg)이다. (식 1.2)와 (식 1.3)에서 전자 한 개의 전체 에너지 E는

$$E \simeq K + W \simeq \frac{\hbar^2 N^{2/3}}{2m_{\mathrm{e}} R^2} + \frac{GNm_{\mathrm{u}}^2}{R} \tag{1.4}$$

로 쓸 수 있다. 가로축에 R을 취하고, (식 1.4)에 따라 E를 그리면 그림 1.5와 같이 되며, 일정 정도의 반지름에서 극솟값을 취한다. 자연계에서 계系의 상태는 에너지가 극소가 되게 변화하므로 E의 극솟값을 부여하는 R이 백색위성의 반지름이다. (식 1.4)에서 그 반지름은,

$$R = \frac{\hbar^2}{Gm_{\mathrm{e}}m_{\mathrm{u}}^2} N^{-1/3} \tag{1.5}$$

---

6 양성자와 중성자를 통틀어 핵자라고 한다. 원자핵을 구성하는 입자라는 뜻이다.

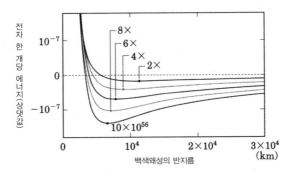

그림 1.5 백색왜성의 전자 한 개당 에너지. 각각 총 전자수가 2, 4, 6, 8, 10×10⁵⁶개인 경우. 검은 점은 에너지 극소점의 위치를 나타낸다. 백색왜성의 질량이 커질수록(전체 전자수가 많아질수록) 백색왜성의 반지름이 작아지는 것을 알 수 있다.

가 된다. (식 1.5)에서 백색왜성의 반지름은 총 전자수의 $-1/3$제곱, 백색왜성 질량의 $-1/3$제곱에 비례한다. 즉 백색왜성의 질량이 커지면 좀 더 강한 축퇴압을 생성하기 때문에 별은 오히려 작아진다. 전자가 완전히 축퇴해 있는 백색왜성의 질량과 반지름의 관계는 1972년에 나우엔버그E. Nauenberg의

$$R = 7.83 \times 10^6 \left[\left(\frac{M_{Ch}}{M} \right)^{2/3} - \left(\frac{M}{M_{Ch}} \right)^{2/3} \right]^{1/2} [\text{m}] \qquad (1.6)$$

으로 구할 수 있었다. M_{Ch}는 다음 절에서 논할 백색왜성의 찬드라세카르 한계질량이다. 백색왜성의 질량이 M_{Ch}보다 충분히 작은 경우, (식 1.6)에서 우변 두 번째 항을 무시하면 정확히 $R \propto M^{-1/3}$이 된다.

제10회 국제도량형총회(1954년)에서 기본 단위로 미터(m)·킬로그램(kg)·초(s)를 포함한 국제단위(SI)가 채택되면서 사용을 추진했다. SI 단위는 M, K, S 외에도 암페어(A), 그 밖에도 몇몇 기본, 보조 단위로 이루어져 있다. 이 책에서는 SI 단위를 사용한다.

그러나 이 책에 실린 몇몇 그림에는 cgs 단위가 남아 있기도 하다. 재미있게도 미국과 일본은 cgs, 유럽에서는 SI를 애용하는 고에너지 천문학자가 많다. 이 책에서 자주 사용한 단위의 대응표와 표기방법은 다음과 같다.

단위 변환표, 보조 단위, 자릿수에 붙이는 접두어

단위 변환표		
항목	SI 단위계	cgs 단위계
에너지(일^7)	1J (Joule: 줄)	10^7erg(에르그)
에너지 발생률(일률)	1W (Watt: 와트)$=$Js^{-1}	10^7erg s^{-1}
자기력선속 밀도	1T(Tesla: 테슬라)	10^4G (Gauss: 가우스)

보조단위		
길이	1pc(파섹)	3.26ly(광년)
		2.06×10^5 AU(천문단위)
		3.09×10^{16} m
에너지	1eV(전자볼트)	1.60×10^{-19} J
질량	태양 질량 $M_\odot$	1.99×10^{30} kg
	양성자 질량 m_p	1.67×10^{-27} kg
	전자 질량 m_e	0.91×10^{-30} kg
광도	태양 광도 $L_\odot$	3.8×10^{26} W
상수	플랑크 상수 h	6.6×10^{-34} Js
	톰슨 산란 단면적 σ_T	6.65×10^{-29} m^2
	볼츠만 상수 k	1.38×10^{-23} JK^{-1}
	만유인력상수(중력상수) G	6.67×10^{-11} N m^2 kg^{-1}
	스테판-볼츠만 상수 σ	5.67×10^{-8} W m^{-2} K^{-4}

자릿수에 붙이는 접두어						
자릿수	10^{12}	10^9	10^6	10^{-6}	10^{-9}	10^{-12}
접두어(호칭)	테라	기가	메가	마이크로	나노	피코
기호	T	G	M	μ	n	p

1.1.5 백색왜성의 한계질량

그림 1.4와 1.5에 나타냈듯이 백색왜성의 질량(전자의 수)이 커지면 반지름은 작아지고, 평균 밀도 n은 올라간다. 그러면 1.1.3절에서 말했듯이 페르미 입자의 성질 때문에 전자의 페르미 운동량은 (식 1.1)에 따라 커진다. 그 결과 축퇴압이 커지고 전자의 에너지도 점점 커진다.

그러나 전자가 상대론적이 되면 축퇴압의 증가가 둔해지며, 결국에는 전자의 축퇴압으로는 더 이상 백색왜성을 지탱할 수 없다. 이 사실을 처음으로 간파한 사람은 인도의 천체물리학자 찬드라세카르S. Chandrasekhar로, 그때가 1931년이었다. 백색왜성의 상한 질량을 발견자의 이름을 따서 찬드라세카르 한계질량이라고 하는데,

$$M_{Ch} = 1.454 \left(\frac{\mu}{2} \right)^2 M_\odot \tag{1.7}$$

로 나타낼 수 있다. 여기에서 μ는 전자 한 개당 원자량으로 헬륨, 탄소, 산소, 네온, 마그네슘의 경우는 대개 2가 된다.

마지막으로 원래 항성의 질량이 $8M_\odot$ 이상인 경우에, 진화[8]의 마무리 장면에서 어떤 일이 벌어지는지 살펴보자. 이렇게 무거운 별이라도 중심에서는 백색왜성이 형성되는데, 그 질량은 찬드라세카르 한계질량을 넘어서기 때문에 축퇴압으로는 더 이상 지탱하지 못하고 수축한다. 수축함에 따라 내부는 좀 더 고밀도에 고온 상태로 변하면서 네온, 산소, 실리콘의 핵융합이 끊임없이 일어난다. 주계열성 시대와 달리 이 핵연료들을 다 소

---

[7] 힘이 작용하여 물체가 이동했을 때, 물체가 이동한 방향의 힘과 이동한 거리의 크기를 힘이 물체에 한 일이라고 한다(옮긴이 주).

[8] 우주, 천체가 어떤 질서를 향해서 시간적으로 변화하는 것을 '진화'라고 한다. 생명의 '진화'와 같은 개념이다.

진하는 데에는 10년도 걸리지 않는다.

　연료가 모두 소진되면 백색왜성은 좀 더 수축한다. 전자의 페르미 에너지는 점점 커지고, 결국에는 양성자와 중성자의 질량 차 Δm(2.3×10^{-30} kg)에 해당하는 에너지 Δmc^2(1.3 MeV)를 넘어선다. 양성자와 전자는 나뉘어 존재하는 것보다 결합해서 중성자가 되는 편이 에너지가 낮아지므로, 역베타 반응 $p + e^- \rightarrow n + \nu_e$[9]에 따라 양성자와 전자가 합체되어 중성자가 된다. 이 반응 때문에 $8M_\odot$ 이상의 항성 중심부는 중성자 집합체인 중성자별이 된다. 중성자별에 대해서는 다음 절에서 다루기로 한다.

1.2 중성자별

중성자는 1932년에 채드윅J. Chadwick이 발견했다. 중성자를 발견한 지 겨우 2년 뒤인 1934년, 바데W. Baade와 츠비키F. Zwicky는 중성자가 매우 조밀하게 모여 만들어진 별, 이른바 중성자별이라는 획기적인 개념을 제안했다. 한 걸음 더 나아가 에너지를 대강 계산함으로써 이 중성자별이 초신성 폭발로 만들어졌을 것임을 예언했다. 중성자별은 그 후 30여 년 넘게 사고思考의 산물로만 여겨 오다가, 1967년에 벨J. Bell과 휴이시A. Hewish가 펄서pulsar를 발견하면서 현실적으로 존재하는 천체라는 것이 증명되었다.

1.2.1 중성자별의 형성

무거운 별의 마지막 폭발, 중력붕괴 초신성[10]에서는 별의 대부분은 날아가

---

9 입자 사이의 반응을 나타내는 일반적인 표현 방법. 이 식에서는 양성자(p)와 전자(e⁻)가 충돌해서 중성자(n)와 뉴트리노(ν_e)가 된 것을 나타낸다. 베타 붕괴의 역과정이다.
10 초신성에는 핵폭주형과 중력붕괴형이 있다. 분광학적으로 핵폭주형은 Ia형이고, 중력붕괴형은 II형, Ib, Ic형으로 나뉜다.

버리지만 철의 핵은 날아가지 않고 남는다. 이 철핵이 중성자별이 된다. 폭발에 앞선 중력붕괴(수축) 과정에서 전자가 원자핵에 포획되어 원자핵 중의 양성자는 중성자로 바뀐다. 중성자의 수가 너무 많아지면 원자핵에서 중성자가 흘러나와 자유중성자가 된다. 원자핵은 용해되어 홀쭉해지면서 거의 자유중성자로 만들어진 별이 탄생한다. 전형적인 중성자별의 질량은 태양 질량 정도, 그리고 반지름은 약 10 km이다. 중성자별의 내부에는 각설탕 한 개의 무게가 10억 톤, 표면에는 중력의 세기가 지구 표면 값의 1000억 배나 된다. 중성자별은 물질이 극한 상태에 있는 별이라고 할 수 있다.

1.2.2 중성자별의 질량과 반지름

중성자는 스핀 1/2인 페르미 입자이다. 따라서 중성자별의 엄청난 중력에 따른 수축에 대항하는 것이 중성자의 축퇴압이다. 축퇴압은 중성자의 운동이 비상대론적인지, 상대론적인지에 따라

$$
P_\mathrm{d} \sim
\begin{cases}
\dfrac{\hbar^2}{m}\left(\dfrac{\rho}{m}\right)^{5/3} & \text{(비상대론적)}, \\[2ex]
\hbar c\left(\dfrac{\rho}{m}\right)^{4/3} & \text{(상대론적)}
\end{cases}
\tag{1.8}
$$

로 주어진다. 여기에서 P_d, ρ, m, $\hbar$, c는 각각 압력, 밀도, 중성자의 질량, 플랑크 상수, 광속이다. 한편, 중력을 지탱하기 위해 필요한 압력 P_G(이하 간단히 중력이라고 한다)는

$$
P_\mathrm{G} \sim \frac{GM\rho}{R} \sim GM^{2/3}\rho^{4/3}
\tag{1.9}
$$

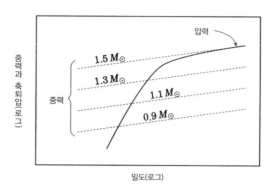

그림 1.6 중력(점선)과 축퇴압(실선) 모식도. 점선과 실선의 교점이 중성자별의 안정점이다. 질량이 커질수록 교점이 없어지면서 중성자별은 불안정해진다.

가 된다. 여기에서 M, R은 각각 중성자별의 질량, 반지름이다. 또 (식 1.9)에서는 관계식 $M \sim \rho R^3$을 이용하고 있다.

그림 1.6에 중력과 축퇴압을 각각 점선과 실선을 이용해 모식화한 형식으로 나타냈다. 질량이 늘어남에 따라 중력이 강해지기 때문에 점선은 위로 이동한다. 실선과 점선의 교점이 역학적 평형점에서 중력과 압력이 균형을 이루어, 별은 일정 정도의 반지름(크기)에서 안정된다.

별의 질량이 커짐에 따라 교점은 오른쪽 위로 이동하고, 별의 반지름은 질량의 1/3제곱에 반비례하여($R \propto M^{-1/3}$) 작아진다. 또한 질량이 커져 실선과 점선이 일부 겹친 뒤에는 교점이 없어진다. 즉 중성자별의 질량에는 상한값이 존재한다. 상한값 이상에서는 중력이 엄청나게 강해서 축퇴압으로도 지탱하지 못한다. 이 상한값이 바로 중성자별에 대한 찬드라세카르 한계질량으로, (식 1.8)과 (식 1.9)에 따라

$$M_{\mathrm{Ch}} \sim m \left(\frac{\hbar c}{G m^2} \right)^{3/2} \sim 1.5 \, M_\odot \tag{1.10}$$

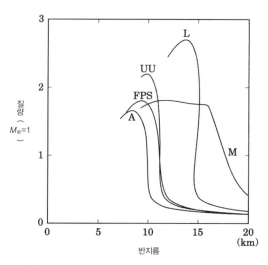

그림 1.7 중성자별의 질량과 반지름. 로마자 기호는 각각 다른 상태방정식인 경우에 대응한다. 실선의 최댓값 왼쪽에서는 중성자별이 불안정하다.

을 이끌어낸다. 또한 중력붕괴형 초신성 폭발에서 찬드라세카르 한계질량 보다 무거운 핵이 남은 경우에는 중성자별로 존재하지 못하고 붕괴가 계 속되면서 블랙홀이 되고 만다.

앞에서는 편의상 중력과 축퇴압의 균형으로 중성자별의 질량과 반지름 을 구했다. 그러나 중성자별의 중심부는 밀도가 엄청나게 높아 중성자들 끼리 스치면서 일부는 서로 겹치게 된다. 이와 같은 상황에서는 중성자와 중성자 사이에 작용하는 힘, 즉 핵력이 중요하다. 따라서 상태방정식(밀도 의 함수로 나타낸 압력의 식)에는 축퇴압뿐 아니라 핵력의 효과도 반드시 고 려해야 한다. 또 중력이 매우 강하기 때문에 일반상대론적인 효과까지 고 려하여 힘의 균형을 이루는 식이 필요하다. 초고밀도에서의 핵력의 문제 는 아직 연구 중에 있다. 그림 1.7은 몇 가지 핵력 모형에 대하여 일반상대 론을 고려해서 계산한 중성자별의 질량·반지름 그림이다. 각 곡선에서 최댓값의 오른쪽 부분은 안정된 중성자별에 해당된다. 최댓값에서 왼쪽

부분에서는 별이 주로 일반상대론적인 효과에 따라 동적으로 불안정하여 미세한 흔들림에도 중력붕괴한다. 최댓값은 중성자별 질량의 상한값을 나타낸다. 이 상한값을 넘으면 중력붕괴해서 블랙홀이 된다.

1.2.3 중성자별의 내부

그림 1.8은 대표적인 중성자별의 단면도이다. 중성자별 내부는 몇 가지 특징적인 층으로 이루어져 있다. 바깥쪽에서부터 살펴보자. 먼저 표면층이 있다. 표면층은 밀도가 $10^9 \, \text{kg m}^{-3}$ 이하의 영역으로, 온도와 자기장에 따라 고체나 액체 상태다. 표면층 아래에는 밀도가 $10^9 \sim 4.3 \times 10^{14} \, \text{kg m}^{-3}$ 인 층이 있는데 이를 겉껍질Outer Crust이라고 한다. 이 영역에서는 철과 니켈 같은 원자핵이 격자 모양으로 배열되어 있고 고체 상태를 이룬다. 규칙적으로 배열된 원자핵은 수축한 전자의 바다 속에 잠겨 있다. 밀도가 $10^{10} \, \text{kg m}^{-3}$을 넘으면 전자의 페르미 에너지가 1MeV 이상이 된다. 그러면 원자핵 중의 양성자는 전자를 포획하여 중성자로 바뀐다(1.1.5절). 밀도가 높아짐에 따라 전자 포획이 좀 더 진행되어 중성자 과잉 원자핵이 만들어진다. 게다가 밀도까지 높아짐에 따라 표면 에너지가 적게 든 핵자가 많은 원자핵은 안정을 이룬다.

다음 층은 밀도가 $4.3 \times 10^{14} \sim 1 \times 10^{17} \, \text{kg m}^{-3}$인 영역으로 안껍질Inner Crust이라고 한다. 여기에서도 중성자 과잉인 원자핵이 축퇴한 전자의 바다 속에 격자 모양으로 배열되어 존재한다. 또 이 영역에서는 원자핵 중에 중성자를 속박해둘 수 없어 중성자 일부가 원자핵에서 흘러나온다. 흘러나온 중성자는 초유동 상태, 즉 끈적거림 없이 부드럽게 흐르는 초유체가 된다.

중심으로 더 가면 원자핵은 모두 녹아버린 채 초유동 상태인 자유로운 중성자가 차지하고 있다. 이 영역을 외핵Outer Core이라고 한다. 외핵에는

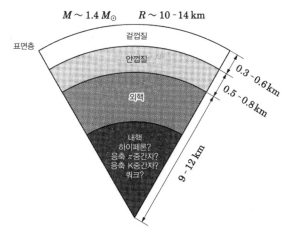

그림 1.8 중성자별의 단면 모식도.

전자, 양성자, 뮤 입자 등의 하전입자가 아주 적긴 해도 존재하며, 양성자는 초전도 상태를 이루고 있다.

중성자별의 중심 가까이에 있는 내핵Inner Core은 밀도가 매우 높아 응축한 π 중간자와 K 중간자, 하이페론, 쿼크 등의 소립자가 나타난다고 지적한다(칼럼 「중성자별의 중심부는 어떤 세계일까」 참조). 그러나 어느 정도의 밀도가 되어야 이런 소립자들이 나타나는지는 밝혀지지 않아 중성자별의 중심에 이국적인 소립자(칼럼 「중성자별의 중심부는 어떤 세계일까」 참조)가 존재하는지의 여부는 아직 분명하지 않다.

실제로 중성자별 내부를 탐색할 수 있는 수단은 무엇일까? 한 가지 방법으로 표면온도의 관측을 들 수 있다. 중성자별 중심 근처에 응축한 π 중간자와 K 중간자, 쿼크 등의 소립자가 나타나면 뉴트리노 복사율이 높아지고, 그 결과 표면온도가 낮아진다. 따라서 소립자의 출현은 그 밀도와 별의 질량에 따라 좌우된다.

또 한 가지 방법은 펄스 주기의 관측이다. 중성자별은 자전하기 때문에 펄스 상태의 전자기파가 관측된다(1.2.4절). 이 펄스 주기가 갑자기 뛰어올라서 빨라지다가 이후 천천히 이전 값에 가까워져 가는 현상이 발견된다. 이를 '글리치glitch'라고 하는데, 내부의 초유체에서 보통물질인 겉껍질로의 각운동량 운반이 그 원인으로 보인다. 펄스 주기의 도약과 완화의 시간 관측에서 초유체의 양 또는 초유체와 보통물질 간의 상호작용에 대하여 정보를 얻을 수 있다. 펄스의 시계열時系列 분석에서 세차운동을 시사하는 중성자별도 있다. 세차운동의 관측에서도 초유체의 운동 유형이나 성질을 알 수 있다.

 중성자별의 중심부는 어떤 세계일까

먼저 소립자에 대한 기초지식부터 알아보자. 표준이론에 따르면 물질을 구성하는 기본입자는 쿼크와 렙톤으로 이루어진다. 한편, 상호작용(강한 힘, 약한 힘, 전자기력)을 매개하는 입자로 글루온 여덟 종류, 오존($W^{\pm}$, Z) 세 종류 및 광자가 있다. 쿼크는 쌍을 이룬 3세대, 즉 '업up, 다운down', '참cham, 스트레인지strange', '톱top, 버텀bottom'이 있다.

중입자(重粒子, baryon)는 쿼크 세 개, 중간자는 쿼크와 반쿼크 두 개로 구성된 복합입자이다. 중입자와 중간자를 통틀어 하드론이라고 한다. 렙톤 또한 쌍을 이룬 3세대, 즉 '전자(e), 전자 뉴트리노(e_ν)', '뮤 입자(μ), 뮤 뉴트리노(μ_ν)', '타우 입자(τ), 타우 뉴트리노(τ_ν)'가 있다.

뉴트리노에 질량이 있으면 질량이 서로 다른 세 개의 뉴트리노 사이에서 전환이 허용되어 현실의 전자 뉴트리노, 뮤 뉴트리노, 타우 뉴트리노가 구성된다. 이 전환을 '뉴트리노 진동'이라고 하며, 최근 슈퍼 가미오칸데 실험으로 확인되었다(4.4.3절).

보통 우주에서는 단독 쿼크가 드러나지 않으며, 제1세대 '업, 다운'(과 그 반反입자)의 복합체와 제1세대 렙톤(전자 등)만 나타난다. 그러나 고에너지 가속기 실험, 우주선(4.1절, 4.2절), 중성자별의 가장 깊은 부분, 우주의 극초기처럼 초고온, 고밀도의 극한세계에서는 제1세대뿐만 아니라 제2,

제3세대의 기본입자나 그 복합체가 전면에 나타난다. 예를 들면 K 중간자는 스트레인지 쿼크를 가지고 있는 바리온이다. 이것을 이국적인 소립자라고 한다.

중성자별 중심부는 밀도가 극도로 높기 때문에 대량의 π 중간자가 중성자에서 흘러나와 내부를 채운다. 이를 π 중간자 응축이라고 한다. 마찬가지로 K 중간자, 하이페론, 각종 쿼크가 출현하는 것으로 생각된다. 이를 별 전체로 보편화해서 중성자별보다 밀도가 높은 쿼크별의 존재를 암시하는 연구자들도 있다. 예를 들면 '찬드라'와 '허블 우주망원경'의 관측 결과에서 RX J1856.3−3754와 후지와라노 데이카藤原定家의 일기 『명월기明月記』 기록에도 있는 1181년의 초신성 폭발의 잔해 3C 58은 쿼크별일 가능성이 높다는 것이다. 단, 이 결론에는 다른 의견들도 많다.

1.2.4 펄서

펄서pulsar는 그림 1.9에 나타낸 것처럼, 규칙적으로 반복되는 전파 펄스를 방출하는 천체이다. 1967년에 발견된 이후 현재에 이르기까지 1500개 이상이 관측되었고, 그 펄스 주기는 1.6밀리초에서 8.5초에 걸쳐 있다. 이러한 펄스의 안정된 변환이 별의 회전을 뜻한다는 생각은 자연스러울 수 있다. 그러나 펄스 주기에서 간접적으로 보여주는 회전은 매우 빨라 아마 보통 별이라면 원심력으로 날아가 버렸을 것이다. 이런 원심력 파괴에서 벗어날 수 있을 만큼 중력이 강한 별은 중성자별뿐이다. 펄서 발견 당시에도 이와 비슷한 고찰로 중성자별을 실재하는 천체로 인식하기도 했다.

펄서는 강한 자기장을 지니고 있으며 회전하는 중성자별이다. 펄스 주기는 중성자별의 회전주기와 맞물린다. 펄스 주기는 아주 조금씩 시간이 흐름에 따라 길어진다. 이는 브레이크가 걸려 중성자별의 회전이 느려진다는 것, 즉 중성자별이 회전에너지를 소비하여 펄서 활동을 하고 있음을

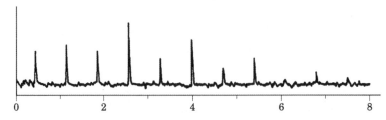

그림 1.9 PSR 0329+54에서의 전파 펄스. 가로축은 시간(초), 이 펄스 주기는 0.714초이다.

나타낸다. 브레이크의 주요 원인으로 자기쌍극자 복사[11]를 고려하면, 관측된 펄스 주기(P), 펄스 주기의 시간변화율($\dot{P}$)에서 중성자별 표면에서의 자기장 세기는

$$B = \left(\frac{3\mu_0 c^3 IP\dot{P}}{32\pi^3 R^6} \right)^{1/2} = 3.2 \times 10^{15} \, (P\dot{P})^{1/2} \quad [\mathrm{T}] \qquad (1.11)$$

이 된다. 여기에서 μ_0는 진공 투과율이며, 중성자별의 반지름(R), 관성 모멘트(I)는 각각 10^4 m, 10^{38} kg m^{2}로 한다. 전형적인 관측치 $P \sim 1$s, $\dot{P} \sim 10^{-15}$ s/s를 대입하면 자기장의 세기는 10^8T가 되어, 매우 강하다는 것을 알 수 있다.

자기장 중에서 회전하는 금속 원판에서는 로렌츠 힘에 따라 원판 주변과 중심 사이에 기전력이 만들어진다(단극unipolar 유도). 자기장을 가지는 중성자별이 회전하면 원판과 마찬가지로 중성자별은 큰 기전력

$$\Delta\phi = 6 \times 10^{12} \left(\frac{B}{10^8 \, \mathrm{T}} \right) P^{-2} \quad [\mathrm{V}] \qquad (1.12)$$

| 11 쌍극자 자기석이 회전할 때나 양극이 서로 단진동할 때 나오는 전자기파.

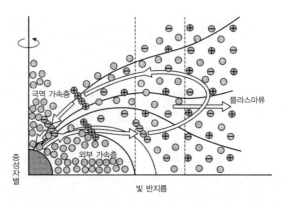

그림 1.10 펄서 자기권과 펄서풍. 기전력이 가속층에 놓이고, 여기에서 전자와 양전자가 만들어진다. 전자·양전자 플라스마는 전자기 유체가속을 받아 상대론적 에너지를 갖는 플라스마류로 분출된다. 화살표가 붙은 굵은 곡선은 외부 가속층, 플라스마류, 극역 가속층을 관통해서 흐르는 전류이다(시바타 신페이柴田晋平 제공).

를 가진다. 그림 1.10에 나타낸 것처럼 이 기전력의 일부는 극지역 가속층과 외부 가속층에 놓인다. 이 층들에서 하전입자는 강한 전기장에 따라 가속되어 그 속도가 거의 광속에 가까워진다. 강한 자기장에서의 하전입자는 자기력선을 따라 운동하며 곡률복사[12]로 감마선을 복사한다. 이 감마선은 주변의 빛이나 자기장과 상호작용해서 전자·양전자 쌍을 만든다. 이 전자와 양전자는 강력한 전기장에서 가속되며, 자기력선을 따라 움직일 때 감마선을 복사한다. 이 감마선이 새로운 전자, 양전자를 만든다.

이와 같이 전자, 양전자가 한꺼번에 만들어져 증식한다. 전자·양전자 플라스마는 전자기 유체가속을 받아 엄청나게 큰 에너지를 가진 플라스마류로 바뀌어 바깥 세계로 날아가 버린다. 이를 펄서풍이라고 한다. 펄서풍 방출로도 중성자별 회전에 브레이크가 걸리면서 그 회전속도가 점점 떨어

---

12 강하고 구부러진 자기력선에서 하전입자는 그에 따라 운동하기(가속도를 받기) 때문에 전자기파를 복사한다. 이것을 곡률복사Curvature Radiation라고 한다.

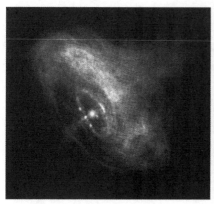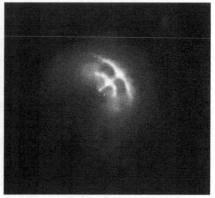

그림 1.11 게성운 펄서(왼쪽)와 돛자리 펄서(오른쪽) 주변의 펄서 성운인 '찬드라'에서 관측한 X선 형상 (화보 2 참조).

진다. 브레이크의 세기는 자기쌍극자 복사에 따른 브레이크와 같다.

펄서의 복사 메커니즘에 대해서는 여전히 완전한 답을 내놓지 못하지만, 현재까지 알려진 상황을 정리해 보면 다음과 같다. 자기극에서 극지역 가속층은 중성자별에서 상당히 가까운 곳에 있다. 펄스 주기가 0.1초라면 중성자별에서 약 70 km 지점이다. 전파는 이 부근에서 빔 형상으로 복사되는데, 자기축이 회전축에 대해 기울어져 있으면 별의 회전에 따라 빔이 우리 방향을 스쳐 지나갈 때마다 펄스로 관측된다. 그 세기가 엄청나게 강하다는 사실에서 자기력선을 따라 많은 전자가 한 덩어리로 뭉쳐 운동하면서 전파를 복사하고 있다는 결론을 내릴 수 있다.

편광관측에서 전자와 양전자에 따른 곡률복사가 추정되는 외부 가속층은 광반지름[13] 가까이에 위치한다. 펄스 주기가 0.1초인 경우 광반지름은 약 5000 km 정도인데, 가시광이나 X선, 감마선의 복사 영역이 바로 이

▎**13** 중성자별과 같은 각속도에서 회전했을 때의 속도가 광속이 되는 반지름을 말한다.

부근이라고 생각된다. 가시광의 편광, 하전입자의 에너지와 그 에너지 밀도의 고찰에서 복사 메커니즘으로는 역시 곡률복사임이 추정된다.

초신성 잔해 중에는 중심부의 펄서를 둘러싼 넓은 영역에서 X선이나 감마선이 관측되는데 이것을 펄서 성운이라고 한다. 펄서 성운은 펄서풍과 초신성 잔해물질의 상호작용(충돌)으로 만들어지는 것으로 보인다. 충돌로 충격파가 만들어지고 그곳에서 입자가 가속되면서 고에너지가 된다. 이 상대론적 입자에서 싱크로트론 복사와 역콤프턴 효과Inverse Compton effect(칼럼 「전자기 복사의 과정」과 4.2.1절 참조)로 X선, 감마선이 복사된다. 그림 1.11은 X선 천문위성 '찬드라'에서 관측한 게성운 펄서, 돛자리 펄서 주변의 X선 영상이다. 제트와 원반 모양으로 흩날리는 영상이 또렷이 보인다. X선 영상의 시간변동도 관측되었는데, 펄서 성운 내부에서 전파가 전달되는 모습을 정확히 포착했다.

 전자기 복사의 과정

전자 등의 하전입자는 물질이나 전자기파, 자기장 등과 상호작용하여 그 결과 여러 파장(에너지)의 전자기파를 방출한다. 이 책에 자주 등장하는 중요한 과정을 정리하고자 한다. 좀 더 자세한 내용은 4.2.1절을 참조하기를 바란다.

• 제동복사Bremsstrahlung Radiation : 전자는 가속도를 받으면 전자기파를 방출한다. 전자가 물질 내부에 있는 원자핵의 쿨롱력으로 가속도를 받으면 전자기파를 방출한다.

• 싱크로트론 복사Synchrotron Radiation : 자기장 내부의 전자는 자기력선 주위를 원운동한다. 원운동도 가속도 운동이므로 전자기파가 복사된다. 전자의 속도가 느릴 경우를 사이클로트론 복사, 광속에 가까운 상대론적인 경우를 싱크로트론 복사라고 한다.

• 톰슨 산란 · 콤프턴 산란Thomson Scattering, Compton Scattering : 광자는 정

지한 자유전자를 진동시키고 그 진동이 전자기파를 재방출한다. 따라서 그 파장(에너지)은 원래의 광자와 같으며, 이 과정을 톰슨 산란이라고 한다. 그 단면적은 광자의 에너지와 상관없이 일정해서 톰슨 단면적이라고 한다. 고에너지 광자의 경우는 전자에 부여하는 운동량과 에너지가 커지고, 거꾸로 에너지가 감소한 광자가 재방출된다. 이를 콤프턴 산란이라고 한다. 그 에너지와 반응 단면적의 관계가 클라인-니시나Klein-Nishina(仁科) 공식이다.

• 역콤프턴 산란Inverse Compton Scattering : 운동하는 전자에 광자가 충돌하면 컴프터 산란의 역과정이 일어나 광자는 에너지를 얻어 고에너지 광자로 바뀐다. 이를 역콤프턴 산란이라고 한다.

• 체렌코프 복사Cherenkov Radiation : 물질 내부를 운동하는 하전입자의 속도(v)가 그 물질 내부의 빛의 속도(c/n : c는 진공 중의 광속도, n은 물질의 굴절률)보다 빠른 경우 하전입자의 진행방향으로 빛이 복사된다(4.4.1절).

1.2.5 밀리초 펄서

밀리초msec 펄서는 초고속으로 회전하는 펄서로, 주기가 10밀리초 이하인 것도 다수 발견되고 있다. 그 대부분은 쌍성계이며 상대별은 백색왜성이나 중성자별이다. 밀리초 펄서의 자기장은 $10^4 \sim 10^5$ T 정도로, 일반적인 펄서의 자기장보다 서너 자릿수나 약하다. 스핀다운spin down 시간[14]은 1억 년 이상으로 엄청나게 길다.

밀리초 펄서는 구상성단에서 많이 발견되는데, 구상성단 큰부리새자리(Tucana, 줄여서 Tuc) 47에서는 한 성단에서 스무 개나 보고되기도 했다. 구상성단은 나이가 100억 년 이상 되는 늙은 별들의 집합체이다. 이러한 점도 밀리초 펄서를 나이가 많은 중성자별로 생각하는 이유이다. 밀리초 펄

---

[14] 펄서의 나이를 짐작하는 한 가지 지표로, 스핀 주기(P)와 그 변화율($\dot{P}$)을 이용하여 $\tau = P/2\dot{P}$로 나타낸다.

서의 고령, 고속회전이라는 특성은 나이는 물론이고 회전에너지를 방출함으로써 회전이 느려지는 일반적인 펄서 진화의 시나리오로는 설명이 되지 않는다.

그래서 등장한 것이 펄서의 리사이클recycle 설이다. 밀리초 펄서의 본체는 늙어서 회전속도가 떨어지고 자기장도 약해져 펄서 활동을 중지한(전자·양전자 쌍을 만들지 못하는) X선 쌍성계(2.4.1절)의 중성자별로 생각된다. 상대별에서 나온 가스가 케플러 속도[15]로 원운동을 하면서 원반을 따라 중성자별로 흘러든다. 원반을 따라 흘러들던 가스의 흐름은 알벤H. Alfven 반지름(2.4.2절) 지점에서 막힌다. 그 후 강착 가스는 자기력선을 따라 중성자별로 떨어진다. 이때 자기력선을 매개로 강착물질의 각운동량이 중성자별에 전해진다. 각운동량이 흘러든 중성자별은 가속되어 고속회전을 한다. 알벤 반지름 지점에서 중성자별과 함께 회전하는 자기력선의 속도가 원반물질의 케플러 속도와 같아질 때 가속이 멈춰 중성자별은 평균 회전 상태가 된다. 평균 회전에서의 주기는

$$P_{\mathrm{eq}} = 3.8 \times 10^{-3} \left(\frac{B}{10^5\,\mathrm{T}} \right)^{6/7} \left(\frac{R}{10\,\mathrm{km}} \right)^{18/7}$$
$$\times \left(\frac{M}{M_\odot} \right)^{-5/7} \left(\frac{\dot{M}}{10^{-8}\,M_\odot\,y^{-1}} \right)^{-3/7} \quad [\mathrm{s}] \qquad (1.13)$$

으로 주어진다. 여기에서 $\dot{M}$은 가스 강착률이다. 자기장이 10^5 T 정도로 약할 때 주기는 수 밀리초 정도이며, 밀리초 펄서의 본체로는 충분한 회전속도이다.

드디어 쌍성계에서 물질의 이동이 멈춘다. 쌍성계를 감싸고 있던 가스

---

15 원심력과 중력이 균형을 이루는 회전속도(2.2.2절 참조).

가 사라지면서 쌍성계는 쾌청해진다. 고속의 중성자별에서 복사된 전파가 우리에게 이르게 되어 다시 펄서로 관측된다. 1996년에 소질량 X선 쌍성계(LMXB: Low Mass X-Ray Binary)에서 일어난 X선 폭발(2.4.3절)에서 주기적 변동이 발견되면서 중성자별이 고속으로 회전하고 있음이 밝혀졌다. 약한 자기장의 원인은 아직 밝혀지지 않았지만 리사이클 설은 어느 정도 타당하다는 것이 증명되었다.

PSR 1913+16은 밀리초 펄서 두 개가 서로 공전하는 쌍성계이다. 밀리초 펄서는 매우 정확한 '시계'로 생각된다.[16] 밀리초 펄서의 공전궤도 위치에 따라 지상에 도달할 때까지 펄스 주기의 차가 있기 때문에 공전운동을 반영하여 펄스 도달 시간이 변조된다. 헐스R. Hulse와 테일러J. Taylor는 이 변조 자료에서 공전은 주기 27906.980784초(오차는 0.0000006초)의 케플러 운동(긴 타원궤도)이며, 근성점[17]은 1년에 4.22662도(오차는 0.00001도)라는 놀라운 속도로 이동하고 있음을 발견했다. 일반상대론을 검증하게 된 수성의 근일점 이동은 겨우 0.16도/100년밖에 되지 않아 일반상대론 효과가 얼마나 강하게 작용하는지 알 수 있다.

일반상대론에 근거한 계산은 밀리초 펄서 두 개의 질량을 각각 1.4410 $M_\odot$과 1.3784 $M_\odot$으로 하면 공전운동의 모든 매개변수parameter를 훌륭하게 재현한다. 중성자별의 질량을 일반상대론으로 이렇게까지 정밀하게 결정했던 것이다. 또 10년 가까이 PSR 1913+16 관측에서 이 공전주기가 미미하나마 짧아졌음을 발견했다. 중성자별을 대개 질점으로 여기는 고전

---

16 펄스 주기의 장기長期 안정성은 1조 년에 몇 초 어그러지는 정도이다. 더불어 같은 정도의 오차가 생기는 시간은 원자시계로는 수십만 년, 수정시계로는 몇 년이다. 밀리초 펄서는 그야말로 우주 최고 정밀도를 자랑하는 시계라고 할 수 있다.

17 서로 공전하는 천체의 케플러 운동은 타원궤도를 그린다. 그 궤도상에서 서로 가장 가까운 위치를 근성점近星點이라고 한다. 그 반대는 원성점遠星點이다. 태양을 도는 행성의 공전궤도에서는 근일점近日點, 원일점遠日點이라고 한다.

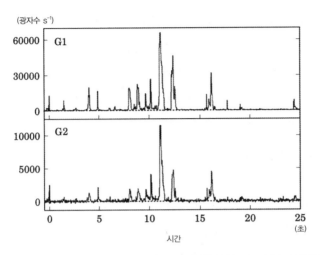

그림 1.12 반복되는 X선, 감마선의 폭발적인 복사. 1998년 5월 30일, SGR 1900＋14에서 관측되었다. G1, G2는 각각 X선(15－50 keV), 감마선(50－250 keV)의 강도를 나타낸다.

역학에서는 있을 수 없는 현상이다.

테일러 연구진은 일반상대론이 예언하는 중력파의 방출을 고려하면 이 현상을 완벽하게 설명할 수 있음을 발견했다. 간접적이기는 하지만 중력파의 발견이라고 할 수 있다. 헐스와 테일러는 이러한 연구 공적으로 1993년 노벨 물리학상을 받았다. 약 300만 년 후에 PSR 1913＋16 중성자별은 서로 합체한다. 그때는 틀림없이 한층 더 강한 중력파가 방출될 것이다 (4.5.2절).

1.2.6 마그네타

X선, 감마선을 반복해서 폭발적으로 복사하는 천체가 지금까지 네 가지 예가 발견되었는데 이를 연감마선 리피터(SGR: Soft Gamma Repeater)라고 한다. 가장 빈번할 때는 폭발burst 간격이 1초 정도인 경우도 있다(그림 1.12).

전형적인 폭발의 지속시간은 ～0.1초, 복사되는 광자 에너지는 ～30keV,

X선의 최고 세기는 태양 질량의 별에 대한 에딩턴 한계광도[18]의 $10^3 \sim 10^4$ 배, 그리고 전체 복사에너지는 $\sim 10^{34}$ J 정도이다. 지속시간은 200~400초이며 전체 복사에너지가 10^{37} J을 넘는 거대 폭발도 세 차례 관측되었다. 정상적인 X선 복사도 관측되었는데, 그중에는 5초, 7초 주기의 진동(펄스)도 검출되었다. 이러한 펄스 주기와 그 신장률, 플라스마 감금의 조건 등에서 SGR의 중심 천체는 $10^{10} \sim 10^{11}$ T라는 경이로운 자기장 세기를 지닌 중성자별로 보인다.

한편, 이와 비슷한 X선 스펙트럼, 광도와 펄스 주기(6~12초)를 가진 한 무리의 X선 펄서가 발견되었는데, 이를 이상 X선 펄서(AXP: Anomalous X-Ray Pulsar)라고 한다. 이상 X선 펄서의 펄스 주기와 그 신장률에서 자기장을 대강 계산하면 $10^{10} \sim 10^{11}$ T가 된다. 이상 X선 펄서 두 개에서 폭발이 관측되면서, 이상 X선 펄서도 연감마선 리피터와 같은 범주에 있는 중성자별이라는 것이 분명해졌다. 이 초강 자기장 중성자별들을 통틀어 마그네타Magnetar라고 한다. 마그네타의 회전은 매우 느려 회전으로는 X선과 감마선 복사의 에너지원을 얻을 수 없다. 여러 가지 가능성을 검토한 끝에 마그네타 활동의 에너지원은 초강 자기장 자체라는 결론을 내렸다.

초강 자기장의 성립 요인으로 중성자별이 탄생할 때의 다이나모 구조[19]를 꼽을 수 있다. 특히 고속으로 회전하는 중성자별이 탄생하는 경우로, 강한 대류와 크게 불균일한 회전이 예상될 때이다. 에너지 방출 메커니즘으로는 태양 플레어flare와 같은 자기력선을 바꿔 연결하는 '자기 리커넥션 reconnection'[20]을 생각할 수 있다. 이와 같은 초강 자기장 중에는 양자 전자

---

18 구대칭 강착에서 복사에 따른 힘과 중력이 균형을 이루는 광도(2.4.1절 참조).
19 내부에 전기전도성 유체를 가지고 있는 천체가 자전할 때 만들어내는 자기장 증폭 구조. 지구나 태양 같은 천체 대부분이 가지는 자기장의 기원으로 생각된다.
20 자기력선이 교차하면 연결 교체가 이루어지는데, 이때 자기장 에너지를 복사한다.

기 역학적quantum electrodynamics 효과인 광자의 분열이나 합체도 문제가
된다.

1.3 블랙홀

백색왜성은 전자축퇴라는 물성론의 세계, 중성자별은 원자핵·소립자 물
리학의 세계였다. 제3의 고밀도 천체인 블랙홀은 앞으로 설명하겠지만 일
반상대론의 세계이다.

1.3.1 블랙홀의 개념

뉴턴 역학에서는 질량(M)의 질점이 반지름(r) 위치에 만드는 중력장(g)
은, 중력상수를 G로 해서

$$g = - \frac{GM}{r^2} \tag{1.14}$$

이며, 중력 퍼텐셜은 $-GM/r$이다. 무한 거리에서 이 퍼텐셜의 중심을
향해 질점(m)이 낙하할 때의 속도(자유낙하속도)는 $v=\sqrt{2GM/r}$이다. 이
속도는 중심에 가까워질수록 점점 커지는데 슈바르츠실트K. Schwarzschild
반지름으로 불리는 값

$$R_\mathrm{s} = \frac{2GM}{c^2} = 2.9 \left(\frac{M}{M_\odot} \right) \ [\mathrm{km}] \tag{1.15}$$

에서 광속도 c에 도달한다. 이것은 (식 1.14)의 중력장이 '특징적인 길이'
를 가지지 못하고 원점($r=0$)에 가까워지면 얼마든지 강해지기 때문이다.

아인슈타인A. Einstein의 특수상대론(1905년)에 따르면 질점의 속도는 광

속도를 넘을 수 없기 때문에 r이 R_S에 가까워지면 (식 1.14)는 성립하지 않는다. 이 상황을 정확히 파악하는 데 성공한 것이 같은 아인슈타인이 1915년에 발표한 일반상대론이며, 그 기본이 되는 아인슈타인 방정식은 중력의 법칙과 운동방정식이라는 뉴턴 역학의 2대 법칙을 발전적으로 통합한 것이다.[21] 여기에서 중력장은 물질과 에너지가 존재함으로써 시간과 공간이 뒤틀리는 효과로 분석된다.

슈바르츠실트는 중심에만 질점이 있고 그 주변 공간은 등방적(isotropic, 한 지점에서 어떤 방향을 바라봐도 모두 똑같이 보인다는 뜻)이라는 조건으로 아인슈타인의 운동방정식을 풀어냈다. 그것이 슈바르츠실트 해解(1916년)이다. 그에 따르면 위치 (r)에 둔 시계가 가리키는 시간의 간격($d\tau$)과, 무한 거리의 관측자가 재는 시간의 간격(dt) 사이에는,

$$d\tau = \left(1 - \frac{R_S}{r}\right)^{1/2} dt \qquad (1.16)$$

이라는 관계가 성립한다. 즉 물체가 (식 1.15)의 슈바르츠실트 반지름에 가까워지면 강한 중력장 때문에 그곳에서의 시간이 느리게 흐르는 것처럼 보여 속도는 끝까지 광속도를 넘지 않는다. $r < R_S$에서는 (식 1.16)의 비례계수는 허수가 되며, 그 상태로는 물리적인 의미를 잃는다. 적당히 변수를 바꾸어 평가하면 이 영역에서는 그 어떤 광선도 R_S보다 바깥쪽으로는 나가지 못해 R_S보다 안쪽 세계는 바깥쪽에서는 영원히 알 수 없는 영역이 된다.

그래서 슈바르츠실트 반지름을 '사건의 지평선'[22]이라고 한다. 사건의

---

21 좀 더 자세한 설명은 칼럼 「아인슈타인 방정식을 풀어 보자」를 참조할 것.
22 '사상의 지평면'이라고도 한다. 원서에는 '사상事象의 지평선'이라고 표기되어 있지만, 한국천문학회의 『천문학 용어집』의 표기에 따랐다. 일반상대성이론에서, 내부에서 일어난 사건이 외부에 영향을 미칠 수 없는 경계면으로 이 너머에서는 아무 일도 발생하지 않는다는 의미에서 붙인 이름이다.

지평선과 중심의 질점을 겹친 개념이 블랙홀이다. 물체가 일정한 주파수 ν_0의 전자기파를 내면서 블랙홀로 떨어질 때, (식 1.16)에 따라 전파 더미에서 더미까지의 시간 경과가 길어지기 때문에 먼 거리에서는 주파수 $\nu = \nu_0\sqrt{1 - R_S/r}$로 관측된다. 이것이 중력 적색이동[23]이다. 깊은 중력 퍼텐셜 바닥에서 광자가 도망쳐 나올 때 그 에너지는 감소한다(파장이 긴 쪽으로 이동한다). 결국 물체는 사건의 지평선을 향해 빨려들어감으로써 어떤 정보도 얻을 수 없게 된다.

질량 (M)의 물체를 블랙홀로 만들려면 그 반지름을 슈바르츠실트 반지름보다 작게 줄여야 한다. 그 값은 (식 1.15)에서 알 수 있는 것처럼 M에 비례하며, 태양 질량이라면 R_S는 약 3 km,[24] 지구 질량이라면 고작 5 mm이다. 천체가 블랙홀이 되면 화학조성이나 온도 같은 여러 특징들을 잃고 질량 M, 각운동량 J, 전하 Q라는 세 가지 속성만 남는다. 슈바르츠실트가 찾아낸 해는 $J = 0$(구대칭)이면서 $Q = 0$인 경우에 해당된다. $Q = 0$이지만 J는 제로가 아니며, 따라서 구대칭이 아닌 해는 카R. Kerr가 1965년에 이끌어내어 '카 해解'라고 한다. 이것은 블랙홀 근방의 공간 그 자체가 어느 축 주변을 회전하는 경우를 나타낸다. 블랙홀이 가질 수 있는 최대의 각운동량은

$$J_{max} = \frac{1}{2}\,cM\,R_S \tag{1.17}$$

로, 이것은 R_S 부근에서 질량 M인 물체를 광속에 가까운 속도로 회전시켰을 경우의 각운동량이다. 도미마쓰 아키라富松彰와 사토 후미타카佐藤文隆

---

23 전자기파 등의 파장이 장파장 쪽으로 이동하는 현상을 적색이동이라고 한다. 보통은 관측자에게 멀리 떨어진 천체에서 오는 전자기파는 도플러 효과로 적색이동을 일으키지만, 일반상대론에서는 중력의 작용으로도 적색이동을 일으킨다. 이것을 중력 적색이동이라고 한다. 적색이동의 반대는 청색이동이다.
24 실재 태양 중심에 반지름 3 km의 블랙홀이 있다는 것은 아니다.

는 아인슈타인 방정식의 새로운 해, 즉 '카 해' 등을 좀 더 일반화한 '도미마쓰-사토 해'를 찾아내는 데 성공했다(1972년).

1.3.2 블랙홀 연구의 진전

(식 1.16)은 일반적인 상식과는 동떨어져 이해하기 힘든 성질이 있고, 또 물질을 R_S로까지 무리하게 축소시키는 것은 비현실적이므로 당초 블랙홀은 이론으로만 가능한 가공의 이야기로 다루었다. 그러나 1930년대 후반에 이르러 항성의 진화이론이 점차 정비되면서 대질량성이 진화하면 중심부는 엄청나게 고밀도가 된다는 것을 알게 되었고, 결국 중심부는 중력으로 붕괴되면서 슈바르츠실트 반지름보다 작아져 블랙홀이 나타날 가능성이 있음을 논의하게 되었다. '블랙홀'이라는 단어를 처음 사용한 사람은 휠러J. Wheeler로 1967년의 일이었다.

1970년대 초에 블랙홀 연구에서 두 가지 중요한 진전이 있었다. 하나는 관측적인 부분으로, 오다 미노루小田稔 연구진이 백조자리 X-1이라는 강한 X선원을 블랙홀의 첫 번째 후보로 제안했던 것이다(1.3.3절). 다른 하나는 이론적인 부분으로, '도미마쓰-사토 해'의 도출(1.3.1절)이다. 이처럼 블랙홀 연구에서 일본은 그 출발점에서부터 큰 역할을 해 왔다. 이후 상대론에 근거한 블랙홀의 이론연구는 물론, 우주에서 현실적으로 블랙홀의 탐사는 천문학의 주요 연구 주제가 되었다.

이런 상황을 단적으로 나타내는 것이 그림 1.13인데 제목에 'black hole'이 포함된 논문 수와 천문학의 기본이라 할 수 있는 'star'가 제목에 포함된 논문 수를 비교해서 나타냈다. 1968년 이전에는 '블랙홀'이라는 명칭이 없어 논문이 0인 것은 당연하며, 1970년대에 블랙홀 연구가 급속하게 왕성해졌음을 알 수 있다.

그림 1.13에서 알 수 있듯이 1980년대 중반에는 주춤했지만 1990년대

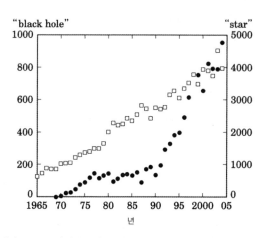

그림 1.13 제목에 'black hole'이라는 단어를 포함한 논문의 연간 발표 건수(검은 점: 세로축은 왼쪽). 비교를 위해 제목에 '별'이라는 단어를 포함한 논문의 수를 흰 사각형(세로축은 오른쪽)으로 나타냈다. 검색에는 NASA Astrophysical Data System을 이용했다(http://adsabs.harvard.edu/에서 전재).

중반부터 다시 블랙홀 연구는 황금기에 들어섰다. 이는 관측기술의 진전에 힘입은 바가 크다. 따라서 이 책의 내용 가운데 많은 부분이 1990년대부터의 진전을 다루고 있다. 한마디로 정리하면 '우주의 다양한 장소에 다양한 질량의 블랙홀이 분명히 실재하며, 다채로운 물리적·천문학적인 현상을 펼치고 있음을 알게 되었다'일 것이다. 관측에 따른 블랙홀 연구의 방법론은 다음 네 가지 정도로 크게 구별할 수 있다.

• X선 복사 등을 실마리로 해서 블랙홀 후보를 찾는다. 여기에는 물질이 블랙홀로 빨려들어갈 때 사건의 지평선 바깥쪽에서 방출되는 중력에너지의 일부는 X선 등의 전자기파로 복사되는 것을 이용한다(2장).
• 복사되는 X선 광도나 스펙트럼에서 후보 천체를 중성자별과 구별하고 그 질량을 추정하여 블랙홀로서의 증거를 확고히 한다(2장).
• 후보 천체 중력의 영향으로 운동하는 물체를 관측함으로써, 후보 천

체는 그 크기 비율에 따라 거대한 질량을 가진다는 것을 보여준다(1.3.3절, 1.3.4절).

• 블랙홀에서 특유의 일반상대론적인 효과를 검출한다. 이것에 아직 성공한 예가 많지는 않지만, '낙하하는 물질이 마지막으로 견고한 표면에 충돌하는 일은 없다' 라는 의미에서는 X선 관측에서 긍정적인 결과를 얻고 있다(2.5절).

1.3.3 항성물질 블랙홀

주계열 단계에서 $10\ M_\odot$ 이상의 대질량성은 진화 마지막에 중력붕괴형 초신성 폭발을 일으켜 $10\sim20\ M_\odot$에서 중심부에 중성자별이 남지만 $20\ M_\odot$ 이상이면 블랙홀이 된다. 이것을 '항성 질량 블랙홀' 이라고 한다. 대질량성은 진화 도중에 활발하게 항성풍stellar wind을 분출하여 질량을 잃고, 초신성 폭발 때에도 대부분의 외층부가 날아가 만들어지는 블랙홀의 질량은 주계열 시대의 질량보다 상당히 작아 전형적으로 $5\sim15\ M_\odot$이다.

은하계의 경우 $20\ M_\odot$ 이상의 주계열성 비율은 전체의 $\sim10^{-6}$ 정도이므로, 은하계 전체에서 $\sim10^{11}\ M_\odot$의 질량을 지닌 별은 10^{15}개 정도 있을 것으로 추정된다. 이처럼 대질량성의 전형적인 수명은 $\sim3\times10^{6}$년이므로, 우주 나이 동안 이와 같은 별이 4000세대世代 정도 생성되어 초신성 폭발을 거쳐 블랙홀이 되었을 것으로 예상한다.

따라서 은하계에는 $\sim4\times10^{8}$에 이르는 블랙홀 개수가 존재하며, 그 개수밀도는 $\sim1\times10^{-2}\ \mathrm{pc}^{-3}$로 대강 계산할 수 있다. 이는 항성 개수밀도의 $\sim1/100$에 이르지만, 블랙홀이 단독으로 존재하는 한 그것들을 발견하는 것은 불가능에 가깝다.

항성 질량 블랙홀을 발견할 수 있는 거의 유일한 상황은 블랙홀이 다른 항성과 근접쌍성(블랙홀 쌍성계)을 이루어 항성 가스가 블랙홀의 강한 중력

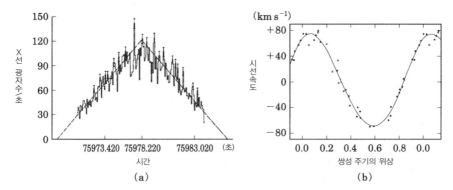

그림 1.14 (a) X선 위성 '우후루'의 시야를 백조자리 X-1이 천천히 횡단할 때의 X선 세기. 변동이 없다면 세기는 틀림없이 삼각형 모양의 변화를 보일 것이다(Oda *et al.* 1971, *ApJ*(Letters), 166, L1에서 전재). (b)는 백조자리 X-1 쌍성의 주성인 HDE 226868의 시선속도를 5.6일이라는 쌍성 주기로 접어 나타낸 것이다(Boldton 1975, *ApJ*, 200, 269에서 전재).

에 따라 낙하할 때(질량강착)로, 중력에너지 방출로 강한 X선 복사가 기대되는 경우이다(2장).

실재하는 블랙홀 제1호인 백조자리 X-1(1.3.2절)은 1962년에 시작된 X선 천문학 역사의 아주 초기부터 백조자리에 있는 강한 X선원의 하나로 알려졌다. 1970년에 미국이 쏘아올린 세계 최초의 X선 위성 '우후루 Uhuru'를 이용한 오다 미노루 연구진이 이 백조자리 X-1을 관측했는데, 그림 1.14(왼쪽)와 같이 1초보다 짧은 시간척도에서 X선 세기가 변동되었다. 오다 연구진은 1971년의 논문에서 "이처럼 짧은 시간에 변동할 수 있는 천체는 분명히 매우 작으며, 중성자별[25]이나 블랙홀처럼 중력으로 붕괴된 별일 것이다"라고 밝혔다. 이 논문은 실재하는 천체와 블랙홀을 연관지은 최초의 연구이다.

이 결과에 자극을 받은 백조자리 X-1 연구는 놀라운 속도로 진전되었

| 25 중성자별은 수년 전에 이미 전파 펄서로 발견되었다.

다. 오다와 미야모토 시게노리宮本重德 연구진은 발(가림막) 코리미터[26]를 기구에 탑재하여 백조자리 X-1의 위치를 수 각분arc min의 정밀도로 결정했다. 그 오차 안에 변동하는 전파원이 있었다. 전파관측으로 위치 정밀도가 높아지자 이번에는 9등급의 초거성 HDE226868이 발견되었다. 9등급은 전천에 수십만 개가 있지만 HDE226868은 주기 $P=5.6$일의 분광쌍성이며, 더구나 그림 1.14(오른쪽)에 나타낸 것처럼 (동반성[27]에 휘둘려서) 최대 $K=73$ km s^{-1}이나 되는 시선방향속도를 지녔다. 동반성은 가시광에서 빛을 내는 징후가 없어 그야말로 X선을 복사하는 '붕괴된 별'로 받아들이게 되었다.

HDE226868의 질량을 M, X선 동반성의 질량을 m, 쌍성 궤도의 경사각을 i라고 하면,

$$\frac{(m \sin i)^3}{(M+m)^2} = \frac{K^3 P}{2\pi G} \tag{1.18}$$

이 성립되며, 관측량에서 이 우변은 $0.22\ M_\odot$으로 구한다. 한편, 광光 스펙트럼에서는 $M \sim 25\ M_\odot$, 또 5.6일의 광도곡선에서는 $i \sim 30°$로 추정되어 결국 $m \sim 14\ M_\odot$을 구할 수 있었다. 이 값은 현재까지 거의 변함이 없으며 다양한 부정성을 고려하더라도 $m > 6\ M_\odot$이다.

이 결과는 중대한 의미를 지닌다. 1.2.2절에서 설명한 것처럼 중성자별의 질량은 이론적으로 $\sim 3\ M_\odot$을 넘지 않으며, 관측된 중성자별의 질량도 대체로 $1.4\ M_\odot$(기껏해야 $2\ M_\odot$)이다. 이 한계보다 무거운 백조자리 X-1은

---

[26] 오다 미노루가 발명한 코리미터로, '발(가림막)'과 비슷한 모양이다. X선 천문학 초기에 X선 천체의 위치를 결정짓는 데 위력을 발휘했다.
[27] 고밀도 천체를 주성, 보통별을 동반성이라고 하는 경우도 있다. 이 절에서는 역사적 과정에 따라 보통별을 주성, 고밀도 천체를 동반성이라고 한다.

블랙홀 이외에는 있을 수 없다. 이리하여 1970년대 중반에는 백조자리 X-1을 블랙홀로 여기는 견해가 자리 잡았다. 그 후에도 백조자리 X-1은 3중 쌍성이므로 (식 1.18)은 적용할 수 없다는 등의 반론이 있기도 했지만 1997년에 X선 천문위성 '아스카'가 이 식을 사용하지 않고 광학관측으로 추정한 거리와 궤도 경사각 i, 그리고 X선 정보만으로 X선 천체의 질량을 (11~15) $M_\odot$의 범위로 좁히는 데 성공했다.

백조자리 X-1을 필두로 하여 현재는 은하계에서 스무 개 정도의 블랙홀 후보 천체가 알려져 있다. 그 대부분은 때때로 갑자기 X선으로 밝아지는 돌발Transient천체[28](2.5.7절)로, 세기 변동에 따른 X선 성질의 변화가 백조자리 X-1과 많이 비슷하다. 또한 그 대부분은 가시광에 대응하는 천체(블랙홀의 상대별, 주성이라고 한다)로 추정되는데, X선이 어두워진 시기를 이용하여 강착원반에서의 복사에 방해받지 않고 주성의 분광관측을 하여 (식 1.18)에서 X선을 내는 동반성의 질량이 도출되었다. 마찬가지로 대마젤란성운 중에는 블랙홀 쌍성계 LMC X-1과 LMC X-3 두 개가 알려져 있다.

그림 1.15에 이 블랙홀 후보 천체들과 그 질량 추정치를 정리해 놓았다. 질량은 모두 중성자별의 상한질량을 의미가 있을 정도로 넘었기 때문에 이 X선 천체들은 실제로 블랙홀일 것이다. 또 최근에는 가시광 관측에 버금갈 정도로 경이적인 각분해 능력을 지닌 미국의 X선 천문위성 '찬드라'로 외부은하에서도 블랙홀 쌍성 후보가 속속 발견되고 있다.

---

28 천체에서의 전자기파의 빛이 급격하게 증가하는 현상(천체)을 돌발현상(천체), 또는 순변(瞬變, Transient)현상(천체)이라고 한다. 넓은 의미로는 신성이나 초신성, 또는 감마선 폭발(GRB; Gamma-Ray Burst, 5장)도 이 범주에 들어간다. 이 책에서는 예를 들어 X선 돌발천체, X선 순변천체, X선 신성 같은 다양한 이름들을 사용하고 있지만 본질적인 차이는 없다.

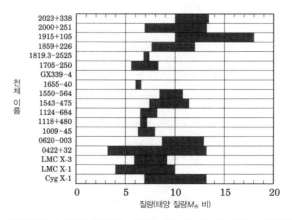

그림 1.15 우리은하와 대마젤란성운에 있는 블랙홀 후보 쌍성 목록과 광학 주성의 운동으로 추정한 X 선 동반성의 질량, 검은색 가로막대는 왼쪽 끝이 질량의 하한, 오른쪽 끝이 상한을 나타낸다 (McClintock & Remillard 2006, *ARAA*, 44, 49에서 전재).

1.3.4 대질량 블랙홀

항성 질량 블랙홀 외에도 우주의 다른 장소에 다른 질량의 블랙홀이 있다는 것도 분명해졌다. 그것은 은하 중심에 있는 대질량 블랙홀이다. 1960년대 초 퀘이사(Quasar: quasi stellar object의 약칭. 준항성상 천체)로 불리는 수수께끼 같은 한 무리의 천체가 발견되었다. 그 무리는 점처럼 퍼져 있는 별로 보였지만 광 스펙트럼이 별과는 다른 정체불명의 강한 휘선을 여러 개볼 수 있었다. 다양한 논의 결과, 그 휘선들은 수소원자의 발머 계열선[29] 등이 장파장 쪽으로 적색이동한 것임을 알게 되었다. 이 적색이동은 우주 팽창에 따른 것으로, 퀘이사는 우주와 멀리 떨어져 있으며 그 복사 광도는 그야말로 엄청난 것으로 판명되었다.

시퍼트C. Seyfert는 오랫동안 은하 주변의 가시광 분광을 해오던 중 1943

| **29** 수소원자의 들뜸상태(주양자수 n)에서 제1 들뜸상태(주양자수 2)로 이동할 때 방출되는 휘선 계열.

년에 NGC 4141과 NGC 1068 등, 강한 휘선을 내는 은하 무리를 찾아냈다고 보고했는데, 이 무리를 오늘날 시퍼트 은하라고 부른다(2.6절). 얼마 지나지 않아 시퍼트 은하는 중심에 별 모양의 강한 중심핵이 있다는 것, 다른 쪽에서 보면 퀘이사 주위로도 희미하게나마 은하 모습이 보이는 것을 알게 되었다. 즉 퀘이사나 시퍼트 은하 모두 중심에 강렬한 복사원을 지닌 은하이지만, 두 은하의 차이는 곧 중심핵의 활동 정도가 다르다는 점이 밝혀졌다. 이와 같은 은하는 전체 은하의 약 수% 정도를 차지하며, 이를 통틀어 활동은하라고 한다. 그 중심핵은 활동은하핵(AGN: Active Galactic Nuclei)이라고 한다. 활동은하핵은 일반적으로 빛뿐만 아니라 전파, X선, 감마선 등을 복사한다(2.6절).

이렇듯 엄청난 에너지를 나타내는 활동은하핵의 정체가 무엇인지에 대해 1970년대부터 초거대성이나 물질과 반물질의 소멸, 별들끼리의 격렬한 충돌합체설 등이 제기되었다. 그러나 백조자리 X-1 등에 대한 연구가 진전됨에 따라 1970년대 후반에 이르러 활동은하핵은 $10^{6-9}\,M_\odot$의 대질량을 지닌 블랙홀로 주변에서 가스가 강착한 것이라는 해석이 정착하게 되었다(2장).

그렇다면 왜 대질량이 필요할까. 블랙홀로 물질을 강착하여 얻을 수 있는 복사 광도에는 블랙홀 질량에 비례하는 상한[에딩턴 한계광도: 2.4.1절, (식 2.1) 참조]이 있어, 관측되는 광도 10^{37} W를 내려면 $10^6\,M_\odot$ 이상의 대질량이 필요하기 때문이다.

1980년대 말부터 대질량 블랙홀의 질량을 역학적으로 측정하는 작업이 크게 진전되었다. 예를 들면 안드로메다은하 중심에서는 별의 속도분산에 이상이 있어 수 파섹 세제곱(pc³)이라는 좁은 부피 중에 태양의 수백만 배나 되는 질량이 집중되어 있음이 밝혀졌다. 한편, 허블 우주망원경은 거대타원은하 M 87의 중심부[3장의 그림 3.2 (c)의 중심에 있다]를 정밀하게 위치·분광관측하여 반지름 ~20 pc 이내에 태양의 약 30억 배에 달하는 질량이 있음을 밝혀냈다. 우리가 알고 있는 우주에서 최대 질량을 지닌 블랙홀일지도 모른다. 게다가 우주에서 가장 밝은 퀘이사가 지닌 블랙홀 질량에 해당하거나 그보다 능가한다.

대질량 블랙홀의 가장 확실한 질량 측정은 은하계와 NGC 4258 은하에서 이루어졌다. 이에 대해 구체적으로 설명하기로 한다.

은하계 독일의 겐첼R. Genzel 연구진과 미국의 게츠A. Ghez 연구진이 대형 광학망원경을 이용하여 근적외선의 회절한계에 가까운 고분해능으로 은하 중심에 있는 전파원, 사수자리 A*(Sgr A*) 주변 항성의 고유운동을 10년 넘게 관측해 왔다. 그 결과, 적어도 항성 몇 개가 타원을 그리면서 사수자리 A* 주위를 공전하고 있음을 알게 되었다. 특히 S2로 이름 붙인 항성은 주기 15.56년의 케플러 운동(긴 타원궤도)으로 사수자리 A* 주변을 공전하고 있었다(제5권). 또 도플러 효과를 이용하여 S2의 시선속도까지 정확하게 측정할 수 있었다.

한편, 레이드M. Reid 연구진은 초장기선 전파간섭계(VLBA)를 이용해 사수자리 A* 배후에 있는 퀘이사에 대한 8년 동안의 겉보기 운동을 측정했다. 태양의 은하계에 대한 운동을 제외하고 사수자리 A* 고유운동의 상한은 매초 2 km 이하라는 결론을 내렸다. 다시 말해 주변 별들의 운동에 휘둘리는 일 없이 사수자리 A*는 거의 정지해 있었다. 사수자리 A*가 거의 정지해 있다면 사수자리 A* 주변의 S2 공전궤도와 속도가 정확히 정해진다. 그러면 순수하게 운동학을 통해 중심천체 사수자리 A*의 질량이 하나로 결정된다. 이렇게 결정된 사수자리 A*의 질량은 $(3.6\pm0.6)\times10^6\,M_\odot$ 이다(제5권 3장).

NGC 4258 미요시 마코토三好眞, 이노우에 마코토井上允, 나카이 나오

마사中井直正 연구진은 이 은하 중심에서 복사되는 22 GHz의 강한 물분자 메이저maser 신호의 발생원을 대륙 간 초장기선 전파간섭계(VLBI)에 0.1밀리각초milliarcsecond의 각분해능으로 촬영함과 동시에, 메이저 주파수에 대한 도플러 측정을 정밀하게 했다. 그 결과, 이 은하 중심핵 주변 0.1pc 범위 안에 매초 약 1000 km 속도로 케플러 회전을 하는 가스원반이 있으며, 그 회전방식에서 중심에 3.7×10^7 $M_\odot$의 질량이 있음이 판명되었다.

'아스카'를 이용한 X선 관측활동이 활발해짐에 따라 은하계 주변의 많은 보통은하 중심에 광도가 낮은 활동은하핵이 숨어 있음이 밝혀졌는데 질량강착이 그다지 활발하지 않은 대질량 블랙홀로 추측된다(2.6절). 또 허블우주망원경으로 관측한 결과, 대부분의 은하 중심에는 X선을 거의 복사하지 않는 것(은하계나 M31의 중심핵 등)은 물론, 대질량 블랙홀이 존재하며 그 질량은 은하 벌지bulge 부분[30]의 규모(질량)와 밀접한 상관관계가 있음을 알게 되었다(2장). 은하계 중심은 특히 광도가 낮은 활동은하핵이라 할 수 있다(제5권 3장).

우주를 먼 쪽으로 거슬러 가면 보통은하에 대한 활동은하의 비율이 늘어나는데(2.7절), 적색이동 $z \sim 1$이 되면 많은 퀘이사를 볼 수 있다. 따라서 형성 초기의 은하에서는 중심에 대질량 블랙홀이 만들어지고 대량의 가스강착으로 퀘이사 등의 활동은하핵으로 빛났겠지만 우주 진화와 함께 가스강착이 감소한 결과, 은하계 주변에 보이는 보통은하가 되었을 것이다. 활동은하핵으로의 물질강착과 진화에 대해서는 2.7절에서 자세히 다루겠다.

| 30 은하 중심부의 타원체 모양으로 팽창되어 있는 구조를 말한다.

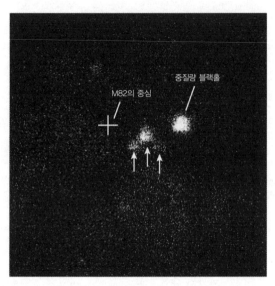

그림 1.16 찬드라가 관측한 M 82 은하의 X선 영상. 많은 X선 점원이 보이는데, 가장 밝은 것은 질량 $\sim 10^3 M_\odot$의 블랙홀, 다른 세 개(화살표)는 보통의 최대 광도 X선원으로 질량은 $\sim 10^2 M_\odot$의 블랙홀일 가능성이 있다. 그 밖에 일반적인 블랙홀 쌍성도 많다(http://www-cr.scphys.kyoto-u.ac.jp에서 전재).

1.3.5 중질량 블랙홀

은하 중심에서 볼 수 있는 대질량 블랙홀의 형성 과정은 오랫동안 베일에 싸여 있었지만 2000년 무렵부터 그 실마리를 풀 수 있는 현상들이 발견되었다. 그것은 항성 질량 블랙홀과 대질량 블랙홀 중간에 위치하며 중질량 블랙홀의 후보이다. 1978년에 발사된 미국의 X선 위성 '아인슈타인' 때부터 근처 소용돌이은하 팔 부분에 가끔씩 엄청나게 강한 X선 점원이 존재한다는 사실이 알려졌는데 그 정체를 둘러싸고 많은 연구자들이 고민해 왔다. 마사시마 가즈오牧島一夫 연구진은 이것들을 초고광도 X선원Ultra Luminous X-Ray Source이라고 이름 붙였으며, 아스카를 이용하여 자세히 관측한 결과에 따르면 블랙홀 쌍성과 매우 비슷한 X선 스펙트럼이 나타난다는 것을 발견했다. 그러나 초고광도 X선원의 광도는 $10^{32.5 - 33.5}$ W로, 우리

은하의 블랙홀 쌍성에 한두 자릿수를 넘어선다. 따라서 에딩턴 한계광도를 고려하여 수백 배의 태양 질량을 가진 중질량 블랙홀일 가능성이 높은 것으로 보았다.

초고광도 X선원은 소용돌이은하 외에도 존재한다(그림 1.16). 쓰루 다케시鶴剛와 마쓰모토 히로노리松本浩典 연구진은 스타버스트Starburst 은하[31] 중심 가까이에 초고광도 X선원보다 더 높은 X선 광도(~10^{34} W)로 변동하는 X선 점원을 발견했다(그림 1.16). 초고광도 X선원보다 더 큰 규모로, ~10^3 $M_\odot$을 지닌 중질량 블랙홀이 에딩턴 한계광도 근처에서 반짝거리고 있을 가능성을 보여준다.

1.3.3절에서 설명했듯이 일상적인 별의 진화만을 생각한다면 ~15 $M_\odot$보다 무거운 블랙홀을 생성하기란 어렵다. 그래서 에비스자키 도시카즈戎崎俊— 연구진은 다음과 같은 가설을 제안했다.

"젊은 대질량 성단에서는 높은 밀도 때문에 별들끼리 폭주적으로 합체하여 일상적으로 만들어질 수 없는 대질량(태양의 수백 배) 별이 만들어질 가능성이 있다. 별들은 항성풍으로 바깥층의 질량을 잃기 전에 중심부의 중력붕괴를 일으켜 중질량 블랙홀을 만든다. 이 블랙홀은 근처의 항성을 포획하여 초고광도 X선원으로 반짝이고 가스를 대량 빨아들여 질량이 더 커진다. 성단은 중질량 블랙홀을 에워싸고 동적動的 마찰로 은하 중심을 향해 낙하한다. 이렇게 하여 은하 중심 부근에는 많은 중질량 블랙홀이 모이고, 이 블랙홀들이 서로 합체하여 하나의 대질량 블랙홀을 이룬다."

이는 활동은하핵이 형성되는 원인에 대한 설명이 가능한 가설로, 앞으로의 검증이 기대된다. 이 가설이 옳다면 활동은하핵 중에는 두 대질량 블

---

[31] 특히 더 격렬하게 별이 형성되는 은하.

랙홀이 쌍성을 이루어 합체 직전 상태에 있는 천체가 분명히 존재할 것이다. 스도 히로시須藤廣志 연구진은 전파간섭계를 이용하여 전파가 강한 3C 66B라는 활동은하핵이 약 1년 주기로 케플러 운동(타원궤도)을 하고 있음을 발견했다. 두 대질량 블랙홀이 합체 전 단계[32]에서 서로의 주변을 돌고 있을 가능성이 높아 두 블랙홀 질량의 합은 $\sim 10^9\, M_\odot$으로 추정된다. 앞으로 이와 같은 예가 많아질 것으로 예상된다.

---

32 두 대질량 블랙홀이 합체하는 순간에 강한 중력파가 복사된다(4.5절).

제2장
고밀도 천체로의 물질강착과 진화

2.1 근접쌍성계와 질량 운반

백색왜성, 중성자별, 블랙홀 등의 고밀도 천체(밀집compact 천체라고도 한다)는 스스로 에너지원을 가지지 못해 일단 형성되고 난 뒤에는 단지 식어갈 뿐이다. 따라서 단독으로 밝게 빛나는 경우는 거의 없다. 하지만 쌍성계 안에 있다면 밝게 빛날 수 있다. 쌍성계의 상대별에서 가스가 조금씩 흘러나와 고밀도 천체로 내려앉아 쌓이면 그 강착 가스에 있는 중력에너지가 방출되어 고밀도 천체 표면이나 강착 가스가 따뜻해져 높은 에너지를 복사하기 때문이다.

　밤하늘에 보이는 별들 중 반 정도는 쌍성계, 즉 두 개(이상)의 별이 중력적으로 속박되어 서로의 주변을 돌고 있는 계이다. 그중에서도 두 별의 간격이 별의 반지름 정도로 근접해 있는 계를 근접쌍성계close binary system라고 한다. 이 같은 계에 있는 별은 서로 조석력(潮汐力, tidal force)을 미칠 뿐만 아니라 때로는 가스와 에너지를 주고받기도 한다.

2.1.1 근접쌍성계의 분류

근접쌍성계의 구조를 생각할 때 가장 중요한 개념은 등퍼텐셜면이다. 이것은 두 별의 유효 퍼텐셜(중력 퍼텐셜과 궤도운동에서 비롯된 원심력 퍼텐셜의 합)이 일정한 면이다. 간단하게 각 별에 대해 점퍼텐셜을 가정하면 유효 퍼텐셜은

$$\Psi_{\text{eff}}(r) = -\frac{GM_1}{|r-r_1|} - \frac{GM_2}{|r-r_2|} - \frac{1}{2}|\omega \times r|^2 \qquad (2.1)$$

로 쓸 수 있다. 여기에서 M_1, M_2는 두 별의 질량, r_1, r_2는 두 별의 위치 벡터, ω는 궤도운동의 회전각속도 벡터이다. 그림 2.1은 등퍼텐셜면을 궤

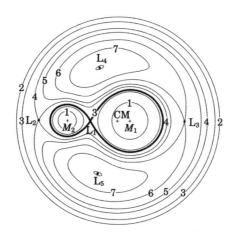

그림 2.1 두 개의 별 1, 2의 질량비가 4 : 1인 경우의 등퍼텐셜면. 공전궤도면의 단면을 보여준다. 굵은 선은 로시 한계(Frank *et al.* 2002, *Accretion power in Astrophysics*, 3rd edition에서 전재).

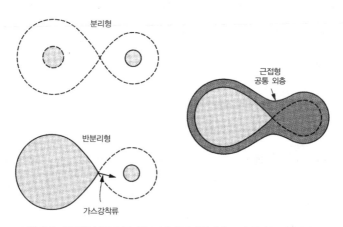

그림 2.2 근접쌍성계의 분류. 옆으로 누운 8자형 선은 로시 한계를 나타낸다.

도면에 투영한 것이다. 등퍼텐셜면의 형태는 각 별과 가장 가까운 곳에서 강한 중력에 따라 원형으로, 그 주변의 쌍성을 둘러싼 위치에서는 표주박 모양으로, 쌍성계에서 멀리 떨어진 곳에서는 다시 원형이 된다는 것을 알 수 있다. L_1에서 L_5까지 다섯 개의 점은 퍼텐셜의 극대와 극소점(또는 안장 점鞍裝點[1])을 나타낸다. 다시 말해 이 점들에서 중력과 원심력의 합력은 제로가 된다. 그 안에 가스를 주입하면 등퍼텐셜면과 일정한 밀도 및 압력면이 일치한 것을 볼 수 있다(일치하지 않은 경우에는 가스 흐름이 형성되고 밀도·압력은 일정해지려고 한다). 즉 별 표면은 등퍼텐셜면과 일치한다.

등퍼텐셜면 중에서 L_1 점을 통과하는 두 로브Lobe를 한 점으로 모아 붙이는 형태의 면을 특히 로시 로브Roche Lobe라고 한다. 이 로시 로브 개념을 이용하면 근접쌍성계는 세 종류로 분류할 수 있다(그림 2.2). 두 별 모두 로시 로브를 채우지 못한 것을 분리형, 한쪽 별이 로시 로브를 채운 것을 반半분리형, 두 별 모두 로시 로브를 채우고 공통의 바깥층을 가진 것을 접촉형이라고 한다. 그중에서도 반분리형과 접촉형은 별들끼리 상호작용을 격렬하게 함으로써 별의 변형이나 가스 운반과 같은 다양하고 흥미로운 현상들이 일어난다.

2.1.2 근접쌍성계에서의 질량 운반

고밀도 천체는 크기가 작다. 따라서 고밀도 천체는 보통 쌍성계 안에 있더라도 로시 로브를 채우지 못한다. 이 때문에 고밀도 천체가 주계열성 또는 거성 같은 보통별과 쌍을 이루는 근접쌍성계는 분리형이나 반분리형이다.

먼저 반분리형의 경우, 즉 보통별(여기에서는 동반성이라고 한다)이 로시

---

1 주어진 특이점의 부근에서 위상 궤도들이 말안장 모양의 곡선 형태로 흩어져 나가는 특이점. 이 특이점은 평형상태에서 아주 작은 편차라도 생기면 운동이 흩어져 나가 불안정한 평형상태가 된다(옮긴이 주).

로브를 채우는 경우를 생각해 보자. 이때 다음과 같은 이유로 고밀도 천체 (주성) 주변에 강착원반이 형성된다. 여덟 8자의 교점(L_1 점)에 있는 가스를 생각해 보자. 여기에서 중력＋원심력은 제로이다. 그러나 동반성은 가까 스로 로시 로브를 채우고 있어 가스는 동반성의 압력으로 L_1 점에서 주성 쪽으로 밀려나와 차츰 주성으로 모여 떨어지게 된다.

쌍성계는 공전하며 가스는 주성에 대해 각운동량을 가진다. 이 때문에 가스는 주성으로 바로 떨어지지 않고 주성 주위를 빙글빙글 돌며 고리를 형성하는데, 이것이 퍼져 가스 원반(강착원반)이 된다. 강착원반은 중력에 너지를 방출함으로써 빛을 내기 때문에 고밀도 천체가 밝아 보인다. 고밀 도 천체가 백색왜성인 경우는 격변성(2.3.1절)으로, 신성과 재귀신성, 왜소 신성이 이 그룹에 속한다. 고밀도 천체가 중성자별이나 블랙홀인 경우 일 반적으로 동반성은 비교적 소질량에 강한 X선을 복사하므로 소질량 X선 쌍성계(LMXB: Low Mass X-Ray Binary)라고 한다(2.4.1절).

분리형, 즉 동반성이 로시 로브를 채우지 못하는 경우는 위와 같은 질량 운반이 일어나지 않는다. 그러나 동반성이 약간 무거운 별(조기형 별)인 경 우에 별 표면에서는 끊임없이 가스가 방출된다(항성풍이라고 한다). 항성풍 의 양은 일반적으로 별의 질량이 클수록 크다. 이 가스의 일부가 고밀도 천체에 포획되면 역시 고밀도 천체 주변에 강착원반이 생기고, 고밀도 천 체가 밝게 빛난다. 특히 고밀도 천체가 중성자별이나 블랙홀인 경우에 X 선이 주로 방출되는데, 이것을 대질량 X선 쌍성계(HMXB: Hi Mass X-Ray Binary)라고 한다(1.2, 1.3절 참조).

2.2 강착원반

고밀도 천체 주변에 있는 가스는 중력에 이끌려 떨어진다(강착). 일반적으로 강착하는 가스는 각운동량을 가지고 있어 고밀도 천체 주변을 회전하면서 천천히 떨어진다. 이와 같이 회전하는 가스가 만드는 원반을 강착원반이라고 한다.

2.2.1 강착원반의 기본

강착원반의 이론 모형은 1950년대부터 연구가 진행되었고, 1970년대에 그 기본적인 틀이 거의 완성되었다. 소박한 질문 하나로 논의를 시작해 보자. "블랙홀에서는 빛조차 새어 나올 수 없을 텐데 어떻게 블랙홀이 밝게 관측되는 것일까?" 그 답은 그리 간단하지 않다. 블랙홀이라는 무한한 중력 퍼텐셜 우물에 가스를 던져넣을 뿐이라면 가스가 떨어지는 데 속도를 더할 뿐 결코 밝게 빛나지는 않기 때문이다. 이 경우 에너지 흐름은,

$$\text{중력에너지} \rightarrow \text{운동에너지} \qquad (2.2)$$

이다. 즉 자유로워진 중력에너지는 복사에너지가 아니라 주로 운동에너지로 전환된다. 이는 구대칭 강착류[2]의 기본적인 성질로, 본디H. Bondi가 해를 발견하여 '본디 류Bondi Flow'라고도 한다.

가스에서의 복사효율은 그 밀도의 2제곱에 비례하기 때문에 중력에너지가 효율적으로 복사로 전환되려면 가스 밀도가 높아져야 한다. 이때는 강착속도가 떨어지는 것이 좋다. 가스가 각운동량을 가지면 자유낙하가

---

[2] 강착하는 가스는 각운동량을 가지므로 회전축 대칭이 되리라고 생각하는 것이 자연스럽지만 좀 더 단순화해서 구대칭으로 가정한 질량강착이다.

아닌 중심천체 주변을 타원운동하게 된다. 이때 각운동량을 조금씩 잃게 되면 원심력을 극복하면서 가스는 천천히 강착한다. 가스 유체에 점성이 있으면 그 마찰로 점차 각운동량을 잃게 되는데, 보통의 점성(분자 점성)으로는 효력이 전혀 없다. 대신 무엇이 작용할까? 샤크라N. I. Shakura와 수니야에프R. A. Sunyaev가 강착원반의 표준모형을 구축할 때 부딪친 최대의 문제였다.

2.2.2 원반의 점성

일반적으로 질량 M의 점원 주변을 원운동하는 테스트 입자의 회전속도, 각속도, 각운동량은 원심력과 중력의 평형식에서

$$v_\mathrm{K} = \sqrt{GM/r},\ \Omega_\mathrm{K} = \sqrt{GM/r^3},\ \boldsymbol{\ell}_\mathrm{K} \equiv rv_\mathrm{K} = \sqrt{GMr} \qquad (2.3)$$

으로 적을 수 있다. 이 회전을 케플러 회전이라고 한다. 여기에서 r은 중심까지의 거리이며 원반의 자기중력은 무시했다. 속도, 각속도는 모두 중심에 가까울수록 크지만 각운동량은 거꾸로 바깥쪽일수록 크다. 안쪽일수록 빨리 도는 회전원반에서 점성이 작용하면 안쪽 고리가 바깥쪽 고리에 대해 회전 방향으로 회전력torque을 가한다. 이로써 각운동량은 안에서 밖으로 운반된다. 각운동량을 잃은 가스는 원심력이 줄어들어 안쪽으로 강착한다. 점성은 또 (회전운동의) 운동에너지를 열에너지로 전환시켜 원반 가스를 가열한다. 이렇게 해서 따뜻해진 가스는 전자기파를 방출한다. 이상을 정리하면 점성의 작용은 다음 두 가지이다.

(1) 각운동량 운반 : 각운동량을 바깥 방향으로 운반함으로써 가스 강착을 가능하게 한다.

(2) 마찰열 발생 : 마찰열이 발생함으로써 중력에너지가 효율적으로 열에너지로 전환된다.

이 두 가지 효과로 가스는 차례대로 퍼텐셜 우물로 떨어지고, 중력에너지는 열에너지로, 또 복사에너지로 전환되면서 원반은 계속 빛을 낼 수 있다. 즉 점성이 작용하는 원반에서 에너지의 흐름은

$$\text{중력에너지} \rightarrow \text{열에너지} \rightarrow \text{복사에너지} \qquad (2.4)$$

가 된다.

여기에서 앞의 문제로 되돌아가 보자. 위 논의에서는 점성의 작용을 가정했지만 실제로 점성이 작용할까? 점성(운동론적 점성)의 크기는 평균자유행로와 분자운동 속도의 곱으로 나타내는데, 평균자유행로는 원반 깊이에 비해 몇 자릿수나 작아 운동량을 운반하는 효율성이 매우 떨어진다. 다시 말해 분자 점성은 전혀 효력이 없다. 이 문제를 해결하기 위해 샤크라와 수니야에프는 원반에 난류 상태를 고안해냈다. 그러면 점성의 크기는 난류 소용돌이의 크기(원반의 깊이 정도)와 난류운동의 빠르기로 결정되므로 점성이 충분히 커져 관측을 설명할 수 있다. 난류는 물론이고 자기장도 효과가 있다. 이 고안은 전자기유체역학(MHD: Magnetohydrodynamics) 모의실험으로 검증되었다.

2.2.3 강착원반의 광도

강착하는 가스가 원반 내연(r_*)에 도달하기까지 방출되는 퍼텐셜 에너지의 절반 정도는 복사에너지로 전환되며, 나머지 반은 가스의 회전운동에너지로 간다. 가스 강착률을 $\dot{M}$이라 하면 원반 광도는

$$L_{\text{disk}} \simeq \frac{1}{2} \frac{GM\dot{M}}{r_*} \tag{2.5}$$

로 나타낼 수 있다. 퍼텐셜 우물이 깊어지면 깊어질수록, 또 r_*이 작을수록 많은 에너지를 외부로 방출할 수 있다. 에너지의 변환효율(η)을 사용하여 원반 광도를

$$L_{\text{disk}} = \eta\dot{M}c^2 \tag{2.6}$$

으로 바꿔 쓰면, η는 떨어져 들어가는 가스의 정지질량에너지 중에서 몇 퍼센트가 복사하는지를 나타낸다. 일반상대이론의 계산으로는 블랙홀이 회전하지 않는 경우(슈바르츠실트 블랙홀)에 $\eta \sim 0.06$, 블랙홀이 최대한 회전하는 경우(카 블랙홀)에 $\eta \sim 0.42$가 된다. 핵반응의 경우(수소연소에서 대체로 0.007)까지 넘어서는 큰 효율이다. 또 블랙홀은 전자기파뿐 아니라 물질(이나 자기장)도 방출한다(3장 참조). 주변의 우주공간에 미치는 영향도 크다.

반분리형 쌍성계의 경우 원반으로의 가스 유입률은 매초 10^{12-14} kg이라는 전형적인 값을 이용하면 복사에너지의 양은 백색왜성($r_* \sim 10^7$ m)일 때 10^{25-27} W, 중성자별($r_* \sim 10^4$ m)이나 블랙홀일 때 10^{28-30} W가 된다. 태양 광도는 $L_\odot = 4 \times 10^{26}$ W이므로 격변성에서는 태양 정도, X선 쌍성계에서는 그보다 두세 자릿수 더 밝게 빛난다. 단지 가시광에서 밝게 빛나는 태양(제10권)과는 달리 X선 쌍성계는 글자 그대로 X선 영역에서 스펙트럼의 최댓값으로 볼 수 있으며, 격변성의 스펙트럼은 가시광-자외선에서 최댓값을 가진다.

퀘이사나 시퍼트 은하 같은 활동은하핵의 가스 강착률은 얼마나 되는지, 또 이를 어떤 물질이 결정하는지는 아직 잘 모른다. 그래서 거꾸로 광도에서 가스 강착률을 구한다. 전형적인 광도를 $L \sim 10^{39}$ W, 효율을 $\eta \sim 0.1$

로 하면, 강착률은 $\dot{M} \sim L(\eta c^2) \sim 1 M_\odot \mathrm{yr}^{-1}$이 된다. 매년 평균 태양 하나 분량의 가스가 블랙홀에 먹히는 셈이다.

2.2.4 표준원반 모형

이른바 '표준원반 모형'은 1970년대 초기에 확립되었다. 가스 강착과 함께 방출된 중력에너지가 효율적으로 복사에너지로 전환되면서 원반이 밝게 빛나는 모형이다. 복사로 쉽게 냉각되어 압력이 내려가고, 원반은 면에 수직 방향으로 줄어들어 기하학적으로 얇아진다. 표준원반 모형은 점성항을 포함한 유체방정식(나비에-스토크스 방정식)에 근거하여 기본 방정식이 만들어졌고, 이것을 풀어야 얻을 수 있다. 표준원반의 기본 가정과 특징은 다음과 같다.

- 원반 구조는 회전축 주변으로 축대칭이다.
- 원반 안의 가스는 중심천체 주변을 고속 회전하면서 천천히 중심천체를 향해 떨어진다.
- 원반 위의 가스는 케플러 회전한다(식 2.3).
- 원반은 가볍다. 다시 말해 원반 두께를 H라고 하면 $H \ll r$이다.
- 원반은 흑체복사를 한다.
- 중력에너지는 효율적으로 복사에너지로 전환된다.
- 운동론적 점성의 값은 매개변수 a를 이용하여 $\nu = a c_S H$로 쓴다. 여기에서 c_S는 음속이며, a는 1 이하의 상수로 한다.

이러한 것들로 강착원반 모형에서 가장 중요한 관계식을 얻을 수 있다. 다시 말해 블랙홀 질량 M, 가스 강착률 $\dot{M}$으로 하면, 원반 표면에서의 단위면적당 에너지 플럭스(F)는 중심에서의 거리(r) 함수로

표 2.1 고밀도 천체 주변의 표준원반.

천체	중심 천체	내연의 반지름 r_*(m)	최고 온도 $T_{\max}$(K)	광도 $(L_\odot)$
격변성	백색왜성	$\sim 10^7$	$\sim 10^5$	$\sim 10^{0-2}$
X선 쌍성	중성자별	$\sim 10^4$	$\sim 10^7$	$\sim 10^{1-5}$
활동은하핵	블랙홀	$\sim 10^5\, M_1$	$\sim 10^7\, M_1^{-1/4}$	$\sim 10^{0-5}\, M_1$
	블랙홀	$\sim 10^{12}\, M_8$	$\sim 10^5\, M_8^{-1/4}$	$< 10^{13}\, M_8$

$M_1 \equiv M_{BH}/10 M_\odot,\ M_8 \equiv M_{BH}/10^8\, M_\odot (M_{BH}$은 블랙홀 질량).

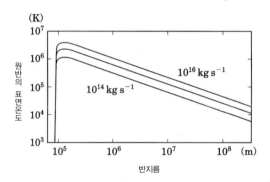

그림 2.3 표준원반의 표면온도 분포(블랙홀 쌍성의 경우). 충분히 먼 쪽에서 온도는 $r^{-3/4}$에 비례한다(식 2.7).

$$F \equiv \sigma T_S^4 = \frac{3}{8\pi}\frac{GM\dot{M}}{r^3}\left(1 - \sqrt{\frac{r_*}{r}}\right) \tag{2.7}$$

로 주어진다. 여기에서 σ, T_S, r_*은 각각 스테판–볼츠만 상수, 원반 표면온도, 원반 안쪽 가장자리의 반지름이며 회전력은 제로라는 경계조건을 택했다.

(식 2.7)의 좌변은 복사냉각률(단위면적에서의 복사량), 우변은 중력에너지의 방출률로, 이 식은 중력에너지가 효율적으로 복사에너지로 전환되었음을 잘 보여준다[이 식에 $4\pi r dr$을 곱하고 r로 적분하면, (식 2.5)를 얻을 수 있

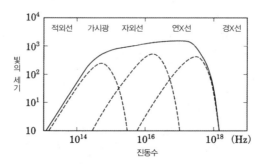

그림 2.4 표준원반의 전형적인 스펙트럼. 점선은 원반 외연부(왼쪽), 중간부(가운데), 내연부(오른쪽), 각 부분에서의 기여를 나타낸다. 복사는 저주파수(저에너지) 쪽에서 ν^2, 중간 주파수에서 $\nu^{1/3}$, 고주파수 쪽에서 $\exp(-h\nu/kT_{max})$에 비례한다. 여기에서 T_{max}는 원반의 최고온도를 나타낸다.

다). 점성은 일종의 매개체로 작용하는데, 그 자체가 에너지를 생성하는 것이 아니기 때문에 (식 2.7)에는 점성의 값(α)을 나타내지 않는다. (식 2.7)에서 원반 표면온도는 중심에서 충분히 떨어져 있는 곳 $r^{-3/4}$에 비례한다는 것을 알 수 있다(그림 2.3). 여러 천체에 있는 표준원반의 양을 표 2.1에 정리해 놓았다.

원반의 표면온도가 주어지고 원반의 각 부분이 흑체복사한다고 가정하면 원반 전체에서의 스펙트럼을 계산할 수 있다. 표준원반 스펙트럼은 다양한 온도의 흑체복사 스펙트럼이 서로 중첩되어 나타난다(그림 2.4). 이러한 점이 다온도 원반 모형Multi-Color Disk Model으로도 불리는 이유이다. 고주파수 쪽 스펙트럼의 휘어짐은 원반의 최고온도(쌍성계 블랙홀의 경우 대개 10^7 k)로 결정되며, 소프트[3] 상태로 관측된 온도 1 keV의 X선 흑체복사[4]를 잘 설명해준다(2.5.3절).

이 표준원반 모형에도 문제는 있다. 호시 레이운蓬茨靈運과 시바자키 노

[3] 일반적으로 스펙트럼이 장파장 쪽에서 강할 때를 소프트(유연하다), 그 반대를 하드(경직되다)라고 한다.
[4] 온도(T)는 보통 절대온도(K, 캘빈)로 정의하는데, 고에너지 천문학에서는 에너지 단위(keV)를 자주 이용한다. 이 둘은 볼츠만 상수(k)에서 $k \times 10^7 \, K = 0.86 \, keV$와 같이 연결되기도 한다.

리아키柴崎明는 1975년에 표준원반 모형을 분석하면서, 원반은 안쪽 복사압이 효력을 발휘하는 영역이 열적으로 불안정하다는 사실을 밝혀냈다. 그 결과 어떤 일이 일어나는지에 대해서는 아직 정설이 없다.

2.2.5 고온강착류 모형

표준원반 모형은 강착원반을 이해하는 데 많은 공헌을 했지만, 고에너지 복사나 격렬한 시간변동처럼 설명할 수 없는 부분도 많다. 고에너지 복사의 기원으로 서로 보완적인 고온강착류 모형이 다양하게 제시되고 있다. 현재 유력한 모형은 복사가 비효율적인 강착류 모형으로, 영어의 머리글자를 따서 RIAF(Radiatively Inefficient Accretion Flow)라고도 한다. 고온에 저밀도(별로 복사가 나오지 않는다) 가스 흐름이다. 복사를 내지 않으면 복사냉각이 되지 않아 가스는 고온이 된다. 점성이 커지고 각운동량의 운반효율이 높아져 강착속도는 $\alpha \times$ (자유낙하속도) 정도까지 커진다. 중력에너지의 방출로 발생한 열은 이 고온 가스 흐름을 타고 중심천체로 운반된다.

역사적으로 RIAF의 원형은 이송우세 강착류, 즉 ADAF(Advection-Dominated Accretion Flow) 모형이다. 1977년에 이치마루 세쓰오一丸節夫가 제안했지만 일부 사람들을 제외하고는 거의 알려지지 않았다. 그러다 나라얀R. Narayan 연구진이 독자적으로 재발견하면서 그 진가가 알려진 것은 20년이나 지난 뒤였다. 이 ADAF를 포함해 비효율적인 복사의 흐름 전반을 모두 합해 지금은 RIAF라고 한다. 좀 더 이해하기 위해 ADAF 모형을 기초로 표준원반 모형과 비교하면서 RIAF 전반적인 특징을 살펴보자.

- 원반의 구조는 회전축 주변으로 회전대칭한다(표준원반과 동일).
- 원반 안의 가스는 중심을 향하여 소용돌이 모양으로 빠르게 떨어진다(표준원반에서는 가스가 천천히 떨어진다).

• 가스는 케플러 회전속도(v_K)보다 약간 느린 속도(v_φ)로 회전한다. 즉 $v_\varphi < v_K$(표준원반은 케플러 회전을 한다)이다. 다시 말해 중심천체에서의 중력은 항상 원심력보다 크다.

• 원반은 회전축 방향으로 팽창한다(표준원반은 얇다).

• 원반은 싱크로트론 복사나 역콤프턴 산란 등, 여러 복사 과정에서 빛난다(표준원반은 흑체복사한다).

• 중력에너지는 주로 가스 안에 저장되어 있다(표준원반에서는 복사에너지로 전환된다).

• 점성은 α모형[5]을 이용한다(표준원반과 같다).

복사냉각이 되지 않더라도 원반 온도에는 상한이 있다. 대강의 기준으로 비리얼 온도, 즉 중력에너지가 그대로 원자를 데울 때에 이르는 온도는,

$$T_{\mathrm{vir}} = \frac{2}{3}\frac{GMm_{\mathrm{p}}}{kr} \sim 4 \times 10^{12}(r/R_{\mathrm{S}})^{-1} \quad [\mathrm{K}] \qquad (2.8)$$

이다. 여기에서 k, m_{p}, $R_{\mathrm{S}} \equiv 2GM/c^2$은 각각 볼츠만 상수, 양성자 질량, 슈바르츠실트 반지름이다. (식 2.8)에서 알 수 있듯이 비리얼 온도는 블랙홀 질량과 상관없이 블랙홀 근처(슈바르츠실트 반지름 부근)에서 가스는 10^{12} K이나 되는 고온이다. 단, 전자와 양성자의 상호작용이 약하면 전자는 복사를 방출하여 빠르게 식을 수 있어 전자 온도는 훨씬 낮아 10^{10} K 안팎이 된다(그림 2.5).

ADAF에서는 전자의 최고온도가 10^{9-10} K까지 이르기 때문에 스펙트럼은 수백 keV(그림 2.6에서 진동수 10^{20} Hz 부근)에서 굽힘이 나타난다. 그

---

[5] 점성의 크기를 매개변수(α)로 기술하는 강착원반 모형.

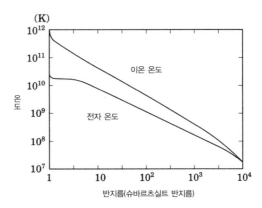

그림 2.5 ADAF의 온도분포. 충분히 먼 쪽에서 온도는 거의 r^{-1}에 비례한다. 블랙홀 근방에서는 이온 온도와 전자 온도가 분리된다.

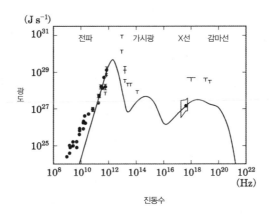

그림 2.6 ADAF의 스펙트럼(검은 점은 사수자리 A*의 관측)(Manmoto *et al.* 1997, *ApJ*, 489, 791을 기초로 보완).

림 2.6에 전형적인 ADAF 스펙트럼을 옮겨놓았다. 전파에서 감마선에 이르기까지 폭넓은 파장 대역에서의 복사를 보여준다. 낮은 진동수 쪽(전파 영역)의 멱함수형 스펙트럼은 싱크로트론 복사가 자기흡수하여 만들어지는 레일리−진스Rayleigh-Jeans 복사이다. 이 저에너지 광자가 1회 콤프턴 산

표 2.2 표준원반과 고온강착류 비교.

원반의 여러 양	표준원반	고온강착류
복사	잘 나온다	별로 나오지 않는다.
최고온도	$\sim 10^7 M_1^{-1/4}$ K	이온 온도 $\sim 10^{12}$ K, 전자 온도 $\sim 10^9$ K
광도	$\propto$ 강착률	$\propto$ (강착률)^2
기하학적 깊이(H)	$H \ll r$	$H < r$
광학적 깊이(τ)	$\tau > 1$	$\tau < 1$
복사구조	흑체복사	싱크로트론, 콤프턴 산란 및 열적 제동복사

란되어 중앙에 산을 만들고, 또 산란된 광자 및 열적 제동복사Thermal Bremsstrahlung[6]가 X−감마선을 만들어낸다.

광도가 커지면, 즉 강착률이 커지면 밀도가 늘어나 복사가 효율적이 되므로 RIAF 해는 존재하지 않는다. ADAF 해가 존재하는 한계광도는 에딩턴 한계광도의 대개 10 %로 정도로 짐작된다. 따라서 광도가 클 때를 표준원반(소프트 상태), 작을 때를 고온강착류(하드 상태)로 하는 시나리오를 짤 수 있다. 표준원반과 고온강착류의 비교를 표 2.2로 나타냈다.

RIAF의 전형으로 ADAF 모형을 설명했는데 이 모형에는 중대한 결함이 있다. 첫 번째는 ADAF 안에서 대류가 일어난다는 점이다. 점성 가열로 엔트로피entropy가 발생하지만 복사냉각은 효과가 없어 강착에 따라 가스의 엔트로피는 계속 증가한다. 중력 방향으로 엔트로피가 증대되는 것은 대류 발생의 조건이다.

두 번째는 ADAF는 분출류(outflow, 3장)가 일어나기 쉽다는 점이다. 강착가스가 고온이 되고, 그 압력이 중력과 가까스로 평형을 이룰 정도로 커지기 때문이다. 동경動徑, radius vector 방향의 1차원 모형인 ADAF에서는 이 움직임을 제어하지 못한다. 수치 모의실험에서 유체는 격렬하게 2차

---

6 고온 플라스마 중의 전자와 이온이 충돌해서 일으키는 제동복사를 말한다.

원·3차원 운동을 하고 있음을 볼 수 있다. 이상으로 ADAF는 이제 현실적인 해라고 말할 수 없다. 이에 따라 최근에는 좀 더 일반적인 용어 'RIAF'를 사용하게 되었다.

자기장 기원의 점성을 고려할 때에는 원반 자기장의 움직임을 풀 필요가 있다. 자기장은 여러 과정으로 증폭된다. 차동회전差動回轉, differential rotation[7]은 자기장의 r 성분에서 φ 성분을, 자기회전磁氣回轉, gyromagnetic 불안정성[8]은 φ 성분이나 z 성분에서 r 성분을, 파커Parker 불안정성[9]은 r 성분이나 φ 성분에서 z 성분을 각각 만들어낸다.

격렬한 시간변동이나 고속 제트를 설명하려면 반드시 자기장이 필요하다. 그래서 금세기에 들어서면서 2-3차원 전자기유체역학(MHD) 모의실험이 활발하게 이루어졌다. 세계 최초로 강착원반의 3차원 MHD 모의실험은 마쓰모토 료지松元亮治가 했고, 자기장이 초기에는 약해도 바로 증폭되거나 자기장과 흐름 모두가 매우 복잡한 움직임이나 공간 형태를 나타낸다는 것이 판명되었다. 최근에는 일반상대론에 근거한 모의실험이나 우주 제트, 초신성 폭발이나 감마선 폭발(5장)과 관련한 모의실험도 활발하게 실행되고 있다. 그러나 자기강착류나 분출류(제트)에 대한 종합적인 이해는 아직도 갈 길이 멀다.

2.2.6 저온원반의 한계 궤도

근접쌍성계의 강착원반은 때때로 폭발적 증광을 일으킨다. 왜소신성은 격변성의 폭발 현상으로, 수주일에서 수개월의 준주기로 2~5등급의 가시광 영역에서 증광이 나타난다(2.3.2절). X선 신성(또는 X선 비정상상태trandient)

---

7 반지름마다 회전각속도가 다른 회전을 말한다.
8 차동회전하는 원반에서, 자기장의 동경 방향 성분이 점점 커지는 불안정성이다.
9 중력이 걸려 있는 층에서, 중력이 향하는 방향의 자기장 성분이 점점 커지는 불안정성이다.

은 X선 쌍성계의 폭발 현상으로, 가시광 영역에서 6등급 이상, X선 영역에서는 그야말로 5~7자릿수에 이르는 증광이 나타날 때가 있다(2.5.7절).

이러한 폭발을 일으키는 메커니즘에 대해 1970년대부터 1990년대에 걸쳐 격렬한 논쟁이 벌어졌다. 그 물리적 원인이 질량강착을 일으키는 동반성 쪽에 있는지, 강착원반 쪽에 있는지가 논쟁의 초점으로, 오랜 세월 동안 여러 각도에서 논의되어 왔다. 격렬한 논쟁 끝에 지금은 원반 불안정 모형이 널리 인정받고 있다. 1974년에 오사키 요지尾崎洋二가 기본 개념을 제시했고, 1980년을 전후해 호시蓬茨와 마이어 부부F. Meyer, E. Meyer-Hofmeister가 그 이론을 정립하기에 이르렀다.

원반 불안정 모형을 이해하는 열쇠는 수소의 부분 이온에 있다. 표준원반에서의 원반은 충분히 고온이며, 원반 안의 수소와 헬륨은 완전 이온 상태에 있는 것으로 가정한다. 하지만 왜소신성 원반의 외연 부근에서는 원반 온도가 수천 K이나 되고, 수소 이온은 전자를 포획해 중성수소가 된다. 호시蓬茨는 간단한 모형을 내세워 이 같은 저온원반의 구조를 풀어냄으로써 표준원반과는 별개로 세 가지 해의 계열branch을 발견했다(표 2.3). 그 결과 열평형 해에서의 강착률과 원반 가스량의 관계를 그려보면 그 형태는 S자 모양이 된다(그림 2.7). 원반은 한계 궤도limit cycle를 그린다.

원반이 아래쪽 계열(D)에 있을 때(정온quiet일 때)에는 원반에서 중심천체로의 가스 강착률은 동반성에서 원반으로의 가스 공급률보다 작은 상태이다. 가스가 원반에 모여 있어 밝게 빛나지 않는다. 원반 가스량은 증가하여 평형곡선 위 오른쪽 위로 천천히 진화한다. A점에 이르면 아래 계열이 존재하지 않으므로 원반은 그보다 먼저 $Q^+ > Q^-$ 영역에 돌입한다. 여기에서 원반 온도는 급격하게 오른다. 이것이 폭발의 시작이다. 이렇게 해서 마침내 원반이 점 B에 도달한다.

한편, 위쪽 계열(B)에서는 원반에 모여 있던 가스가 계속 흘러나와 중

표 2.3 저온원반의 세 가지 계열.

계열	온도	수소의 상태	안정성
고온	수만 K	완전 이온	안정
중간	1만 K	부분 이온	불안정
저온	수천 K	중성	안정

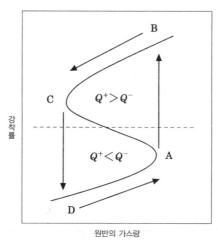

그림 2.7 S자형 열평형곡선. 세로축은 원반에서 중심천체로의 가스 강착률, 세로축은 가스량(밀도를 ρ로 해서 $\int \rho d$. 여기에서 z는 원반 수직 방향 좌표), 점선은 원반으로의 가스 공급량과 강착률이 균형을 이루는 선, Q^+는 점성 가열률, Q^-는 복사냉각률을 각각 나타낸다.

심천체로 떨어진다. 질량이 감소한 원반은 위쪽 계열을 왼쪽 아래 방향으로 이끈다. 원반이 점 C에 도달하면 온도가 급격하게 떨어져 원반은 다시 아래 계열로 되돌아온다. 폭발적 증광의 종결이다.

이 열평형곡선을 바탕으로 원반 모의실험을 실시하여 관측한 광도곡선이 훌륭하게 재현되었다. 또 모형과 관측한 광도곡선의 비교에서 이론적으로 불명확했던 점성 매개변수 α 값은 $\alpha \simeq 0.02 \sim 0.1$이 되었다. 원반 불안정 모형은 현재 관측과 관련하여 시간 의존성을 논의할 수 있는 유일한 원반 모형이다.

2.2.7 초임계 강착류 모형

표준원반 모형은 저광도뿐 아니라 에딩턴 한계광도 부근의 고광도에서도
보기 힘들다. 고강착률, 다시 말해 광학적 두께[10]가 큰 흐름에서 만들어진
광자는 여러 차례 흡수·산란을 되풀이하면서 표면으로는 잘 나오지 못한
다. 그러는 동안 광자는 강착 가스와 함께 블랙홀로 삼켜져(광자포착 현상),
중력에너지에서 복사에너지로의 변환효율이 악화된다.

　표준 모형을 모체로 광자 포착 효과를 도입한 슬림 원반 모형은 1988년
폴란드의 아브라모비치M. Abramowicz 연구진이 제안했다.[11] 슬림 원반의 구
조는 광자가 빠져나오기 힘들다는 점에서 RIAF와 비슷하지만 강착류 표
면 부근에서 늘 방출된다는 점에서는 크게 다르다. RIAF만큼 고온은 되
지 않으며 스펙트럼도 오히려 표준원반에 가깝다.

　슬림 원반의 관측적 특징을 그림 2.8로 나타냈다. 세로축은 광도, 가로
축은 강착 가스의 온도이며(X선 헤르츠스프룽–러셀 도표Hertzsprung-Russel
diagram, 줄여서 HR도표), 그 위에 몇 가지 블랙홀 후보 천체의 관측자료를
구성해 놓았다. 같은 천체에 점이 여러 개인 것은 여러 차례 관측한 결과
임을 나타낸다. 원반 광도가 상승해서 에딩턴 한계광도(그림 2.8의 $L=L_E$
선) 가까이 되면 겉보기에 측정자료의 점은 내연의 반지름이 작아지는 것
을 보여준다. 표준원반 내연의 반지름은 가까스로 안정을 유지하는 최내
연의 원궤도[12] 반지름과 일치해 일정하겠지만, 이 원칙이 고광도가 되면 깨

---

10 무차원 단위로 흡수·산란 단면적(단위질량당)×물질의 밀도×길이, 보통 τ로 나타낸다. $\tau>1$, $\tau<1$로
각각 '광학적으로 두껍다' '광학적으로 얇다'와 같이 구별한다.
11 (기하학적으로) '얇다thin'와 '두껍다thick'의 중간이라는 의미에서 '슬림slim'이라 이름 붙인 듯하다.
12 최소 안정 원궤도(ISCO: Innermost Stable Circular Orbit)로 불리며, 그 반지름은 회전하지 않는 블랙
홀(슈바르츠실트 블랙홀)에서 $3R_S$, 블랙홀과 입자가 같은 방향으로 회전하는 경우는 이보다 작아진다.

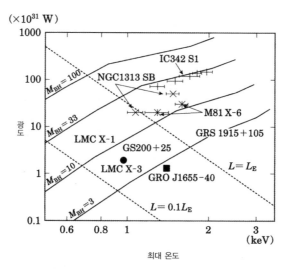

그림 2.8 X선 HR도표. 세로축은 전체 복사 광도, 가로축은 X선 온도. 실선은 슬림 원반 모형, 블랙홀 질량(M_{BH}) 일정선, 점선은 강착률 일정선을 나타낸다(와타라이 겐야渡會兼也 제공).

져버린다. 이것은 고광도, 즉 강착률이 충분히 높아지면 안정 원궤도 안쪽에서 고속 낙하하는 가스 흐름의 밀도도 충분히 높아져 광학적으로 두꺼워지는데, 이는 흑체복사를 하기 때문이다.

그림 2.8의 왼쪽 아래에서 오른쪽 위 방향으로 뻗은 실선이 이론상의 예측으로, 고광도 영역에서 직선으로 진행하던 것이 오른쪽 아래 방향으로 꺾이는 것을 볼 수 있다. 이는 광도 상승과 함께 원반 내연의 반지름이 작아지는 것을 나타내는 관측 경향을 재현한다. 슬림 원반 모형은 ADAF와 마찬가지로 1차원 모형이다. 그 다차원성을 이해하려면 2차원, 3차원의 복사유체 모의실험이 필요하며, 앞으로의 진전을 기대한다.

2.3 백색왜성으로의 질량강착

시리우스는 백색왜성(B)과 보통별(A)의 쌍성계이다. 밝게 빛나는 것은 보통별(A)이며, 백색왜성(B)은 어둡다. 이에 비해 두 별이 아주 가까운 궤도를 돌고 있는 계(근접쌍성계)에서는 동반성(보통별)의 표면 가스가 백색왜성의 중력으로 떼어져 백색왜성으로 떨어져 쌓인다. 이 현상을 질량강착이라고 하며 이 과정에 따라 백색왜성은 밝게 빛난다.

2.3.1 격변성

격변성Cataclysmic Variable은 변광성의 한 종류로, 그 이름에서 보여주듯 밝기가 수초에서 수년의 시간척도로 급격하게 변동하는 것이 특징이다. 격변성은 백색왜성과 보통별의 근접쌍성계이다(2.1절). 두 별이 매우 가까운 궤도를 돌고 있어 동반성의 표면 가스가 백색왜성의 중력으로 떼어져 백색왜성으로 떨어져 쌓인다. 격변성에서의 복사는 주로 이 질량강착 과정에서 만들어지며, 밝기가 급격하게 변동하는 것은 질량강착 비율이 시간과 함께 변화하기 때문이다.

그림 2.9는 격변성의 모식도이다. 동반성(오른쪽)의 중력권에서 흘러넘친 물질은 백색왜성(왼쪽)의 중력과 함께 코리올리 힘의 영향도 받기 때문에 백색왜성을 향해 소용돌이치면서 천천히 떨어져 강착원반을 형성한다(2.2절). 강착물질은 백색왜성의 중력으로 먼저 운동에너지를 포획하는데, 이것이 강착원반에서의 마찰에 따라 열에너지로 전환되며 마지막에는 흑체복사 형태로 에너지를 자유롭게 방출한다.

우리가 관측하는 가시광이나 자외선은 바로 이 흑체복사이다. 격변성의 동반성은 대부분 태양보다 가벼운 주계열성이다. 쌍성의 궤도 주기는 대개 80분~9시간으로 엄청나게 짧다. 두 별의 거리는 $10^8 \sim 10^9$ m밖에 안 되

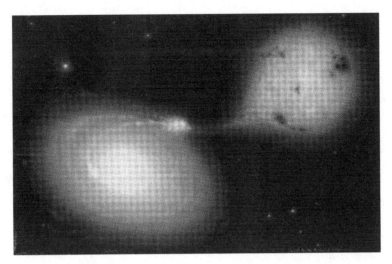

그림 2.9 격변성 모식도(http://www.space-art.co.uk/html/startwo.fstarstwo.html에서 전재).

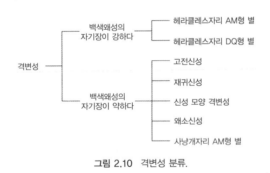

그림 2.10 격변성 분류.

기 때문에 격변성은 쌍성계이면서도 전체가 태양 지름 안에 쏙 들어갈 만큼 아주 작은 계이다. 격변성은 백색왜성의 성질이나 질량강착률 등의 차이 때문에 다양한 특징이 나타난다. 그림 2.10에 격변성을 분류해 놓았다.

다음 절에서는 이 분류에 따라 격변성의 성질을 정리하기로 한다. 단, 이 분류는 어디까지나 대략적이다. 다음 절 이후에서 살펴보겠지만, 이를

테면 자기장이 강한 백색왜성이 신성 폭발을 일으키는 천체가 있는 등의 예외도 있다.

2.3.2 자기장이 약한 격변성

자기장이 약한 백색왜성의 경우에는 강착원반이 백색왜성의 표면에까지 도달한다. 이와 같은 격변성에는 고전신성, 재귀신성, 신성형 변광성, 왜소신성, 사냥개자리 AM형 별 등이 있다. 신성이라는 이름은 마치 새로운 별이 탄생한 것처럼 보인다는 뜻에서 유래했다.

고전신성

격변성 중에서 가장 오래전부터 널리 알려진 것은 고전신성Classical Nova 이다. 밤하늘에 별이 전혀 없던 영역에서 어느 날 갑자기 밝은 별이 나타나는 현상으로, 중국에서는 기원전 1500년경부터, 일본에서는 서기 7세기경부터 역사서에 그 기록이 남아 있다.

신성, 즉 거대한 폭발 현상의 원인은 오랫동안 수수께끼였지만 1960년대에 들어서면서 동반성에서의 질량강착으로 백색왜성 표면에 떨어져 쌓인 수소가 백색왜성의 강한 중력으로 고온·고압 상태가 되고, 이에 폭주적인 열핵반응을 일으켰기 때문이라는 것이 밝혀졌다. 최근 관측에 따르면 증광의 폭은 가시광 등급에서 평균적으로 8~16등급, 밝은 것은 20등급에 이르는 것도 있다. 초기의 증광은 매우 급격하여 대체로 3일 이내에 최대 증광에 도달한다. 그러나 그 후의 증광 양상은 천체에 따라 제각각으로, 1개월에서 수년에 걸쳐 어두워지면서 보이지 않게 된다.

동일한 천체로 한정하면, 폭발 빈도는 열핵반응을 일으키는 데 필요한 수소의 양과 이를 공급하는 동반성에서의 질량강착률 관계에서 결정되며, 보통의 고전신성인 경우에는 수소가 충분한 양으로 고이기까지의 시간이 수

천~1만 년 정도로 짐작된다. 고전신성은 그 이름처럼 지난날 신성 폭발이 한 차례밖에 보고되지 않았다. 원칙적으로 폭발은 반복해서 일어날 수 있지만, 한 차례 기록밖에 없다는 것은 폭발 간격이 길기 때문이라고 생각된다.

신성 폭발이 일어나려면 질량강착에 따라 백색왜성 표면에 수소가 충분히 고여야 할 뿐 백색왜성이 자기장의 세기가 약해야 한다는 것과는 상관없다. 실제로 페르세우스자리 GK별, 백조자리 1500번 별처럼 백색왜성이 강한 자기장을 지녔음에도 신성 폭발을 일으킨 예가 있다.

재귀신성

재귀신성, 그 폭발의 원인은 백색왜성 표면에서 폭주하는 열핵반응이다. 고전신성 가운데 두 번째 신성 폭발이 발견된 것을 재귀신성이라고 한다. 재귀신성은 지금까지 열 개 정도가 알려졌는데, 관측된 재귀 간격은 20~80년이다. 이는 고전신성에서 예상하는 재귀 간격($\sim 10^4$년)에 비해 매우 짧다. 재귀신성의 궤도 주기는 한 가지 예를 제외하고 18시간~460일로, 보통의 격변성에 비해 상당히 길다. 동반성은 주계열성이 아니라 적색거성이다. 동반성이 적색거성인 궤도 주기가 긴 격변성에서는 동반성에서의 질량강착률이 보통의 격변성보다 한 자릿수 이상 큰 것으로 알려졌다. 이 때문에 열핵반응에 필요한 양의 수소가 고이기까지의 시간이 고전신성보다 짧아 신성 폭발의 간격도 짧아진 것으로 생각된다.

왜소신성

왜소신성Dwarf Nova도 폭발적 증광을 보이는 격변성이다. 단, 그 증광폭은 가시등급에서 2~5등급으로 신성에 비해 상당히 작다. 또 왜소신성 폭발의 재귀 주기는 1~3개월로 재귀신성보다 훨씬 짧은 간격으로 폭발을 일으킨다. 그림 2.11에 왜소신성의 대표 격인 백조자리 SS별의 2.5년 동

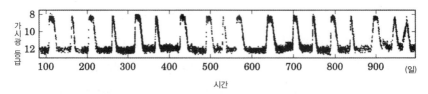

그림 2.11 백조자리 SS별의 가시등급 변천(Wheatley *et al.* 2003, *MNRAS*, 345, 49에서 전재).

안 가시등급의 변동을 나타냈다.

백조자리 SS별에서는 폭발을 일으키고 나서 최대 광도 8등급에 이르기까지의 시간은 거의 하루이며, 그 후 수 주간에 걸쳐 원래의 12등급으로 되돌아간다. 이와 같은 움직임은 왜소신성에서 대체로 공통으로 나타난다. 최초의 왜소신성은 쌍둥이자리 U별로 1855년에 발견되었다. 그러나 그로부터 100여 년 동안 왜소신성 폭발의 원인조차 밝혀지지 않은 상태로 있었다.

1960년대에 이르러 신성 폭발의 메커니즘이 열핵반응의 폭주임이 판명되자 왜소신성 폭발은 이것의 축소판이지 않을까 생각하게 되었다. 그러나 식蝕[13]을 일으키는 왜소신성 등을 상세히 관측한 결과, 왜소신성 폭발이 일어날 때 밝아지는 것은 백색왜성 본체가 아니라 그것을 둘러싼 강착원반이라는 사실을 알게 되었다.

1970년대에 들어서면서 오자키, 호시가 강착원반의 열불안정 모형을 제안했다(2.2.6절). 이 모형에 따르면 왜소신성처럼 질량강착률이 낮은 원반의 외연부에는 온도가 수천 K이며 수소가 중성인 상태, 그리고 온도가 10^4 K이며 수소가 이온화한 상태 등의 두 가지 안정 상태가 있다. 외연부가 저온에서 고온 상태로 옮겨갈 때 원반을 채우고 있던 가스의 점성이 올

---

13 우리 쪽에서 보아 어느 별이 다른 별을 감추는 현상을 말한다. 일식이 그 한 예이다.

라가면서 백색왜성으로의 질량강착률이 한꺼번에 커지는 것이 왜소신성 폭발의 원인이다. 이 견해는 다양한 왜소신성 폭발 현상을 폭넓게 설명할 수 있는 모형으로 인정받고 있다.

앞에서 설명했듯이 왜소신성에서의 복사는 주로 강착원반에서 비롯된다. 강착원반 가운데 가스는 부분적으로 케플러 회전을 하지만 다른 반지름에서는 다른 속도로 회전한다(2.2.2절). 따라서 어떤 반지름에 존재하는 가스는 안쪽과 바깥쪽 가스와의 마찰로 가열되고, 그곳의 온도에 걸맞은 흑체복사를 방출하면서 떨어지고 백색왜성 근처에 다다를 즈음의 온도는 10^5 K 정도이다. 이 온도의 원반에서는 강한 자외선을 복사한다. 이처럼 왜소신성의 강착원반은 바깥쪽에서는 가시광으로 빛나고, 가장 안쪽에서는 가시광보다 파장이 짧은 자외선을 복사한다.

케플러 속도는 원심력이 중력과 균형을 이루는 속도이므로 백색왜성은 표면의 회전속도가 케플러 속도 이하로 자전하고 있음에 틀림없다. 실제로 가장 빠르게 자전하는 백색왜성이라 해도 표면에서의 속도는 케플러 속도의 1/3에 지나지 않는다. 따라서 케플러 속도로 회전하는 강착원반이 백색왜성 표면에 강착할 때에는 원반 안에서 움직일 때보다 훨씬 강한 마찰력이 작용한다. 이 때문에 원반의 가스는 한꺼번에 10^8 K 정도까지 가열되어 자외선보다 더 파장이 짧은 X선을 복사한다. 이 X선을 복사하는 고온 영역을 경계층Boundary Layer이라고 한다. 경계층 반지름 방향의 두께는 식을 일으키는 왜소신성의 관측에 따라 백색왜성 반지름의 15 % 정도로 예상된다.

그림 2.12에 백조자리 SS별이 왜소신성 폭발을 일으켰을 때의 가시광, 자외선, X선에서의 밝기 변화를 나타냈다. 폭발이 일어나면 가시광, 자외선, X선 세기는 모두 상승하지만 바깥쪽 원반에서 떨어지는 물질의 양이 더 많아지면 경계층 입자의 밀도가 급격히 상승한다. 냉각효율은 입자 밀

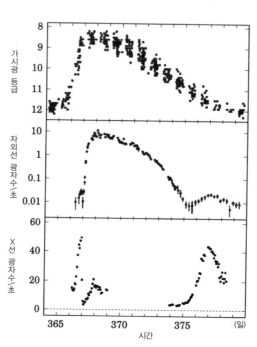

그림 2.12 백조자리 SS별의 왜소신성이 폭발할 때의 광도곡선. 위에서부터 가시등급, 자외선 세기, X선 세기의 변화를 나타낸다(Wheatley *et al.* 2003, *MNRAS*, 345, 94에서 전재).

도의 2제곱에 비례해서 올라가기 때문에 경계층의 온도는 급격히 떨어져 X선 대신 자외선을 복사하게 된다.

신성형 변광성

동반성에서의 질량강착률이 높은 경우 강착원반의 외연부는 항상 고온 상태가 되며, 왜소신성처럼 두 상태 사이를 왔다 갔다 하지 않고 언제나 왜소신성이 폭발할 때의 상태에 있는 것처럼 보인다. 이와 같은 천체를 신성형 변광성Nova-Like Variable이라고 한다.

사냥개자리 AM형 별

사냥개자리 AM형 별은 격변성 중에서도 궤도 주기가 짧아 길게는 65
분, 가장 짧게는 5분이면 두 별이 쌍성궤도를 한 바퀴 돈다. 이렇게 궤도
주기가 짧은 쌍성계에서는 두 별의 거리도 가깝기 때문에 동반성이 보통
의 수소핵 연소를 일으키는 주계열성이라고 생각하지 않는다. 남은 가능
성은 두 가지인데, 하나는 백색왜성(이를 테면 백색왜성끼리의 쌍성계), 나머
지 하나는 수소의 핵융합이 끝난 뒤 중심핵에서 헬륨의 핵융합이 일어나
는, 이른바 헬륨 주계열성이다. 이 동반성들이 자신의 중력권을 채우고,
주성인 백색왜성 쪽으로 질량강착을 일으킴으로써 격변성으로 빛난다. 사
냥개자리 AM형 별은 현재까지 전천全天에서 13개 정도 발견되었다.

2.3.3 자기장이 강한 격변성

백색왜성의 자기장이 $10\ \mathrm{T}$를 넘는 경우, 그 격변성을 강자기장 격변성
Magnetic Cataclysmic Variable이라고 한다. 자기장이 강한 경우의 질량강착 형
태는 약한 경우와는 매우 다르다. 이 집단의 격변성은 백색왜성의 자기장
세기에 따라 헤라클레스자리 DQ형 별, 헤라클레스자리 AM형 별의 두
종류로 나뉜다.

헤라클레스자리 DQ형 별에서는 백색왜성 자기장의 세기를 실제로 측
정한 것은 많지 않지만 대체로 $10\sim10^{3}\ \mathrm{T}$ 범위로 여긴다. 한편, 헤라클레
스자리 AM형 별 백색왜성의 자기장은 가시광 관측으로 자기장에 따른
원자의 에너지 준위 왜곡(제만 효과Zeeman effect)이나 강착물질에 포함된 자
유전자의 운동이 자기장에서 양자화[14]되는 효과(란다우 준위Landau level,

---

14 강한 자기장에서 전자는 작은 반지름에서 자기력선 주변을 회전하기 때문에 마치 수소원자 같은 구조
가 되며, 양자역학에 따라 궤도 반지름은 이산적discrete인 값을 취한다. 따라서 에너지 단위도 이산적
이 된다. 이것을 '란다우 준위'라고 한다.

2.4.2절)를 이용하여 실제로 $(1-23) \times 10^3$ T을 얻었다.

헤라클레스자리 DQ형 별

강착원반 중의 물질은 마찰로 데워지기 때문에 전자 일부가 떨어져 이온화한다. 이와 같은 이온 가스가 강한 자기장과 만나면 자기력선 주위를 맴도는 듯한 운동(라머 세차운동Larmor precession)을 함으로써 자기력선을 가로질러 백색왜성에 접근할 수 없다. 자기장이 약한 격변성의 경우와 달리 강착원반은 백색왜성 표면까지 이르지 못하며, 자기장의 압력과 원반 가스의 압력이 균형을 이루는 지점에서 끝난다. 이와 같은 천체를 헤라클레스자리 DQ형 별이라고 하며, 그림 2.13 (a)와 같은 상태에 있다고 생각된다. 갈 곳을 잃은 강착류는 자기력선을 따라 백색왜성의 극 방향으로 이동하면서 백색왜성의 자기극에 집중적으로 강착한다. 강착류의 형태는 백색왜성의 표면 근처에서 기둥 모양을 이루는데, 이것을 강착주降着柱라고 한다. 강착주의 형태를 모식적으로 나타낸 것이 그림 2.14이다.

물질은 강착주 가운데로 거의 자유낙하하며, 백색왜성 표면에 도달할 즈음에는 수천 kms^{-1}의 초음속류가 된다. 이와 같은 흐름은 백색왜성 표면에 도달하기 전에 충격파를 형성해 자유낙하 에너지를 한꺼번에 열에너지로 전환한다. 충격파 바로 밑으로 흐르는 쪽의 강착물질 온도는 10^8 K을 넘으며 에너지 10 keV 정도의 경硬X선[15]을 복사한다. 복사된 것 가운데 절반 정도가 백색왜성 표면을 밝힌다. 이 때문에 강착주의 밑동은 온도 10^5 K 정도로 데워지며, 수십 eV 정도의 연軟X선을 복사한다. 헤라클레스자리 DQ형 별은 주로 경X선 영역에서 복사를 내며, 연X선 복사는 약한 것으로 알려졌다.

| 15 파장이 긴($\geq 10^{-9}$ m) X선을 연X선(soft X-ray), 짧은 것($\leq 10^{-9}$ m)을 경X선(hard X-ray)이라고 한다.

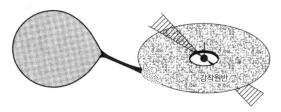

(a) 헤라클레스자리 DQ형 별

강착원반

(b) 헤라클레스자리 AM형 별

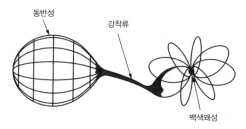

동반성

강착류

백색왜성

그림 2.13 강한 자기장 격변성 모식도(Patterson 1994, *Publ. Astron. Soc. Pacific*, 108, 2009: Figure 1, Cropper 1991, *Space Science Review*, 54, 195에서 전재).

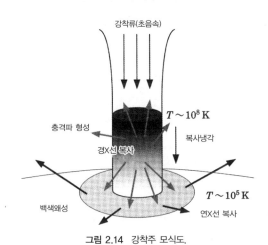

강착류(초음속)

$T \sim 10^8 \, \mathrm{K}$

충격파 형성

복사냉각

경X선 복사

백색왜성

$T \sim 10^5 \, \mathrm{K}$

연X선 복사

그림 2.14 강착주 모식도.

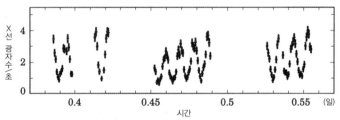

그림 2.15 '아스카'에서 관측한 '물고기자리 AO 별'의 X선 세기 변동. 데이터가 끊겨 있는 것은 아스카에서 보았을 때 물고기자리 AO 별이 지구의 그림자 안으로 들어왔기 때문이다.

충격파는 백색왜성 표면에 바짝 붙어서 형성되기 때문에 백색왜성의 자전에 따라 관측자에게 보였다 사라졌다 한다. 이 때문에 헤라클레스자리 DQ형 별에서의 X선 세기는 백색왜성의 자전주기와 같은 주기로 변동한다. 그림 2.15에 헤라클레스자리 DQ형 별(물고기자리 AO별)의 X선의 세기 변동을 나타냈다. 이 백색왜성의 자전주기는 805초이다. 헤라클레스자리 DQ형 별인 백색왜성의 자전주기는 33초에서 4000초까지의 범위에 분포한다.

헤라클레스자리 AM형 별

헤라클레스자리 AM형 별에서는 백색왜성의 자기장이 매우 강하기 때문에 그림 2.13 (b)처럼 동반성의 중력권에서 흘러넘친 물질이 강착원반을 형성하지 않고 백색왜성의 자기극으로 강착한다. 거기에 강착주가 만들어지고 백색왜성 표면 부근에서 충격파가 형성되어 강한 X선이 복사되는 것, 그 X선의 강도가 백색왜성의 자전주기와 같은 주기로 변동되는 것은 헤라클레스자리 DQ형 별과 같다. 헤라클레스자리 AM형 별에서의 복사에서 볼 수 있는 큰 특징은 헤라클레스자리 DQ형 별과 달리 연X선의 세기가 매우 강하다는 점이다. 그림 2.16은 헤라클레스자리 AM별의 X선 스펙트럼이다. 헤라클레스자리 DQ형 별과 공통된 특징은 10 keV 정도의

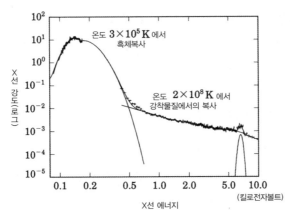

그림 2.16 헤라클레스자리 AM별의 X선 스펙트럼(Ishida *et al.* 1997, *MNRAS*, 287, 651에서 전재).

에너지 복사(온도 2억 K의 강착물질에서의 복사) 외에 흑체복사 형태를 띤 온도 3×10^5 K 정도의 다른 복사 성분은 0.5 keV 이하의 에너지에서 탁월하다. 이 흑체복사의 광도는 온도 2×10^8 K인 강착물질에서의 복사 광도에 대해 20배에 달한다.

이 밖에도 헤라클레스자리 AM형 별에는 헤라클레스자리 DQ형 별과 다른 점이 몇 가지 더 있다. 헤라클레스자리 AM형 별에서는 백색왜성의 자기장이 극단적으로 강하기 때문에 백색왜성과 동반성이 자기력선으로 이어져 있으며, 백색왜성의 자전주기, 동반성의 자전주기 및 쌍성계의 공전주기가 같다. 백색왜성의 자전주기(=쌍성계의 공전주기)는 1~5시간 범위에 있고 절반 이상이 두 시간 이하에 집중되어 있다. 가시광이 강하게 편광하는 것도 헤라클레스자리 AM형 별에서만 나타나는 특징이다.

2.4 중성자별로의 질량강착

우리은하에는 X선을 다량으로 복사하는 천체(X선 별)가 수백 개나 존재한다. 그 대부분은 중성자별과 항성의 근접쌍성계이다. 상대 항성에서 중성자별로 질량이 강착하면 중력에너지를 방출해 X선을 복사한다. 이에 따라 X선 쌍성계라고도 한다.

2.4.1 중성자별 쌍성계

중성자별 쌍성계에서 복사되는 X선은 전형적으로 $1 \sim 10$ keV의 에너지를 가지며, 그 광도는 태양의 전체 파장을 적분한 광도의 $10^3 \sim 10^5$배에 이른다. 또한 단시간(예를 들면 1밀리초 이하)에 큰 폭으로 변동하는 경우도 있다. 변동시간 폭이 1밀리초이므로 광속×1밀리초=300 km에서 복사원의 크기는 300 km보다 작다.

상대별에서 흘러넘친 가스 또는 뿜어나온 가스의 일부는 중성자별의 중력권에 빨려들어가 그 중력에 따라 가속된다. 양성자가 중성자별 표면까지 낙하했을 때의 운동에너지는 약 100 MeV, 수소의 핵융합으로 핵입자 한 개당 방출되는 에너지는 7 MeV 정도이므로 핵에너지의 10배가 넘는 중력에너지가 방출된다. 매년 가스가 $\dot{M}$ 비율로 중성자별로 낙하할 때 방출되는 복사의 광도 L은

$$
L = \frac{GM\dot{M}}{R}
$$
$$
= 8.4 \times 10^{30} \left(\frac{M}{M_\odot} \right) \left(\frac{R}{10 \text{ km}} \right)^{-1} \left(\frac{\dot{M}}{10^{-8} \, M_\odot \text{y}^{-1}} \right) \text{ [W]} \qquad (2.9)
$$

가 된다.

별에서 방출된 복사(광자)는 가스 중의 전자로 산란되어 가스의 바깥 방향으로 힘을 가한다. 한편, 별의 중력은 가스의 안쪽 방향으로 힘을 미친다. 복사에 따른 힘(복사압이라고 한다)과 중력이 평형을 이루는 광도를 에

딩턴 한계광도라고 하며, 별은 에딩턴 한계광도 L_E 이상으로는 정상적인 빛을 내지 못한다. L_E는 복사에 따른 힘과 중력의 평형에서

$$L_E = \frac{4\pi cGMm_p}{\sigma_T} = 1.2 \times 10^{31} \left(\frac{M}{M_\odot} \right) \ \text{[W]} \tag{2.10}$$

으로 주어진다.[16] 여기에서 m_p는 양성자의 질량, σ_T는 톰슨 산란의 단면적이다. 광도가 조금이라도 에딩턴 한계광도를 넘으면 복사압이 중력을 웃돌아 가스는 바깥 방향으로 움직이기 시작한다. 다시 말해 가스 강착률이 감소한다. 그러면 광도 또한 감소해 에딩턴 한계광도 이하로 되돌아간다.

중성자별 쌍성계는 상대별의 질량에 따라 두 가지로 크게 구별한다. 하나는 대질량 X선 쌍성으로 상대별은 태양 질량의 열 배가 넘는 OB형 별이다. OB형 별의 나이는 10^7년 이하이므로 대질량 X선 쌍성은 젊은 종족이라고 할 수 있다. 한편, 상대별이 어두워서 보이지 않을 만큼 작고 태양질량 이하인 경우를 소질량 X선 쌍성이라고 한다. 소질량성의 나이는 $(5-10) \times 10^9$년이므로 오래된 종족이다. X선 쌍성은 각각의 유형에 따라 특징적인 현상이 나타나는데, 그 몇 가지를 알아보면 다음과 같다.

2.4.2 X선 펄서

대질량 X선 쌍성의 대부분은 X선 세기가 주기적으로 변동하는 X선 펄서이다(그림 2.17).

주기는 69밀리초에서 1000밀리초 가까운 범위에서 다양한 값으로 분포

---

16 에딩턴 한계광도를 부여하는 이 식은 중성자별에 한하지 않고 구대칭으로 전자기파를 복사하는 구대칭 천체가 된다. 따라서 관측적으로 에딩턴 한계광도를 결정할 수 있으면 반대로 그 천체의 질량을 추정할 수 있다.

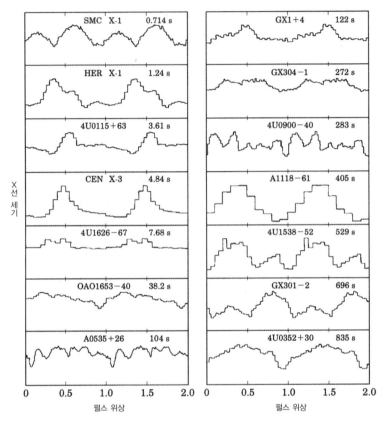

그림 2.17 X선 펄서에서 X선 세기의 주기적 변화의 예(Rappaport & Joss 1981, X-ray Astronomy with the Einstein Satellite, Reidel에서 전재).

한다. 뒤에서 다룰 사이클로트론 흡수선 관측에서도 밝혀졌듯이 중성자별 은 $(1-10) \times 10^8$ T로 강하게 자기화하고 있다. X선 펄서에 대한 구조는 다음과 같이 이해된다(그림 2.18). 강착 가스는 케플러 속도로 원운동하면 서 원반을 따라 중성자별 쪽으로 흘러든다. 자기장의 압력이 가스 압력과 평형을 이루는 점 r_A(알벤Alfven 반지름)

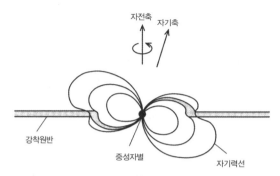

자전축 자기축

강착원반

중성자별

자기력선

그림 2.18 강착원반과 X선 펄서 개념도. 강한 자기장을 갖는 중성자별로 질량강착하는 가스(회색 부분)는, 결국 원반에서 강한 자기력선(실선)으로 안내되어 중성자별(검은 점)의 자기극으로 떨어진다. 자전에 따라 뜨거운 자기극이 보였다 안 보였다 하면서 X선 펄서가 된다.

$$r_{\mathrm{A}} = 1.9 \times 10^3 \left(\frac{B}{10^8 \, \mathrm{T}} \right)^{4/7} \left(\frac{R}{10 \, \mathrm{km}} \right)^{12/7}$$
$$\times \left(\frac{M}{M_\odot} \right)^{-1/7} \left(\frac{\dot{M}}{10^{-8} \, M_\odot \mathrm{y}^{-1}} \right)^{-2/7} \quad [\mathrm{km}] \qquad (2.11)$$

에서 강착원반을 따라 흐르던 가스의 흐름은 차단된다. 그 후 가스는 자기력선을 따라 이동하다가 양 자기극으로 흘러든다. 자기극 근처에 떨어진 물질은 가열되어 X선을 복사한다. 자기축이 중성자별의 회전축으로 기울어져 있으면 중성자별의 회전과 함께 자기극이 보였다 사라졌다 하며, 거기에서 복사되는 X선이 펄서로 관측된다.

그림 2.19는 X선 펄서 X 0331＋53의 스펙트럼이다. 연속 성분은 낮은 에너지 쪽에서는 멱함수형이지만, ~10 keV 이상에서는 지수함수적으로 급격히 떨어진다. 이것을 재현하는 복사 메커니즘은 아직 밝혀지지 않고 있다. 20~40 keV 근처의 오목하게 파인 구조는 사이클로트론 공명산란에 따른 흡수로 해석된다. 자기력선 주변을 맴도는 전자의 에너지는 강한 자기장에서 양자화한다. 가능한 에너지는 이산적인 준위, 이른바 란다우

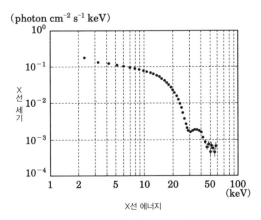

그림 2.19 X선 펄서 X 0331+53의 X선 스펙트럼(Makishima *et al.* 1990, *ApJ*(Letters), 365, L59에서 전재).

준위 E_n이 된다.

$$E_n = 11.6n\left(\frac{B}{10^8\,\mathrm{T}}\right)\ [\mathrm{keV}]\quad(n=0,\,1,\,2,\,3,\,\cdots)\qquad(2.12)$$

바닥상태와 들뜸상태의 차이에 해당하는 에너지의 X선이 흡수되어 오목하게 파인 구조를 보여준다. 이것이 사이클로트론 흡수이다. 이 에너지로 중성자별의 자기장을 구할 수 있으며, 그 값은 표준적인 전파 펄서와 비슷한 $(1-3)\times10^8\,\mathrm{T}$이다.

소질량 X선 쌍성에서는 중성자별의 자기장이 약하고, 강착물질을 자기극 근처로 모으는 것이 힘들어 X선 펄서가 되기 어렵다. X선 펄스가 있더라도 그 진폭이 작아 검출이 어려운 것으로 생각되어 왔다. 그러나 최근에 관측기의 감도나 시간분해 능력이 향상되면서 미약하고 빠른 변동도 포착할 수 있게 되었다.

그 결과, 이미 다섯 개 소질량 X선 쌍성에서 그 X선 세기에 주기적인 진동이 검출되었다. X선의 펄스 주기는 2~5밀리초이며, 중성자별은 고속으로 회전하고 있다. 이것은 밀리초 펄서의 구성 요인인 리사이클설(1.2.5절)이 예상하는 소질량 X선 쌍성의 펄스 주기와 일치한다.

2.4.3 X선 폭발

소질량 X선 쌍성에서는 중성자별 주변에 강착원반이 만들어진다(2.2절). 강착 가스는 중력에너지를 방출하면서 원반을 따라 흘러든다. 방출된 중력에너지는 열로 변환되어 원반 표면에서 흑체복사로 방출된다. 원반은 중성자별의 표면 근처까지 늘어나며 중성자별에 가까이 갈수록 그 온도가 높아진다. 원반 가운데를 중성자별의 표면 위로까지 강착해온 가스는 처음에 가지고 있던 중력에너지의 절반을 흑체복사로 방출한다. 마지막에 표면으로 떨어지면 나머지 절반의 중력에너지가 방출하면서 별 표면의 강착 가스가 한꺼번에 가열되어 흑체복사로 X선을 방출한다. 소질량 X선 쌍성의 스펙트럼은 별 표면과 원반 표면에서의 흑체복사가 합쳐진 것이라고 설명할 수 있다.

중성자별의 소질량 X선 쌍성 특유의 현상으로 X선 폭발이 있다. 수초에서 수십 초에 걸쳐 X선에서 폭발적으로 빛나는 현상이다(그림 2.20). 전형적인 폭발 간격은 수초 사이에서 1일 범위에 있으며, 폭발 스펙트럼은 흑체복사 스펙트럼과 매우 비슷하다. 흑체의 온도는 폭발이 최고조일 때 $(2-3) \times 10^7 \, \mathrm{K}$에 이르며, X선 세기가 약해지면 이에 따라 온도도 떨어진다. 한 차례 폭발로 방출되는 에너지는 $10^{32} \, \mathrm{J}$에 이른다. 관측된 흑체 온도 T, X선 세기 F_X를 이용하면,

$$R = d \left(\frac{F_X}{\sigma T^4} \right)^{1/2} \tag{2.13}$$

에서 흑체의 크기 R을 이끌어낼 수 있다. 여기에서 d는 폭발원까지의 거리, σ는 스테판-볼츠만 상수이다. 거리를 추정할 수 있는 폭발원에서 R을 구하면 모두 10 km 정도의 값으로, 중성자별의 반지름과 같다.

X선 폭발의 원인은 중성자별 표면에서 일어나는 열핵융합반응이다. 강착한 수소와 헬륨이 별 표면에 쌓여감에 따라 그 퇴적물 위에 새로운 물질이 더해지면서 그 무게로 압축된다. 압축이 진행되면 퇴적물의 온도와 밀도가 상승하여 어느 임계점에 다다르면 열핵융합반응에 불이 붙는다. 이 점화를 발단으로 열핵융합반응이 폭주하여 열이 다량으로 순식간에 발생한다. 가열된 표면층에서 X선이 복사되면서 X선 폭발로 이어진다.

이와 관련한 핵융합반응은 수소연소($4H \rightarrow He$) 및 헬륨연소($3He \rightarrow C$)이다. 질량강착률에 따라 핵융합반응의 진행은 다음 세 가지로 분류된다.

(1) $\dot{M} < 2 \times 10^{-10} \, M_{\odot}y^{-1}$. 먼저 열적으로 불안정한 수소연소가 점화되고, 이를 발단으로 수소연소와 헬륨연소가 동시에 진행된다.

(2) $2 \times 10^{-10} \, M_{\odot}y^{-1} < \dot{M} < 4.4 \times 10^{-10} \, M_{\odot}y^{-1}$. 수소가 안정적으로 타고, 반응 생성물인 헬륨이 수소층 밑에 쌓인다. 헬륨의 양이 임계값에 다다르면 온도에 매우 민감한 헬륨연소에 불이 붙어 핵융합반응이 폭주한다.

(3) $\dot{M} > 4.4 \times 10^{-10} \, M_{\odot}y^{-1}$. 열적으로 불안정한 헬륨연소가 점화되고, 이를 발단으로 수소연소와 헬륨연소가 동시에 진행된다.

핵융합반응으로 핵입자 한 개당 방출되는 에너지는 약 1 MeV이다. 따라서 관측된 X선 폭발의 에너지 양에서 한 차례 폭발에 약 10^{18} kg의 강착 물질이 연소하는 것을 알 수 있다.

밝은 X선 폭발에서는 중성자별의 대기에서 팽창이 나타난다. 폭발이 일어난 직후, 흑체 반지름(광구光球 반지름)이 급속히 늘어났다가 서서히 줄어들면서 어느 일정한 값에 이르면 안정된다. 흑체 온도는 대기의 팽창과 동시에 잠시 급속히 떨어지다가 이후 대기가 수축함에 따라 올라간다. 그 동안 X선 광도는 대개 일정값의 에딩턴 한계광도를 유지한다. 에딩턴 한 계광도를 넘어선 복사에너지는 별 대기의 팽창과 질량방출에 쓰여 결국은 에딩턴 한계광도로 떨어지고 만다.

X선 펄스가 나타나는 대질량 X선 쌍성에서는 X선 폭발이 일어나지 않 는다. 중성자별이 강하게 자기화해 있기 때문일 것이다. 자기장이 강하면 강착물질은 자기력선을 따라 좁은 자기극 영역에 모이므로 강착 가스의 온도와 밀도가 높아지고, 수소나 헬륨이 안정적으로 타버리기 때문으로 풀이된다. 소질량 X선 쌍성에서는 밀리초 X선 펄서이면서도 X선 폭발이 나타난 두 가지 예가 보고되었다. 자기장이 약해서 강착물질을 압축하는 것이 충분하지 않아 폭발이 일어날 수도 있을 것이다.

그림 2.20의 삽입 그림은 X선 폭발의 시간변동을 주파수 성분으로 표 시한 것으로 푸리에 파워Fourier Power 스펙트럼[17]이라고 한다. 진동수 363 Hz의 최댓값은 주기적인 진동이 있음을 보여준다. 이와 같은 폭발의 주기진동은 이미 열 개가 넘는 폭발원에서 보고되었으며, 진동수는 272∼ 619 Hz에 걸쳐 있다. 밀리초 X선 펄서이면서 폭발을 일으킨 두 가지 예 에서는 폭발의 진동수가 펄스 진동수와 일치한다. 폭발의 주기진동은 중 성자별의 회전임에 틀림없다. 중성자별의 회전은 질량강착으로 계속 가속 되면서 거의 평형 회전상태에 다다랐다. 여기에서도 리사이클설의 정당함 을 증명하고 있는 셈이다.

---

17 어떤 주파수 대역 안의 진동에너지를 푸리에 파워, 주파수당 에너지를 푸리에 파워 밀도, 그 주파수 분포를 푸리에 파워 스펙트럼이라고 한다. '푸리에'를 생략하는 경우도 있다.

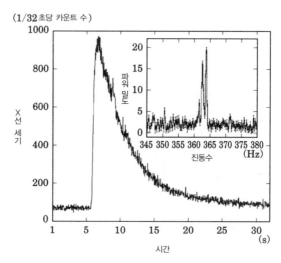

그림 2.20 4U1728-34에서 관측된 X선 폭발. 삽입 그림은 폭발의 푸리에 파워 스펙트럼 (Strohmayer *et al.* 1996, *ApJ*(Letters), 469, L9에서 전재).

2.4.4 준주기적 진동

그림 2.21은 전갈자리 X-1(Sco X-1) X선 세기의 푸리에 파워 스펙트럼이 다. 진동수가 600 Hz와 900 Hz 근처에서 폭이 제법 큰 최댓값이 두 개 나 타난다. 최댓값은 X선 세기 안에서의 주파수 성분이 강하다는 것을 의미 한다. 전파 펄서나 X선 펄서처럼 변동이 완전히 주기적이라면 최댓값은 바늘처럼 날카롭다. 이에 비해 그림 2.21의 최댓값은 폭이 있다. 이는 주 기진동의 주기가 그 폭 안에서 변동하거나 주기진동이 매우 작은 횟수로 만 반복하고 있음을 의미한다. 따라서 이러한 현상을 준주기적 진동(QPO: Quasi-Periodic Oscillation)이라고 한다. QPO는 X선에서 특히 밝게 빛나는 소질량 X선 쌍성에서 발견되었고, 그 진동수는 mHz~kHz에 걸쳐 있다.[18]

---

18 이와 비슷한 진동 현상이 블랙홀에서도 나타난다(2.5.5절).

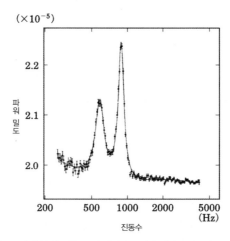

그림 2.21 전갈자리 X-1에서 볼 수 있는 X선 세기의 푸리에 파워 스펙트럼(van der Klis *et al.* 1997, *ApJ* (Letters), 481, L97에서 전재).

QPO의 기원에 대해서는 여러 가지 가능성이 제기되는데, 그 대부분은 강착원반 안에서의 가스 운동이나 거기에 들뜸상태인 파를 구해야 한다. 진동수가 큰 QPO(kHz-QPO라고 한다)는 중성자별의 원반 내연 부근의 케플러 회전주기에 가깝다.

2.5 항성 질량 블랙홀로의 질량강착

블랙홀은 단독으로는 빛나지 않으며 질량이 강착해야 비로소 고에너지 광자를 격렬하게 방출한다. 이 고에너지 광자를 이용해 블랙홀과 그 근방의 물리현상을 밝혀내는 것이 현대 천문학의 큰 과제이자 이번 절의 목적이다.

2.5.1 블랙홀 쌍성

백색왜성이나 중성자별의 존재는 많은 천체에서 이를 분별하여 알아내면서 의심할 여지가 없어졌다. 그러나 항성물질 블랙홀(1.3.3절)에 관해서는 먼저 그 후보 천체를 발견하고, 그 천체가 진짜 블랙홀인지 아닌지를 검증하는 것, 이를 이용하여 블랙홀과 그 근방의 물리현상을 밝혀내는 것이 무엇보다 중요한 과제이다. 이러한 목적에서 블랙홀과 항성의 근접쌍성계, '블랙홀 쌍성(또는 그 후보)'을 이용하는 것이 다음 세 가지 의미에서 가장 적합하다.

• 우리은하에 분포하는 대부분의 강한 X선은 고밀도 천체(백색왜성, 중성자별, 블랙홀)가 항성과 근접쌍성계를 이루고 별의 가스가 그곳으로 강착하는 계이다(2.1절). 고밀도 천체에는 블랙홀이 포함되므로 X선은 블랙홀을 찾아내는 데 효율적인 수단이다.

질량강착에 따른 복사는 왜 X선 영역에 나타나는 것일까. 지금 질량 $M=10M_\odot$인 블랙홀이 2.4.1절 (식 2.10)의 에딩턴 한계광도 $L_E=1.2\times10^{32}(M/10M_\odot)$ W에서 복사하고 있다고 하자. 복사 영역의 크기를 1.3.1 절 (식 1.15)의 슈바르츠실트 반지름의 3배에 해당하는 $R=3R_S=87(M/10M_\odot)$ km로 하고, 복사를 흑체복사로 하면 스테판-볼츠만 법칙에 따라 복사 영역의 온도 T는

$$4\pi R^2\sigma T^4 = L_E \ (\sigma는\ 스테판-볼츠만\ 상수) \tag{2.14}$$

가 된다. 이것을 풀면 $T=1.2\times10^7(M/10M_\odot)^{-1/4}$ K이 되는데, X선을 복사하는 온도이다.

• 블랙홀 쌍성에서는 X선의 위치를 단서로 하고 광학 측정 등으로 분

별하여 항성의 궤도운동을 측정함으로써 블랙홀의 질량을 정밀하게 추정할 수 있다.

1.3절에서 설명했듯이 약 $3M_\odot$보다 질량이 큰 고밀도 천체는 블랙홀이다. 1.3절의 그림 1.15에서 보여준 약 20개의 천체는 이러한 연구로 거의 확실하게 블랙홀 쌍성으로 생각된다.

• 블랙홀 쌍성에서 블랙홀의 큰 특징인 '물질을 흡입한다'는 성질을 자세히 조사할 수가 있다.

근접쌍성계는 고밀도 천체에 질량강착하는 전형적인 모습을 보인다. 앞의 2절에서 설명했듯이 백색왜성이나 중성자별에 질량강착하는 연구도 활발하게 진행되고 있다. 그 결과와 블랙홀 쌍성계의 비슷한 점과 다른 점을 검증한다면 고밀도별 중에서도 가장 많은 수수께끼를 지닌 블랙홀만의 특이성을 알 수 있을 것이다.

2.5.2 X선 스펙트럼의 개념

백조자리 X−1로 대표되는 블랙홀 쌍성은 그림 2.22에 모식적으로 나타낸 것처럼 하드 상태와 소프트 상태라는 전형적인 두 가지 스펙트럼 상태를 지닌다.[19] 하드 상태는 질량강착률이 낮아 X선 밝기가 L_E의 수 % 미만일 때 출현한다. 이 상태의 블랙홀 쌍성은 각종 우주 X선원 중에서도 특히 경직된 스펙트럼을 지니며, 그 광자수 스펙트럼 $f(E)$는 에너지 E의 함수로 ~1 keV에서 수백 keV 범위에서

---

19 파장이 긴($\geq 10^{-9}$ m) X선을 연X선(soft X-ray), 짧은 것($\leq 10^{-9}$ m)을 경X선(hard X-ray)이라고 한다. 소프트 상태와 하드 상태라고 부르는 것은 여기에서 비롯되었다. '유연하다', '경직되다'로 표현하는 경우도 있다.

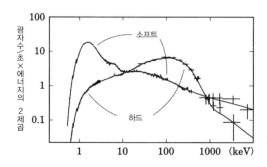

그림 2.22 백조자리 X-1의 X선 · 감마선 스펙트럼. 관측자료를 이론적 모형에 맞춘 것으로, 소프트 상태와 하드 상태를 보여준다. 세로축은 (식 2.15)의 광자 플럭스 f_p에 에너지의 2제곱을 곱한 것 (Zdziarski & Gierlinski 2002, *Prog. Theor. Phys.*, 155, 99에서 전재).

$$f(E) \propto E^{-1.7} \exp(-E/kT), \quad kT = 50{\sim}150 \text{ keV} \qquad (2.15)$$

로 근사할 수 있다. 이것은 $E=1{\sim}20$ keV 정도 영역에서는 단순한 '멱함수' 형태로, 수십 keV를 넘는 경X선에서 감마선에 걸쳐 완만한 휘어짐을 보인다.

하드 상태에서 블랙홀 주변의 강착원반은 슈바르츠실트 반지름 R_S [1.3.1절, (식 1.15)]의 수백 배 안쪽에서는 기하학적으로 두껍고, 광학적으로 얇은 것으로 보인다(자세한 것은 2.2.5절). 원반 가운데의 이온은 비리얼 온도(반지름 $100R_S$에서 수 MeV, 곧 온도로 하면 거의 수백억 K)에 가까운 고온에 이른다. 쿨롱Coulomb 산란으로 전자는 이온에서 에너지를 받아들이지만(가열되지만), 동시에 원반 바깥쪽 등에서 오는 자외선 등의 콤프턴 산란으로 에너지를 잃어 이온보다 훨씬 온도가 낮다. 이것은 (식 2.15)에 나타난 온도 매개변수 T로 해석할 수 있으며, 관측되는 경X선은 에너지가 낮은 광자가 열전자에 따라 산란되어 경X선 영역까지 에너지를 획득한 결과로 생각된다.

강착률이 높아져 X선 광도가 에딩턴 한계광도의 수 %를 넘으면 블랙홀 쌍성은 소프트 상태로 천이한다. 그림 2.22와 같이 ~10 keV 이하의 연X선 영역에서 강한 초과 성분이 나타나 매우 유연한 스펙트럼이 보인다. 한편, ~10 keV 이상에서 광자지수는 약 2.3[(식 2.15)]의 하드 성분이 나타난다(하드 테일hard tail). 이른바 '하드 상태'보다는 기울기가 더 급하지만, 수 MeV까지 거의 직선으로 펼쳐진다.

소프트 상태를 특징짓는 강한 소프트 성분은 그 기원이 확실하다. 강착률이 높아지면 강착원반의 밀도가 올라가 복사냉각 효과로 원반은 납작하게 찌부러지면서 기하학적으로 얇고 광학적으로 두꺼운 표준강착원반(2.2.4절)이 된다. 비리얼 정리에 따르면, 강착물질이 방출한 중력에너지 중 절반은 원반 온도에 따라 흑체복사로 복사되고 나머지 절반은 물질의 케플러 회전에 따라 운동에너지로 축적되어 사건의 지평선Event Horizon 너머로 사라진다. 이 흑체복사를 원반 전면에서 모은 '다온도多溫度 흑체복사'가 바로 소프트 성분의 정체이다(자세한 것은 2.5.3절 참조).

약한 자기장의 중성자별 쌍성에서도 그 스펙트럼에는 강착원반에서의 다온도 흑체복사를 볼 수 있다. 이 경우 물질의 케플러 회전에너지는 마지막으로 중성자별 표면에 부딪혀 뜨거워지고, 그 표면에서 약간 고온(~2 keV)이며 단일온도單一溫度의 흑체복사로 복사된다.

미쓰다 가즈히사滿田和久 연구진은 X선 위성 '덴마'를 이용하여 중성자별 쌍성의 스펙트럼을 원반에서의 다온도 흑체복사와 중성자별 표면에서의 흑체복사로 분해하는 데 성공했는데, 비리얼 정리의 예언대로 두 성분이 거의 광도가 같다는 것을 보여주었다. 소프트 상태의 블랙홀 쌍성에서는 원반에서의 성분은 강하지만 온도 ~2 keV의 흑체복사 성분은 없다. 이는 블랙홀의 표면이 딱딱하지 않다는 것, 즉 사건의 지평선이라는 존재를 간접적으로 지지한다.

2.5.3 표준강착원반에서의 X선 스펙트럼

블랙홀 쌍성의 X선 소프트 성분은 표준강착원반에서의 다온도 흑체복사로 생각된다. 2.2.4절에서 설명했듯이 표준강착원반은 중력 퍼텐셜이 깊은 중심부일수록 고온이며, 블랙홀부터 반지름 r에서의 원반 온도 $T(r)$는 근사적으로

$$T(r) = T_{\text{in}}(r/R_{\text{in}})^{-3/4} \qquad (2.16)$$

으로 나타낼 수 있다. 여기에 R_{in}은 원반의 내연 반지름, T_{in}은 그곳의 온도이다. 이제부터는 간단하게 바로 위에서 30° 기울어진 방향에서 원반을 관측하는 것으로 한다.

　다양한 블랙홀 쌍성 스펙트럼의 소프트 성분은 상당히 모습이 비슷하며, 양쪽을 로그로 표시해 상하좌우로 평행이동하면 서로 거의 겹친다. 상하 평행이동은 원반 복사 광도 L_{disk}의 고저를 나타내며, 질량강착률이 올라가 광도가 높아지면 스펙트럼은 위로 이동한다. 좌우 이동(다시 말해 스펙트럼의 형상)은 원반의 최고온도, 곧 (식 2.16)의 T_{in}로 결정되는데, 이것이 높을수록 스펙트럼은 오른쪽으로 기울어진다. 이렇게 X선 스펙트럼으로 상대의 거리를 알게 되면 T_{in}과 L_{disk}의 물리량을 구할 수 있다.

　블랙홀 쌍성 LMC X-3은 X선 위성 'RXTE(Rossi X-Ray Timing Explorer)'로 여러 차례 관측되었다. 이 관측자료로 T_{in}과 L_{disk}를 구하면 그림 2.23(왼쪽)과 같다. 원반 온도는 $T_{\text{in}}=0.5\sim1.5\ \text{keV}$이며, T_{in}과 L_{disk}는 $L_{\text{disk}} \propto T_{\text{in}}^4$의 관계가 된다. 한편, 표준강착원반의 T_{in}, L_{disk}과 원반의 내연 반지름 R_{in} 사이에는 (식 2.14)와 마찬가지로

$$4\pi R_{\text{in}}^2 \sigma T_{\text{in}}^4 = L_{\text{disk}} \qquad (2.17)$$

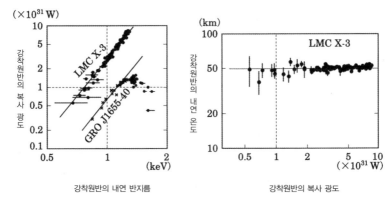

강착원반의 내연 반지름 | 강착원반의 복사 광도

그림 2.23 (왼쪽) X선 위성 RXTE에서 관측된 블랙홀 쌍성 LMC X-3 및 GRO J1655-40의 스펙트럼에서, 강착원반의 내연 온도 T_{in} 및 원반의 복사 광도 L_{disk}를 구해 나타냈다 (Kubota *et al*. 2001, ApJ (Letters), 560, L147에서 전재). 오른쪽으로 올라가는 직선은 $L_{disk} \propto T_{in}^4$를 나타낸다. (오른쪽) 왼쪽 그림의 관측자료에서 LMC X-3 강착원반의 내연 반지름 R_{in}을 (식 2.17)에서 구해, 원반의 복사 광도에 대응해 나타냈다.

의 관계가 성립한다. 따라서 그림 2.23(왼쪽)에서의 LMC X-3의 움직임은 (식 2.17)에서 R_{in}이 거의 일정하다는 것을 뜻한다. 실제로 LMC X-3의 R_{in}을 구하면 그림 2.23(오른쪽)과 같이 광도(곧 강착률)가 한 자릿수 넘게 변동해도 원반 내연의 반지름은 약 50 km로 일정하게 유지된다.

복사를 내면서 천천히 낙하하는 강착원반의 물질이 블랙홀로 다가감에 따라 일반상대론 효과가 발휘되어 3배의 슈바르츠실트 반지름($3R_S$) 지점 안쪽에서는 안정된 원궤도가 존재하지 않는다(이를 최소 안정 원궤도[20]라고 한다). 직감적으로는 일반상대론 효과가 발휘되면 뉴턴 역학일 때보다 중력이 더 강해져 결국에는 중력에 눌려 블랙홀로 떨어지는 것이라고 이해할 수 있다.

그리고 물질은 반지름 $3R_S$에 이르러 X선 복사를 할 틈도 없이 사건의

20 2장 각주 12 참조.

지평선으로 낙하하여 X선에서 보면 강착원반의 $3R_S$ 지점 안쪽은 구멍 뚫린 것처럼 보인다. 곧,

$$R_{in} = 3R_S \qquad\qquad (2.18)$$

이다. 그림 2.23(오른쪽)에서 구한 $R_{in} \sim 50$ km로 (식 2.18)에 따라 $R_S \sim$ 17 km를 구할 수 있다. 이것을 앞의 (식 1.15)에 대입하여 블랙홀의 질량 $M \sim 6M_\odot$을 이끌어낸다. 이 수치는 광학관측으로 추정한 LMC X-3의 질량 $(6 \sim 9)M_\odot$ (1.3.3절, 그림 1.15)과 어긋나지 않는다. 이렇게 X선의 자료와 상대의 거리만으로도 블랙홀의 질량을 추정할 수 있다. 1.3.3절에서 설명한 '아스카'의 관측자료로 X선 천체인 백조자리 X-1의 질량을 추정할 때 이 방법에 따랐다.

2.5.4 회전하는 블랙홀

그림 2.23(왼쪽)을 보면 블랙홀 쌍성 GRO J1655-40의 광도는 같은 원반 온도에서 LMC X-3 값의 겨우 1/5 정도밖에 되지 않는다. (식 2.17)을 풀어보면 원반의 내연 반지름은 약 $1/\sqrt{5} = 0.45$배가 된다. 그렇다면 (식 2.18)에서 GRO J1655-40의 슈바르츠실트 반지름, 그리고 블랙홀 질량은 LMC X-3의 약 45 %가 된다. 하지만 광학관측에 따르면 이 두 천체에 포함된 블랙홀의 질량은 모두 $7M_\odot$으로 큰 차이가 없으며, 또 원반을 예상한 각도도 축 방향에서 약 $30°$로 거의 같다.

따라서 광도의 차이는 블랙홀의 질량 차이가 아니라 상태의 차이, 다시 말해 LMC X-3은 각운동량 제로인 블랙홀, 곧 '슈바르츠실트 블랙홀'이며, 다른 쪽 GRO J1655-40은 각운동량이 큰 블랙홀, 곧 '카 블랙홀' (1.3.1절)일 가능성을 생각할 수 있다. (식 2.18)은 슈바르츠실트 블랙홀에

서만 성립하는 관계이며, 각운동량이 큰 카 블랙홀에서는 그와 같은 방향으로 회전운동하는 질점은 최대 $0.5R_S$까지는 안정적으로 블랙홀에 접근할 수 있다. 직관적으로는 카 블랙홀 주변에서는 시공 자체가 회전하므로 그와 같은 방향으로 회전하는 질점의 속도는 먼 곳의 관측자가 보는 것보다 실질적으로 늦어져 원심력의 한계에 이르기가 어렵다.

GRO J1655-40은 전파 제트를 복사하는 특이한 천체로, 제트는 회전과 밀접하게 연관되어(3장) 있으므로 카 블랙홀이라는 가능성에 설득력이 있다. 그림 2.23(왼쪽)에서 또 하나 주목해야 할 것은 GRO J1655-40의 데이터 점이 고온이 되면 $L_{disk} \propto T_{in}^4$ 의 관계에서 크게 벗어난다는 점이다. 이때는 하드 테일이 소프트 성분을 덮어버릴 만큼 강해진다. 아마도 광도가 에딩턴 한계광도에 가까워져 원반 상태가 표준 상태에서 벗어났기 때문일 것이다(2.2.7절).

2.5.5 X선 광도와 변동

1.3.3절에서 설명한 것처럼 블랙홀과 중성자별의 가장 단순한 차이는 질량이며, 질량을 추정하는 최고의 방법은 쌍성계에서 상대 항성의 운동을 광학 측정하는 것이다. 그러나 X선원은 꼭 광학 분별로 알아낼 수 있는 것은 아니므로 X선의 성질만으로 블랙홀과 중성자별을 구별하고자 한다. 그 하나로 X선 광도를 들 수 있는데, 질량강착하는 천체의 광도는 일반적으로 에딩턴 한계광도 L_E를 크게 웃돌기는 힘들다. L_E는 천체의 질량에 비례한다. 따라서 어느 천체의 X선 광도가 에딩턴 한계광도 $\sim 3M_\odot$에 해당하는 4×10^{31} W를 크게 넘어서면 블랙홀일 가능성이 높다.

우리은하 천체는 거리가 불확실한 것들이 많지만, 대마젤란성운은 거리가 약 50 kpc으로 추정되기 때문에 관측만으로도 X선 광도를 정확히 추정할 수 있다. 대마젤란성운에는 밝은 X선원인 LMC X-1, LMC X-2,

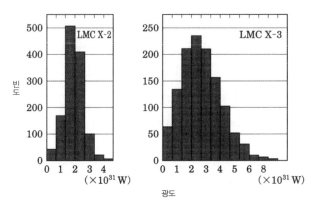

그림 2.24 RXTE에 탑재된 전천 모니터 장치(ASM)가 수년에 걸쳐 관측한 LMC X-2와 LMC X-3 광도의 빈도분포. ASM의 1.5–6 keV의 카운트 수를 전체 복사 광도(W)로 바꿔 계산했다.

LMC X-3, 이렇게 세 개가 있으며 모두 광학적으로 확인되었다. LMC X-1과 LMC X-3은 그림 1.15와 같이 질량 ~$4M_\odot$이 넘는 고밀도 천체를 이끌며 블랙홀 쌍성으로 추정되는 것에 비해 LMC X-2는 중성자별로 짐작하고 있다. 이 두 천체의 X선 광도는 강착률 변동에 따라 바뀌는데, 그림 2.24와 같이 LMC X-2에서는 경계가 되는 ~4×10^{31} W를 거의 넘지 않지만, LMC X-3에서는 넘고 있어 역시 예상대로이다. 대마젤란성운의 예에서는 광학관측으로 이미 고밀도 천체의 질량이 측정되어 있어 X선 광도를 이용한 논의는 단순한 확인에 지나지 않는다. 그러나 1.3.5절에서 설명한 외부은하의 중질량 블랙홀 후보(ULX 천체)에 대한 논의에서는 '블랙홀 쌍성의 X선 광도는 L_E를 크게 넘어서지 않는다'는 견해를 근거로 삼고 있다.

블랙홀 쌍성에서의 X선은 일반적으로 밀리초에서 수 시간이라는 넓은 시간척도로 강한 비주기적random 변동을 보인다[1.3.3절, 그림 1.14(왼쪽)]. 그림 2.25(왼쪽)는 그 한 예로, 일반적으로 소프트 상태에 비해 하드 상태에서는 변동이 두드러진다.

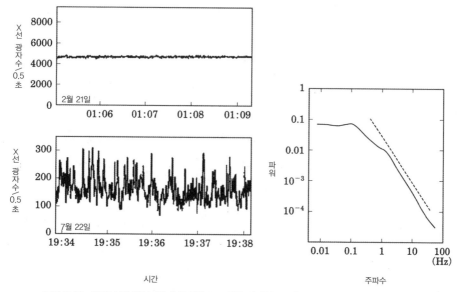

그림 2.25 (왼쪽) X선 위성 '깅가'의 관측으로 얻은 신성형 블랙홀 쌍성 GS 1124-68의 X선 광도곡선. 위는 소프트 상태, 아래는 하드 상태이다(Ebisawa *et al.* 1994, *Publ. Astr. Soc. Japan,* 46, 375에서 전재). (오른쪽) '깅가'의 관측으로 얻은 백조자리 X-1의 2~20keV에서의 파워 스펙트럼(Negoro *et. al.* 2001, *ApJ,* 554, 528에서 전재). 오른쪽으로 내려가는 점선은 주파수의 −1.5제곱을 나타낸다.

시간변동하는 자료를 푸리에 변환하여 어느 주파수(또는 주기)에서 변동이 큰지를 보여주는 양을 푸리에 파워 스펙트럼이라고 한다. 미야모토 시게노리宮本重德 연구진은 X선 위성 '깅가'에서 관측한 블랙홀 쌍성의 X선 변동을 파워 스펙트럼을 이용하여 상세히 연구했다. 그 한 예로 그림 2.25(오른쪽)에 하드 상태로 관측된 백조자리 X-1의 파워 스펙트럼을 로그로 표시했다. 변동은 비주기적이며 100 Hz를 넘는 빠른 주파수까지 늘어난다. 파워 스펙트럼은 약 0.1 Hz(주기는 대략 10초)라는 특징적인 값에서 뚜렷하게 휘어지는 모습을 보여주며, 그보다 고주파수에서 파워 밀도는 근사적으로 주파수의 −1.5제곱에서 감쇠하는 적색잡음, 저주파 쪽에서는 백색잡음이 된다.[21] 그 밖에 다른 에너지 대역에서의 변동으로 위상의 차이가 나타나거나 여러 주파수 대역에 2.4.4절에서 설명한 준주기적 변동이 나타나기도 했다.

빠른 변동의 원인은 아직도 이해할 수 없다. $10M_\odot$의 블랙홀에서 반지름 $10R_S$인 지점에서 원반의 케플러 회전주기는 겨우 25밀리초이며, 그에 비해 파워 스펙트럼이 휘어지는 특징이 나타나는 시간의 상수는 너무 길다. 그림 2.25(왼쪽)와 같이 비주기적인 변동은 하드 상태에서 뚜렷해지며, 이때 원반은 광학적으로 얇고 기하학적으로 두껍다(2.5.2절)고 생각되므로 원반 내부에서의 여러 산란 상태가 X선의 변동으로 나타나는지도 모른다. 최근에는 몇몇 블랙홀 쌍성에서 X선뿐만 아니라 가시광이나 적외선 등에서도 X선 변동과 상당히 비슷한 빠른 변동이 검출되기 시작했다. 이것은 광학적으로 얇은 강착원반 중에서 고온의 전자가 내보내는 사이클로트론 복사일지도 모른다.

2.5.6 블랙홀 쌍성의 형성 과정

중성자별이나 블랙홀은 대질량성의 초신성 폭발로 중심부가 중력붕괴하면서 만들어진 것인데, 초신성 잔해와 위치적으로 대응하는 중성자별이 10가지 정도 발견되었지만 블랙홀은 아직 발견되지 않았다. 이 수수께끼는 미해결 상태로, 이를테면 별 중심부가 블랙홀로 붕괴하더라도 외층부가 방출되지 않는 경우(초신성 잔해가 없다)가 있을지도 모른다.

블랙홀 신성은 젊은 종족에 속한다. 대질량이며 수명이 짧은 별임에 틀림없다. 하지만 은하계나 마젤란성운에 있는 블랙홀 쌍성(그림 1.15)은 백조자리 X-1, LMC X-1, LMC X-3 등 세 개를 제외하고 소질량

---

21 잡음을 푸리에 파워 스펙트럼으로 분해했을 때 저주파에서 강한 성분을 적색잡음, 모든 주파수에서 일정하게 나타나는 성분을 백색잡음이라고 한다.

($<1M_\odot$)이며 수명이 긴 늙은 종족과 쌍성을 이루고 있다. 처음부터 다른 종족의 별이 쌍성을 이룰 가능성은 낮으며, 또 그런 쌍성계는 대질량성이 찌그러질 때 붕괴한다. 블랙홀 쌍성은 블랙홀 하나가 조석력으로 소질량 성을 포획하여 쌍성계를 만든 결과로 설명할 수도 있다. 하지만 별의 밀도가 높아 포획 확률이 큰 구상성단 중에서 블랙홀 쌍성은 지금까지 전혀 발견되지 않았다. 포획설로는 블랙홀 쌍성의 형성을 완벽하게 설명할 수 없다.

2.5.7 블랙홀의 X선 돌발

그림 1.15의 블랙홀 쌍성은 백조자리 X-1, LMC X-1, LMC X-3, GX 339-4 등의 네 개를 제외하고 보통 X선을 거의 복사하지 않지만, 수 년 내지 수십 년마다 X선에서 수천~수만 배로 밝아지며, 그 반사로 가시 광에서도 증광하는 '돌발Transient 천체' 이다(그림 2.26). X선 돌발천체의 출

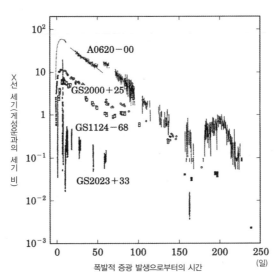

그림 2.26 블랙홀을 포함한 X선 돌발천체(X선 신성)의 X선 광도곡선. '깅가' 등에서 측정한 것이다 (Tanaka 1992, in Ginga Memorial Symposium, *ISAS*, p.19에서 전재).

현 빈도로 추정해 보면, 은하계에는 대개 1000개 정도의 블랙홀 쌍성이 존재하며 그 대부분이 휴면 상태에 있는 것으로 보인다.

X선 돌발현상은 상대별에서 떨어진 물질이 강착원반 주변에 축적되다가 어느 단계에서 불안정해지면서 한꺼번에 강착이 일어나는 것으로 설명할 수 있다(2.2.6절). 블랙홀 쌍성은 중성자별 쌍성에 비해 돌발천체가 될 확률이 높다. 이는 중성자별의 경우 표면에서의 복사로 원반이 데워져 가스를 늘 이온화하여 원반의 열불안정성을 억제하기 때문이라지만 자세한 해답은 아직 나오지 않았다.

2.6 대질량 블랙홀로의 질량강착

대질량 블랙홀은 수많은 은하의 중심에 존재하며, 그곳에 물질이 강착하면 밝게 빛나는 활동은하핵이 된다(1.3.4절). 그 X선 강도는 $10^{34} \sim 10^{40}$ W나 되어 부모은하 전체 파장의 광도를 넘어서는 것도 있다. 이 절에서는 근처 활동은하핵을 예로 들어 그 주변의 물질분포나 공간구조와 관련하여 대질량 블랙홀로의 물질강착 현상을 살펴보기로 한다.

2.6.1 I형 시퍼트 은하

시퍼트 은하핵은 우리에게서 수천만 광년 정도 떨어진, 비교적 근처에서 존재하는 활동은하핵이다. I형과 II형으로 분류[22]되는데, I형은 은하핵에서의 복사에 큰 감광이 없기 때문에 은하핵 중심 부분의 특징을 연구하는 데 적합하다. I형 시퍼트 은하핵의 X선 광도는 $10^{34} \sim 10^{37}$ W이다. 스펙트럼

---

[22] 이 책에서는 시퍼트 은하나 활동은하핵 형태를 로마숫자(I, II)로 표기했는데, 1형과 2형의 중간형(예를 들면 1.8형 등)이 발견되어 아라비아숫자(1, 2)를 쓰는 경우가 많아졌다(옮긴이 주).

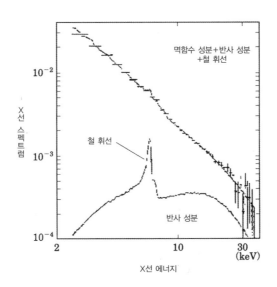

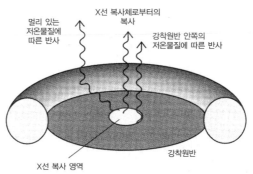

그림 2.27 Ⅰ형 시퍼트 은하의 평균 X선 스펙트럼(위)과 복사 영역의 개념도(아래). 평균 X선 스펙트럼에서 차지하는 철 휘선과 반사 성분의 스펙트럼을 그림으로 나타냈다(Poinds *et al.* 1990, *Nature*, 344, 132). Copyright ⓒ 1990, Nature Publishing Group.

은 에너지(E)의 멱함수 ($E^{-\alpha}$, $\alpha=1.9$)로 나타낼 수 있으며, 천체마다 α의 차이는 0.1로 작다. 이 멱함수는 수십 keV(예를 들면 NGC 4151), 또는 100 keV 이상에서 휘어짐을 보이며, 이 성분 외에도 은하핵 구조를 반영한 몇몇 성분이 더해진다.

그림 2.27(위)은 '깅가'로 관측한 I형 시퍼트 은하 열두 가지를 모아 평균하여 나타냈다. X선 위성 '아스카'와 '스자쿠' 등의 결과까지 종합하면 I형 시퍼트 은하에서의 복사 성분은 다음과 같다.

(i) 에너지(E)의 멱함수 ($E^{-\alpha}$)로 특징을 보이는 연속 성분.

(ii) 10 keV 이상에서 볼 수 있는 고에너지 쪽의 연속 성분(반사 성분).

(iii) 저이온화한 철원소에서의 휘선.

(iv) 1 keV 이하의 저에너지 쪽에서 나타나는 초과 성분.

성분 (ii)는 성분 (i)이 광학적으로 두꺼운 저온물질에서 반사된 것이다 (반사 성분). X선이 물질 안으로 들어가면 일부는 원자에 광전자가 흡수되지만 흡수되지 않고 산란되어 나오는 것이 반사 성분이다. 산란 확률은 에너지에 의존하지 않는 톰슨 산란의 단면적으로 대부분 결정된다. 그러나 흡수 확률은 에너지에 크게 의존하는데 저에너지 쪽이 크다. 이 때문에 에너지가 낮은 X선일수록 흡수되기 쉬우며 반사 성분의 스펙트럼은 그림 2.27(위)과 같은 형태를 띤다.

원자는 X선이 광전자를 흡수하면 속껍질 전자를 빈자리로 만든다. 그 자리로 어느 확률(형광수율螢光收率, fluorescence yield)로 바깥껍질 전자가 떨어져 형광 X선이 복사된다. 이 형광수율은 원자번호가 클수록 높다. 또 철원소는 우주 원소 조성량이 크기 때문에 그에 따라 휘선이 두드러진다. 이것이 성분 (iii)이다. 철 휘선의 중심에너지는 거의 6.4 keV로, 저이온화한 철원자에서 복사된다. 강도는 등가폭[23]으로 하여 $100 \sim 200$ eV로, 대량의 저온물질이 X선 복사체를 크게 뒤덮고 있음을 나타낸다. 이 휘선은 본래 단색인데 휘선을 복사하는 물질의 운동이나 블랙홀의 중력장 등에 따라 그 형상이 변한다. 이 휘선의 형상을 연구함으로써 저온물질이 존재하는 장소를 추정할 수 있다.

아스카, 찬드라, XMM-Newton, 스자쿠 등의 X선 위성은 강한 중력장으로 휘선 형상이 비대칭으로 일그러진 철 휘선(2.6.5절)과 폭이 좁은 ($\sigma \sim 30$ eV) 철 휘선을 발견했는데, 저온물질이 블랙홀에서 아주 가까운 곳과 0.1 pc, 또는 그 이상 떨어진 장소에 대량으로 존재한다는 사실을 밝혀냈다. 그림 2.27(아래)은 그 개념도이다.

성분 (iv)의 기원에 대해 몇몇 설이 있지만, 그중 유력한 설은 강착원반에서의 흑체복사(자외선 초과 성분) 고에너지 쪽과 관련 있다. 그 자외선 초과 성분은 강착원반이 존재하고 있다는 증거이다.

복사 외에도 시선방향에 있는 고이온화한 산소(O VII, O VIII)[24]에 따른 흡수 구조가 발견되었다. 중심에서의 강한 복사로 이온화한 주변 전자가 흡수하는 것으로 생각된다. 이에 따라 '따뜻한 흡수체Warm Absorber'라고 한다. 이 구조는 MCG-6-30-15의 1 keV 이하의 스펙트럼에서 더 두드러지게 나타난다.

2.6.2 II형 시퍼트 은하

II형 시퍼트 은하는 가시광 분광관측에 폭이 좁은 휘선만 검출되는 시퍼트 은하이다. 연X선 대역에서 I형 시퍼트 은하에 비해 한 자릿수 이상 어둡

---

23 방출선이나 흡수선 세기를 그 에너지에서의 연속 성분 세기비로 나타낸 것.
24 O VII, O VIII은 각각 6, 7차 이온의 산소원자를 나타낸다.

다. 아와키 히사미쓰粟木久光 연구진은 투과력이 뛰어난 고에너지 X선을 '깅가'로 관측하여 II형 시퍼트 은하인 Mkn 3에서 농축된 물질 때문에 감춰져 있던 밝은 은하핵을 발견했다. 그 X선 광도 $2 \times 10^6 W$는 I형 시퍼트 은하와 거의 같다. 이렇게 밝은 은하핵이 수소의 기둥밀도[25]로 $7 \times 10^{27} m^{-2}$이나 되는 농축된 물질에 감춰져 있었던 것이다. 겉보기로 스펙트럼의 멱함수 a는 1.5로 작은데, 이는 I형 시퍼트 은하에서 볼 수 있었던 성분 (i)이 감광으로 작아져 고에너지 쪽에서 세기가 큰 성분 (ii)가 상대적으로 눈에 띄기 때문이다. 또한 매우 센 철 휘선[성분 (iii)]도 검출되었다. 농축된 물질이 시선방향뿐만 아니라 X선의 복사 영역 주변을 뒤덮듯이 존재하고 있음을 보여준다.

그 후 '아스카'의 0.5~10 keV 광대역 분광관측에서 흡수를 받은 은하핵을 관측한 예가 늘어나면서 II형 시퍼트 은하의 은하핵이 감춰져 있다는 묘사가 자리 잡았다. 이 묘사에 따르면 중심핵에서의 강한 복사장으로 광이온화한 플라스마가 주변에 존재할 것임에 틀림없다. '아스카'는 미약한 연X선 성분의 분광관측에 성공하여 중심핵에서의 X선이 이 플라스마에 산란되는 모습을 보여주었다.

그림 2.28(위)은 '스자쿠'에서 포착한 Mkn 3의 X선 스펙트럼이다. 흡수를 받은 성분은 물론이고 반사 성분, 광이온화한 플라스마에 따른 산란 성분, 그리고 이를 기원으로 하는 고이온 원소에서의 휘선이 검출되었다〔그림 2.28(아래) 참조〕. 이 성분들을 동시에 포착한 것은 '스자쿠'가 처음이며, X선 스펙트럼으로 II형 시퍼트 은하핵의 구조를 밝혀냈다〔그림 2.28(아래)〕.

---

[25] 단위면적을 밑바닥으로 한 가상의 기둥 안으로 어느 방향의 물질량을 옮기는 수소원자의 개수. 표준 단위는 m^{-2}이다.

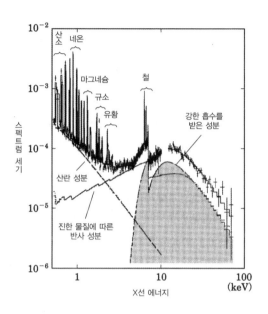

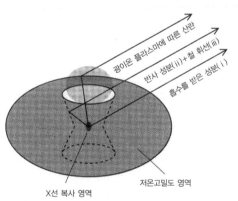

그림 2.28 '스자쿠'가 포착한 II형 시퍼트 은하 Mkn 3의 X선 스펙트럼(위)과 II형 시퍼트 은하에서의 X선 복사 개념도(아래).

또한 흡수체가 $1.5 \times 10^{28} \, m^{-2}$이 넘는 II형 시퍼트 은하도 존재한다. 이 정도 양이면 콤프턴 산란에서 10 keV 이하의 X선을 투과할 수 없어 '두꺼운 콤프턴Compton Thick' 천체, 이 값보다 기둥밀도가 작은 천체는 '얇은 콤프턴Compton Thin' 천체라고 한다. '두꺼운 콤프턴' 천체의 10 keV 이하 X선에는 은하핵에서의 직접 복사[성분 (i)]는 거의 없고 그 밖의 성분이 두드러진다. 특히 등가폭 1 keV 이상의 매우 센 철 휘선이 검출된다.

어떤 천체가 '두꺼운 콤프턴'이 되는 걸까? 이 문제는 활동은하핵의 구조와 진화, 나아가서는 우주 X선 배경복사(2.7.2절)를 설명하는 데에도 중요한 문제이다. 지금까지 알려진 '두꺼운 콤프턴' 천체로는 NGC 1068, 컴퍼스자리 은하, NGC 4945, NGC 6240처럼 별탄생 활동이 활발한 것들이 많다. 또 '두꺼운 콤프턴'에서 '얇은' 상태로 수년에 걸쳐 변화하는 II형 시퍼트 은하(NGC 6300, Mkn 1210 등)도 발견되면서 흡수물질의 구조가 단순하지 않다는 사실도 알게 되었다. 어쨌든 '두꺼운 콤프턴' 천체를 관측한 예는 아직 적어 비밀이 많은 천체이다.

2.6.3 좁은 휘선 I형 시퍼트 은하

I형 시퍼트 은하 중에서 Hβ선[26]의 휘선 폭이 보통 것보다 좁아 $2000 \, kms^{-1}$ 이하인 집단을 좁은 휘선 I형 시퍼트 은하라고 한다. 이 은하의 특징은 [O III]λ5007[27]과 Hβ의 강도비([O III]λ5007/H)가 3 이하, 강한 Fe II 휘선을 지닌다. 이 은하의 2~10 keV 영역에 있는 X선 스펙트럼도 $E^{-\alpha}$으로 나타낼 수 있는데, α는 2.2로 I형 시퍼트 은하에 비해 매우 크다. 1 keV 이하 에너지 대역에서 초과 스펙트럼이 검출되며, 그 스펙트럼을

---

26 수소원자 발머 계열의 하나로 주양자수 $n=2$와 $n=4$의 천이다.
27 O III은 2차 이온화한 산소이온을 나타내며, [ ]는 금지선을 나타낸다. λ5007은 파장(500.7 nm)이다.

흑체복사 모형으로 재현하면 온도는 약 100만 도가 된다. 또 보통 I형 시퍼트 은하에 비해 시간변동이 빨라 겨우 수백 초 사이에 세기가 두 배까지 바뀐다. 이처럼 짧은 시간에 세기가 바뀌는 것을 보면 중심의 블랙홀 질량이 작을 것으로 예상된다. 이러한 스펙트럼과 시간변동의 특징은 은하 내 블랙홀 쌍성의 소프트 상태와 비슷하다(2.5장).

블랙홀 쌍성의 경우, 소프트 상태는 블랙홀의 강착률이 높아진 상태로 볼 수 있다. 좁은 휘선 I형 시퍼트 은하의 강착률과 에딩턴 한계광도를 만드는 강착률 $\dot{M}_E$의 비는 0.3 이상으로 시퍼트 은하보다도 크다. 좁은 휘선 I형 시퍼트 은하에서는 강착 가능한 한계에 가까운 대량의 물질이 블랙홀로 낙하하고 있고, 현재 그 블랙홀의 질량이 작은 것을 보태면 블랙홀은 지금 성장 중에 있다고 할 수 있다.

2.6.4 X선 광도의 시간변동

활동은하핵의 X선은 짧은 시간에 세기가 변한다. 그림 2.29(위)는 '아스카'와 'RXTE'로 관측한 활동은하핵 MCG-6-30-15의 X선 세기 변동이다. 약 한 시간 정도(그림 2.29의 가로축에서 ≤10^5초)에 세기가 두 배로 변한다. 이렇게 짧은 시간에서의 세기 변화는 다른 파장에서는 발견되지 않는다. 정보 전달 속도의 상한은 광속이므로 세기 변동의 시간과 에너지를 복사하는 영역 크기의 관계는 다음과 같다.

$$\text{복사 영역의 크기} < \text{광속} \times \text{변동 시간} \tag{2.19}$$

광속으로 한 시간 가는 거리는 대체로 1×10^{12} m, 태양에서 목성과 토성 중간 거리에 해당한다. 다시 말해 MCG-6-30-15의 X선 복사 영역이 태양계보다 작다는 것을 알 수 있다. 이러한 관측 사실은 활동은하핵의 에너지원이 대질량 블랙홀로 물질이 강착할 때 자유로워지는 중력에너지라는 견해를 뒷받침해준다.

시간변동을 정량화하는 매개변수에는 X선 세기의 분산을 평균세기의 2제곱으로 나눈 규격화 분산(σ_{rms}^2)과, 시간변동 곡선을 푸리에 변환Fourier transform하여 주파수별 변동의 세기를 나타낸 파워 밀도가 있다(2.5.5절 참조). 보통 이 파워 밀도는 평균세기의 2제곱으로 나눈 것을 사용한다. 그림 2.29(아래)는 MCG-6-30-15의 X선 세기의 파워 스펙트럼이다. 이것은 진동수 f에 대해 $1/f^\beta$($\beta=1.5\sim2.0$)의 모양이고 저주파수 쪽에서 휘어 있다. $1/f$은 우리 주변의 자연계에서도 자주 볼 수 있는 변동 형태다. 또 그림 2.25의 항성 물질 블랙홀의 시간변동 형태와 매우 비슷하다. 이런 형태의 변동이 어떻게 만들어지는지 아직 밝혀지지 않았지만, 자기장 활동이 이 변동에 기여할 것이라는 가능성이 제기되고 있다(2.2절 참조).

한편, 파워 스펙트럼의 형태(예를 들면 휘어짐이 만들어지는 주파수)나 변동의 크기(예를 들면 같은 σ_{rms}^2을 제공하는 주파수) 등에서 블랙홀의 질량을 추정한다. 이는 블랙홀의 질량이 그 값들의 크기에 비례하며, X선의 복사영역이 블랙홀 근처라는 견해에 근거한다. 이 방법은 다른 블랙홀 질량 추정법과 한 자릿수 정도의 범위 안에서 일치한다.

2.6.5 팽창에너지를 만들다

활동은하핵은 태양계 정도의 크기로 은하 전체에 버금갈 만큼 거대한 에너지를 복사한다는 것을 알게 되었다. 중심에 블랙홀이 있어 이것이 가능했을까? 2.2.3절에서 설명했듯이 원반 광도는 대체로 $L_{disk}=\eta\dot{M}c^2$($\eta\sim0.1$)로 쓸 수 있다. 은하 하나와 비슷한 밝기로 빛나려면 블랙홀로 매초 4.3×10^{21} kg의 물질이 강착해야 한다. 이 양은 한 시간에 지구 2.6개가 블랙홀에 먹혀 빨려들어가는 것에 해당한다. 이때 질량이 태양의 1억 배인 대질

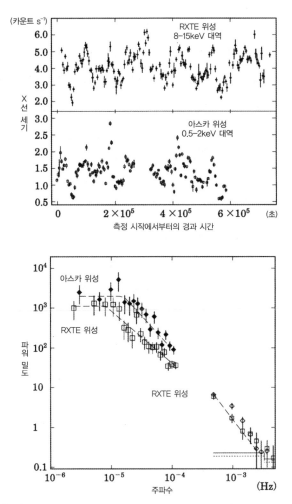

그림 2.29 활동은하핵 MCG-6-30-15의 세기 변동(위)과 그 파워 밀도(아래). 파워 밀도는 평균세기의 2제곱으로 나누었다(Nowak & Chiang 2000, *ApJ*(Letters), 531, L13에서 전재).

량 블랙홀의 슈바르츠실트 반지름은 $2.95 \times 10^8 (M_{BH}/10^8 M_\odot)$ km로 태양–화성 사이의 거리 1.3배에 해당한다. 시간변동으로 예상되는 복사 영역의 크기도 어긋나지 않는다.

이와 같이 활동은하핵의 활동원으로 블랙홀을 생각할 수도 있지만 블랙홀이 존재한다는 증거가 과연 있을까? 블랙홀은 강한 중력장을 가지고 있어 주변에서 나오는 광자의 에너지는 낮은 쪽으로 이동한다. 중력 적색이동이다(1.3.1절 참조). 다나카 야스오田中靖郎 연구진이 '아스카'를 사용하여 활동은하핵에서 나오는 철의 특성 X선을 관측한 결과, 낮은 에너지 쪽으로 치우친 폭넓은 휘선을 검출했다. 그림 2.30은 '스자쿠'가 포착한 Ⅰ형 시퍼트 은하 MCG−6−30−15의 철 휘선이다. 철 휘선은 모양이 비대칭이며, 동시에 낮은 에너지 쪽으로 끝자락을 길게 끌고 있다. 이 끝자락은 중력 적색이동으로 생성된 것인지도 모른다. 만약 그렇다면 그 끝자락 위치로 강착원반이 어느 정도까지 블랙홀 근처에 다가오고 있는지 알 수 있다. 또 이 강착원반의 내연 반지름과 블랙홀 회전의 밀접한 관계도 알 수 있다(2.5.4절 참조).

2.6.6 복사 메커니즘

활동은하핵의 고에너지 영역에서 연속 복사 성분의 물리 과정으로는 다음 세 가지를 중요하게 생각할 수 있다.

(1) 고에너지 전자의 제동복사(핵자와 전자의 상호작용).

(2) 고에너지 전자와 자기장의 상호작용에 따른 싱크로트론 복사(자기장과 전자의 상호작용).

(3) 저에너지 광자가 고에너지 전자와 역콤프턴 산란한 복사(광자와 전자의 상호작용).

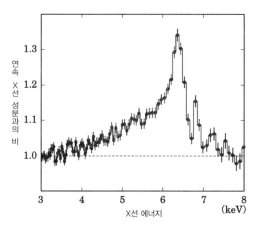

그림 2.30 '스자쿠'로 관측한 Ⅰ형 시퍼트 은하 MCG-6-30-15의 철 휘선(Miniut1ti *et al.* 2007, *PASJ*, 59, S315에서 전재).

전자파가 약한 활동은하핵의 경우 (3)의 복사가 X선 영역에서 주가 된다. 저에너지 광자가 여러 차례 역콤프턴 산란을 함으로써 X선 광자가 된다. 에너지가 $\gamma m_e c^2$인 전자에 저에너지 광자가 한 번 산란한 경우 광자로 옮겨가는 평균 에너지는 약 γ^2배이다. 여기서 $m_e c^2$은 전자의 정지질량 에너지, γ는 로렌츠 인자[28]이다. 열적인 분포를 보이는 고에너지 전자가 블랙홀 근처에 존재한다고 가정하자. 저에너지 광자가 이 전자와 역콤프턴 산란하는 경우, 산란 후에 나오는 복사는 전자 온도와 산란 횟수의 곱으로 정해진다. 그 결과, 복사 스펙트럼은 전자 온도에서 휘어짐을 나타내는 멱함수가 된다. 이 예는 관측 결과를 제대로 설명한다.

---

28 광속(c)에 가까운 속도(v)의 운동체와 관련한 시간과 공간의 상대론적 변환인자이다. $\beta = v/c$로 하면 $\gamma = 1/\sqrt{1-\beta^2}$이다. 이 책에서는 매크로 물체에는 Γ, 전자나 양자 같은 미크로 입자에는 γ를 사용한다.

2.7 활동은하핵과 X선 배경복사

우주 근처의 은하 중심에는 대질량 블랙홀이 보편적으로 존재하며 그 질량은 벌지의 질량 또는 광도와 밀접하게 관련되어 있다. 이 사실은 과거에 블랙홀 생성과 별탄생이 밀접하게 관련하여 일어났음을 강하게 보여준다. 대질량 블랙홀이 어떻게 생성되었는지 밝혀내는 것은 은하 생성의 전체상을 이해하는 데 결코 빠뜨릴 수 없는, 현대 천문학에 주어진 주요 과제 가운데 하나이다.

2.7.1 활동은하핵의 우주론적 의의

활동은하핵(AGN)이란 은하중심 블랙홀로의 강착현상이며, 그 광도에 질량강착률이 반영되어 있다. 질량강착 결과 블랙홀 질량이 증가한다. 활동은하핵의 수가 적색이동 매개변수(z)[29]와 함께 어떻게 변화했는지를 밝히는 것은 질량강착에 따른 대질량 블랙홀의 성장 역사를 알 수 있는 좋은 방법이다.

활동은하핵은 강한 X선원이며, 경X선 관측은 먼지나 가스에 매몰된 활동은하핵도 찾아낼 수 있는 매우 강력한 수단이다(2.6절). 우주에 존재하는 모든 활동은하핵에서의 X선 복사의 총합은, 다음 절에서 설명할 X선 배경복사(X-Ray Background 또는 Cosmic X-Ray Background)로 관측된다. X선 배경복사의 기원을 이해하는 것은 활동은하핵의 우주론적 진화를 이해하는 것과 같다.

---

29 광파장의 적색이동 비율을 나타내며, 적색이동 z의 천체 관측은 우주가 현재 크기의 $1/(1+z)$이었을 무렵의 천체를 보고 있는 것에 해당한다.

2.7.2 X선 배경복사

X선 천문학이라는 학문을 연 자코니R. Giacconi 연구진은 1962년 로켓 실험으로 X선에서 하늘이 거의 고르게 빛나고 있음을 발견했다. 이것을 X선 배경복사라고 한다. X선 배경복사의 세기는 매우 커서 우주 전체에서의 총 복사 세기는 우리은하 천체에서의 X선 세기 총합의 열 배나 된다. 2 keV 이상에서 본 X선 배경복사의 세기분포는 은하면 부근을 제외하고 고르다. 이 등방성은 X선 배경복사가 외부은하의 기원임을 의미한다.[30]

마셜F. Marshall 연구진은 X선 위성 'HEAO-1'을 이용하여 X선 배경복사의 스펙트럼 형태를 3~100 keV 범위에서 정밀하게 측정했는데, 그 형태가 광학적으로 얇은 40 keV 플라스마에서의 열적 제동복사와 똑같다는 것을 발견했다. 이 때문에 우주를 고르게 채우고 있는 온도 40 keV의 플라스마를 X선 배경복사의 기원이라는 설이 제안되기도 했다. HEAO-1의 관측 결과를 그림 2.31에 나타냈다.

하지만 매더J. C. Mather 연구진은 우주 배경복사 관측위성 COBE를 이용하여 우주 마이크로파 배경복사[31]를 정밀 측정한 결과, 그 스펙트럼이 2.7 K의 흑체복사와 일치한다는 것을 밝혀냈다. 만약 X선 배경복사가 고온 플라스마에 따른 것이라면 플라스마 중의 고속 전자에 따른 역콤프턴 산란으로 우주 마이크로파 배경복사의 흑체복사 스펙트럼이 일그러질 게 틀림없다(수니야에프-젤드비치 효과Sunyaev-Zeldovich effect라고 한다). 이렇게 해서 고온 플라스마설은 부정되었고, X선 배경복사는 각 X선원들이 겹쳐지면서 발생한다는 설이 유력해졌다.

---

30 2 keV이하가 되면 이 등방적인 성분에 더해, 우리은하에 존재하는 고온 플라스마에서의 복사 영향을 무시할 수 없게 된다.

31 우주배경복사라고도 한다. 3 K(정확히는 2.7 K)의 흑체복사 스펙트럼을 가지므로 3 K(2.7 K) 복사라고도 한다.

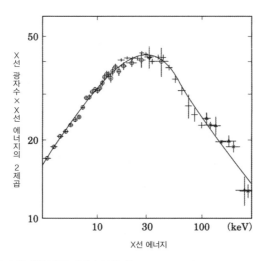

그림 2.31 X선 배경복사의 에너지 스펙트럼(Gruber *et al.* 1999, *ApJ*, 520, 124에서 전재).

그림 2.32는 각각 미국의 찬드라와 유럽의 **XMM−Newton**이 촬영한
것이다. 허블 디프 필드Hubble Deep Field 북쪽과 록맨홀Lockman Hole 영역
의 X선 화상이다. 여기에서는 X선 배경복사 대부분이 각각의 X선원으로
분해되어 보인다. 현존하는 것 중에 가장 깊은 X선 광역 탐사관측으로, 검
출된 X선원(그 대부분은 활동은하핵)의 공간 개수밀도는 $\approx 7200\mathrm{deg}^{-2}$에 이
른다.

2.7.3 외부은하 X선 광역탐사의 역사

X선 배경복사의 기원을 해명하고, 이를 구성하는 X선원의 우주론적 진화
를 알려면 먼저 드넓은 하늘을 X선으로 관측한다. 이어서 X선 배경복사
를 개개 X선원의 복사에 공간적으로 분해하고, 그 X선원 하나하나를 가
시광 등으로 추가 관측하여 그 성질(종족이나 적색이동)을 결정한다. X선
세기에 대해, 그보다 밝은 천체의 표면 개수밀도를 두 로그로 표시한 관계

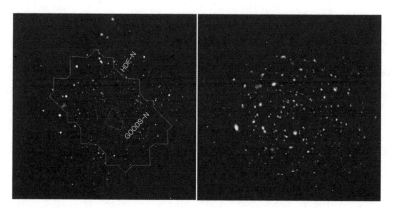

그림 2.32 (왼쪽) 허블 디프 필드 북쪽 영역을 찬드라가 촬영한 X선 화상, (오른쪽) 록맨홀 영역을 XMM-Newton이 촬영한 X선 화상(화보 3 참조, Brandt & Hasinger 2005, *Ann. Rev. Astr. Ap.*, 43, 827에서 전재).

를 $\log N - \log S$ 관계('수의 세기')라고 한다. 검출감도가 높아질수록 표면 밀도가 더 큰 어두운 X선원까지 검출할 수 있게 되어 X선 배경복사의 세기 중 개개 X선원의 합으로 설명할 수 있는 비율(분해된 비율)이 높아진다.

주로 기술적인 이유로 X선 광역탐사는 연X선에서 먼저 큰 진전을 보였다. 자코니 연구진은 미국의 '아인슈타인'을, 하징거G. Hasinger 연구진은 독일의 ROSAT를 이용하여 연X선 대역(3 keV 이하)에서 심층적인 관측으로 연X선 배경복사의 각각 35 %, 80 % 가까이 개개 X선원으로 분해했다. 슈미트M. Schmidt 연구진은 록맨홀 영역에서 발견한 연X선원을 광학 동정한 결과, 대부분이 I형 활동은하핵이라는 것을 밝혀냈다. 밝은 X선원에서는 은하계의 별이나 은하단의 기여도 무시할 수 없다.

이러한 연X선만으로 X선 배경복사의 수수께끼가 풀린 것은 아니다. 그림 2.31에 나타낸 것처럼 X선 배경복사의 스펙트럼 에너지 분포는 대체로 30 keV에서 최고 세기를 나타냈으며, 2 keV 이상 경X선 대역에서의 복사(경X선 배경복사)가 그 대부분의 에너지를 차지하고 있다. 2~10 keV 범위에서의 단위 에너지당 광자 수는 지수 1.4 (식 2.15)의 멱함수로 근사된다. 한편, X선 위성 EXOSAT와 '깅가' 등의 밝은 I형 활동은하핵 관측에서는 2~10 keV 대역에서의 X선 스펙트럼은 X선 배경복사보다 훨씬 유연해 광자지수가 1.7~2.0 정도임을 알게 되었다. 즉 이 종족이 추가되면서 X선 배경복사의 주요 성분인 경X선 배경복사의 기원을 설명하는 것이 불가능해졌다. 이를 스펙트럼 패러독스라고 한다. X선 배경복사를 재현하려면 I형 활동은하핵보다 더 경직된 스펙트럼을 보이는 X선원이 필요하다.

아와키 히사미쯔粟木久光 연구진은 '깅가'를 이용하여 근처 II형 시퍼트 은하에서 흡수를 크게 받는 X선 스펙트럼을 검출하여 II형 활동은하핵이 X선 배경복사에 기여할 수도 있음을 보여주었다. 코마스트리A. Comastri 연구진의 모형 계산에 따르면, X선 배경복사의 스펙트럼을 설명하려면 지금까지 알려진 I형 활동은하핵보다 더 많은 II형 활동은하핵이 반드시 존재해야 한다.

흡수를 받는 X선원을 검출하기 위해 경X선 대에서 좀 더 감도 높은 관측이 필요하다. 아스카는 다중박판형 X선 반사경을 장착해 2~10 keV의 에너지 범위에서 촬영 능력을 갖춘 세계 최초의 X선 천문위성으로, 이전의 X선 위성 HEAO-1보다 세 자릿수가 높은 검출 감도를 가졌다. 우에다 요시히로上田佳宏 연구진은 아스카를 이용하여 2 keV 이상의 대역을 촬영 관측함으로써 그 30 %를 X선원으로 분해하는 데 성공했으며, 동시에 X선 배경복사의 주요 구성요소로 생각되는 경직된 X선 스펙트럼을 보이는 종족을 발견했다. 아키야마 마사유키秋山正幸 연구진은 광학관측에서 그 종족이 주로 근처 우주에 존재하는 II형 활동은하핵임을 밝혀냈다.

그 후 찬드라, XMM-Newton은 아스카보다 두 자릿수를 웃도는 감도로 관측하여 아스카로는 분해하지 못했던 나머지 경X선 배경복사(2~6 keV)에서도 그 대부분을 개개 X선원으로 분해하는 데 성공했다. 일부 X선원은 가시광에서 매우 어두워 광학 동정에 어려움을 겪었지만, 본질적으로 X선 배경복사는 흡수를 받지 않는 활동은하핵(I형 활동은하핵)과 흡수를 받는 활동은하핵(II형 활동은하핵)으로 구성되어 있음을 확인했다.

2.7.4 활동은하핵의 우주론적 진화

활동은하핵의 우주론적 진화를 설명할 때 가장 기본적인 관측량은 광도함수, 즉 활동은하핵의 공간 개수밀도를 광도 및 적색이동(z)의 함수로 나타낸 양이다. 우에다 연구진은 아스카, HEAO-1, 찬드라의 경X선에서 검출된 활동은하핵의 경X선 광도함수의 우주론적 진화를 정량적으로 처음 이끌어냈다. 그림 2.34는 I형과 II형을 포함한 활동은하핵의 공간 개수밀도를 서로 다른 세 가지 광도 범위에서 적색이동 매개변수(z)의 함수로 보여준다.

현재에서 과거로 시대를 거슬러 올라가면, 활동은하핵의 개수밀도는 거의 $(1+z)^4$에 비례하여 증가하는데, 어느 적색이동에서 한계에 다다른다. 대광도 활동은하핵(2~10 keV을 X선 광도로 하면 $L_X > 10^{37.5}$ W)에서는 $z \approx 2$에서 최댓값에 이르지만, 중광도의 활동은하핵($L_X = 10^{36} \sim 10^{37.5}$ W)에서는 $z \approx 0.7$에서 최대가 되어 광도가 약할수록 최댓값 적색이동이 낮다는 것을 알 수 있다. 하이징거 연구진은 ROSAT, 찬드라, XMM-Newton으로 연X선(0.5~2 keV) 광역탐사 결과를 이용하여 I형 활동은하핵만의 X선 광도함수를 $z \leq 5$ 범위에서 도출함으로써 이것 역시 광도에 의존하여 진화한다는 사실을 확인했다.

일반적으로 X선 광도는 블랙홀 질량을 반영하므로, 위의 결과는 우주 역사에서 대질량 블랙홀일수록 일찍 형성되었고, 소질량 블랙홀일수록 그 후에 형성되었음을 시사한다. 이러한 경향을 다운 사이징(downsizing, 또는 반계층적 진화)이라고 한다. 한편, 우주구조 형성론에서는 먼저 작은 천체

우리는 X선의 강한 투과력을 이용하여 인체 내부를 여러 방향에서 X선 사진을 찍는데, 예를 들어 암세포의 유무나 크기, 형태 등을 진단한다(X선 단층 촬영tomography). 실제로 활동은하핵 하나를 여러 방향에서 X선 관측을 하는 것은 불가능하지만 다행히 우리는 여러 방향에서 많은 활동은하핵들을 볼 수 있다. 따라서 이 활동은하핵들을 계통적으로 관측하면 활동은하핵 하나를 여러 방향에서 관측하는 것과 같은 가치를 지닌다. 즉 가스구름이나 은하 본체에 숨겨진 활동은하핵(블랙홀)의 본모습을 찾는 데 X선 단층 촬영을 응용할 수 있다는 것이다. 그 X선 진단 결과, I형과 II형 시퍼트 은하는 다음 그림과 같은 통일적인 구조를 가지고 있음을 알게 되었다.

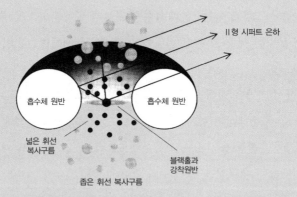

그림 2.32 활동은하핵의 중심 부분과 그 주변 구조. I형과 II형의 시퍼트 은하는 이 활동은하핵을 보는 방향에 따른 차이로 생각된다. 위에서 본 경우는 I형, 원반 너머로 본 경우가 II형이다.

X선 복사 영역은 태양계 정도의 크기이지만, 아주 강한 복사로 주변이 이온화한 광이온 영역과 휘선 복사구름이 만들어진다. 그리고 그 주변에는 강착원반이라는, 저온에 광학적으로 두꺼운 물질이 분포되어 있다. 그 은하핵 중심 부분을 위에서, 또는 원반torus 너머로 관측한다고 생각하면 I형과 II형 시퍼트 은하 각각의 관측적 특징을 잘 설명할 수 있다. 이 그림은 퀘이사 등으로도 보편화할 수 있어 I형과 II형 활동은하핵을 통일 모형의 그림으로 나타낼 수 있다. X선 단층 촬영의 위력일 것이다.

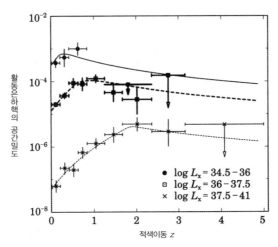

그림 2.34 활동은하핵 공간 개수밀도의 적색이동 매개변수 (z) 의존성. 위에서부터 저광도 활동은하핵, 중광도 활동은하핵, 대광도 활동은하핵(각각 그림에 나타낸 경X선 광도 범위로 적분한 것. X선 광도는 흡수 보정됨). 그림의 X선 광도 L_X의 단위는 W(와트)(Ueda *et al.* 2003, *ApJ*, 598, 886에서 전재).

가 만들어지고, 작은 천체들이 합체함으로써 서서히 큰 천체가 만들어진다는 '버텀업Bottom-up'설이 주류를 이룬다. 활동은하핵의 진화는 블랙홀의 성장에서 볼 때 이 시나리오와는 거꾸로 보일 수도 있음을 의미한다. 이와 비슷한 결과가 은하 형성에서도 보고되고 있다. 별과 블랙홀의 공동 진화 관점에서 다운사이징을 해명하는 것은 현대 천문학에 남겨진 큰 과제이다.

우에다 연구진은 I형 활동은하핵과 II형 활동은하핵의 존재비를 광도함수로 정량화했는데, 흡수된 활동은하핵(II형 활동은하핵)의 비율은 광도가 커질수록 줄어든다는 것을 발견했다. 이것은 원반 형상이 활동은하핵 광도에 의존한다는 것을 시사하며, 단순한 활동은하핵 통일 모형(칼럼 「X선 단층 촬영으로 블랙홀을 진단하다」)에 수정이 필요하다는 것을 의미한다.

흡수량 분포와 경X선 광도함수를 조합함으로써 X선 배경복사의 스펙트럼 형태를 재현할 수 있어 그 기원의 대부분은 정량적인 설명이 붙는다.

광도로 나누면 $L_X \approx 10^{37}$ W 정도의 활동은하핵이, 적색이동으로 나누면 $z \approx 0.6$ 정도의 활동은하핵이 2~10 keV의 X선 배경복사에 가장 많이 기여하고 있음을 알게 되었다. 10 keV 이상의 X선 배경복사는 '두꺼운 콤프턴(2.6.2절)'인 수소 기둥밀도가 10^{28} m^{-2}이 넘는 흡수를 받는 활동은하핵이 기여할 것이다. 이와 같은 활동은하핵의 존재량을 알려면 앞으로 10 keV 이상에서의 고감도 관측을 기다려야 할 것 같다.

2.7.5 대질량 블랙홀의 성장사

활동은하핵의 볼로메트릭bolometric 광도(전체 파장으로 적분한 광도) L_{bol}은 복사효율 η를 통해 질량강착률 $\dot{M}$과

$$L_{bol} = \eta \dot{M} c^2 \qquad (2.20)$$

의 관계를 맺는다. 슈바르츠실트 블랙홀 주변의 표준강착원반의 경우 $\eta \approx 0.1$이다(2.2.3절). 질량강착률은 블랙홀의 질량 증가율을 나타낸다. 따라서 광도함수를 이용하여 단위부피당 전체 활동은하핵의 광도(광도밀도)를 계산할 수 있으면 블랙홀 질량밀도의 증가율을 알 수 있으며, 이것을 시간 적분함으로써 블랙홀 질량밀도를 적색이동의 함수로 얻을 수 있다(블랙홀 성장곡선).

강착질량 전체로 볼 때 수많은 II형 활동은하핵의 기여가 가장 크기 때문에 우주에서의 강착 역사를 바르게 이해하려면 II형 활동은하핵까지 포함한 광도함수를 이용하는 것이 본질적이다. 그림 2.35는 위의 경X선 광도함수를 이용해서 얻은 블랙홀 성장곡선이다($\eta = 0.1$로 가정). 낮은 적색이동으로 어두운 II형 활동은하핵이 많이 존재하므로 밝은 활동은하핵의 수가 급격하게 줄어드는 $z < 1.5$에서도 블랙홀 질량밀도가 계속 증가하는 모

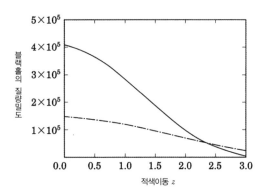

그림 2.35 대질량 블랙홀의 성장곡선(적색이동의 함수로 블랙홀 질량밀도를 나타낸 것). 실선: 경X선 광도함수(Ⅰ형 활동은하핵+Ⅱ형 활동은하핵)로 계산한 결과. 일점쇄선: 가시광역 탐사관측에 따라 Ⅰ형 활동은하핵만의 기여를 고려한 경우(Shankar *et al.* 2004, *MNRAS*, 354, 1020에서 전재).

습을 보인다.

　블랙홀 질량과 벌지 광도의 상관관계를 이용함으로써 근처 은하의 수를 다룬 통계에서 블랙홀 질량밀도를 구할 수 있다. 샹카르F. Shankar 연구진이 대략적으로 계산한 바에 따르면 그 값은 $(4.2 \pm 1.1) \times 10^5\,M_\odot \mathrm{Mpc}^{-3}$이다. 위의 블랙홀 성장곡선에서 얻은 값이 이 값과 거의 맞아떨어진다. 게다가 좀 더 자세하게 계산하면 블랙홀의 질량분포 형태까지 잘 설명할 수 있음을 알게 되었다. 이 사실들은 평균적으로 표준강착원반의 가정이 타당하며, 은하 중심의 대질량 블랙홀이 질량강착에 따라 성장해 왔음을 강력하게 뒷받침한다. 질량강착의 역사는 X선으로 추적하고 있다.

제**3**장
고밀도 천체에서의 질량 방출

3.1 우주 제트

블랙홀이 대표인 고밀도 천체는 물질을 흡입하고 반짝이기만 하는 것은 아니다. 의외로 고속 제트기류를 분출하기도 한다(Outflow). 전파에서 가시광, 또 X선에까지 이르는 관측기기의 진보에 따라 그 정체를 더욱 분명하게 드러내는 것이 있는데, 우주 제트(천체물리학 제트, Astrophysical Jets)라 불리는 천체 현상이다.

3.1.1 우주 제트란

'우주 제트'란 중심천체계에서 쌍방향으로 분출되는 조밀하게 응축된 플라스마의 분출류Outflow이다(그림 3.1). 그 중심에는 원시별, 백색왜성, 중성자별이나 블랙홀처럼 중력을 미치는 천체가 존재하며, 중심천체 주변에는 가스로 만들어진 강착원반이 소용돌이치는 것으로 추측된다.

우주 제트 천체로는 성간 분자구름 깊숙한 곳에서 막 만들어진 원시별에서 쌍방향으로 분출하는 십수 kms^{-1} 속도의 차가운 분자가스류 '원시별 제트', X선 쌍성 가운데 블랙홀 근처에서 분출하여 상대론적 속도로 성간 을 관통하는 '은하 제트', 그리고 100만 광년이라는 긴 시간에 걸쳐 은하 사이의 허공으로 뻗어가는 '활동은하 제트' 등이 알려져 있다(그림 3.2, 표 3.1).

우주 제트는 퀘이사나 전파은하와 같은 활동은하에서 처음 발견되었다. 상당히 오래전인 1918년, 릭천문대의 커티스H. D. Curtis가 처녀자리 은하단 중심에 있는 거대 타원은하 M 87을 발견했다. 제2차 세계대전 후에 전파간섭계가 발명되었고, 1950년대에 '전파 로브(이중 전파원)'가 발견되었다. 그 후 대형 전파간섭계 VLA가 가동되기 시작한 1970년대 말부터 전파은하의 중심과 전파 로브를 잇는 은하간 공간에서 촘촘한 다리 '전파빔

표 3.1 우주 제트의 종류.

물리량	활동은하 제트	계내 제트	원시별 제트
모천체	활동은하핵	근접쌍성계	원시별
중심천체	대질량 블랙홀	밀집천체	원시별
크기	수 광년~수백만 광년	수 광년	수 광년
주속도	상대론적($>0.1c$)	상대론적($>0.1c$)	수십~수백 Kms^{-1}
성분	보통 플라스마	보통 플라스마	보통 가스
	전자·양전자 플라스마	전자·양전자 플라스마	
예	퀘이사 3C 273	특이별 SS 433	분자류 L1551
	전파은하 M 87	GRS 1915+105	HH30
	전파은하 백조자리 A	GRO J11655−40	황소자리 T형 별

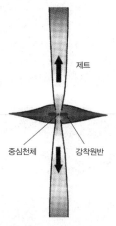

그림 3.1 우주 제트 모식도. 중심에는 중력을 가하는 천체가 존재하고, 그 주변에서 강착원반이 소용돌이치고 있다. 우주 제트는 강착원반의 원반면에 수직 방향으로 분출한다.

(제트)'이 잇따라 발견되면서, 100만 광년이라는 오랜 시간에 걸친 '활동은하 제트AGN Jets'가 전체 모습을 드러내기에 이르렀다.

우리은하에서는 전파관측으로 전갈자리 X−1이나 물병자리 R별 등에서 제트를 발견하기도 했지만(1970년경), 1978년에 마곤B. Margon 연구진

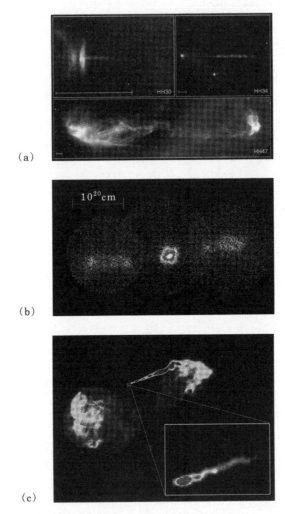

그림 3.2 (a) 허블 우주망원경으로 촬영한 가시광에서 본 원시별 제트(http://hubblesite.org/gallery/), (b) 아스카가 촬영한 특이별 SS 433의 상대론적 제트(http://www–cr.scphys.kyoto–u.ac.jp/), (c) 전 파간섭계로 본 거대 타원은하 M87의 제트, 중심부는 하루카 위성에서 보내온 것이다(http://www.oal. ul.pt/oobservatorio/vol5/n9/M87–VLAd.jpg)(화보 4 참조).

이 발견한 SS 433을 상세히 분석함으로써 관측적 · 물리적인 이해가 빠르게 이루어졌다. SS 433은 보통 항성과 고밀도 천체로 이루어진 근접쌍성계로, 제트는 강착원반에서 분출되는데 그 속도는 광속의 26 %나 된다.

그 후 은하계 중심의 X선원이나 그 밖의 내부 블랙홀 천체에서도 제트가 발견되었다(미세 퀘이사Microquasar, 3.1.4절). 격변성이나 초연X선원처럼 백색왜성을 포함하는 근접쌍성계에서도 $3000 \ kms^{-1}$에서 $5000 \quad kms^{-1}$ (백색왜성의 탈출속도 정도) 속도의 제트가 발견되고 있다. 우리은하의 고밀도별을 포함하여 근접쌍성계에서 분출되는 제트를 '은하 제트Galactic Jets' 라고 한다.

한편, 스넬R. L. Snell 연구진은 황소자리 분자구름 중에서 쌍극류 천체 L 1551을 발견했다. 이 L 1551 원시별 제트의 근원에는 원시별로 생각되는 적외선원 IRS 5가 존재한다. '원시별 제트Protostellar Jets'는 원시별(의 근처)에서 쌍방향으로 유출되는 고속의 가스 흐름이다. 원시별 제트는 그 후 밀리파 CO 스펙트럼 관측으로 잇따라 발견되었다. 상세하게 관측된 물리량도 널리 알려진 은하 제트의 예를 표 3.2에 정리해 놓았다.

끝으로, 감마선 폭발은 핵실험 탐지위성 VELA가 1960년대에 발견했다. 1991년 궤도에 투입한 감마선 관측위성 CGRO(Compton Gamma-Ray Observatory)가 상세한 연구를 시작했는데, 1997년에 이르러 X선, 가시광이나 전파 영역에서 잔광을 동반한다는 것을 발견했다. 이 감마선 폭발 현상은 어떤 이유에서 고온의 플라스마가 제트 모양으로 분출하는 것이라고 추측한다.

3.1.2 우주 제트의 특징

천체의 다양한 계층에 존재하는 우주 제트 천체는 다채롭게 펼쳐져 있으며 공통된 특징들도 많다. SS 433 제트에서 수소가스나 다른 원소의 스펙

표 3.2 계내 제트 천체.

이름	거리[kpc]	광도[w]	속도	특징	중심+
Sco X−1	0.5	10^{30}		전파 제트	NS
Cir X−1	6.5	10^{31}		전파 제트	NS
Cyg X−3	8.5	10^{30}	$0.3c^{++}$		?
SS 433	4.85	10^{32-33}	$0.26c$	세차 제트	BH
IE 1740.7−2942	8.5	3×10^{30}	$0.27c$?	$e^{\pm}$제트?	BH
GRS 1915+105	12.5	3×10^{31}	$0.92c$	초광속 현상	BH
GRO J1655−40	4	10^{30-31}	$0.92c$	초광속 현상	BH
GRS 1758−258	8.5	2×10^{30}			?
RX J0513.9−6951	50	10^{31}	3800 km^{-1}	초연X선원	WD
RX J0019.8+2156	2	10^{30}	815 km^{-1}	초연X선원	WD

(柴田 외 『活動する宇宙』에서 전재)
+ NS: 중성자별, BH: 블랙홀, WD: 백색왜성   ++ c는 광속

트럼선이 관측되는 것으로 보아 제트 자체는 전자와 양성자(이온)로 이루어진 보통의 플라스마 가스임에 틀림없다. 미세 퀘이사 등 다른 은하 제트나 활동은하 제트가 보통의 플라스마 가스인지, 전자와 그 반입자인 양전자로 이루어진 전자·양전자 플라스마인지는 아직 잘 모른다. 퀘이사 3C 279나 3C 345에서는 전자·양전자 플라스마가 우세한 것으로 생각된다.

원시별 등 보통의 항성에서 분출되는 제트는 수십 kms^{-1}에서 수백 kms^{-1} 정도의 저속이지만, 고밀도 천체에서의 제트는 모두 고속이다. 예를 들어 중심천체가 백색왜성인 초연X선원에서는 제트 속도가 수천 kms^{-1}이며, 이는 백색왜성의 탈출속도에 버금간다.

중심천체가 블랙홀로 생각되는 미세 퀘이사 중에서 SS 433 제트의 속도는 광속의 26 %(로렌츠 인자 Γ로 1.04)로 상대론적으로 중간 정도이다. 미세 퀘이사 GRS 1915+105나 GRO J1655−40에서는 제트 속도가 광속의 92 %($\Gamma = 2.55$)나 되어 상당히 상대론적인 영역이다.

활동은하 등의 제트는 강한 흡수선이 존재하는 BAL 퀘이사[1](3.3.2절)에서는 광속의 10 % 정도로 비교적 저속이지만, 그 밖의 많은 경우에 전파 관측에 따른 통계적 특성에서 종종 광속의 99 %($\Gamma \sim 10$) 정도가 추정되어 초상대론적이다. 감마선 폭발에 이르러서는 광속의 99.99 %($\Gamma \sim 100$) 정도로 추측되어 극도로 초상대론적이라 할 수 있다.

제트 가스의 분출 방식에 대해서는 항상 정상적으로 가스를 뿜어내는 것, 규칙적 · 주기적으로 가스 덩어리를 뿜어내는 것, 폭발적 · 간헐적으로 가스를 뿜어내는 것 등, 여러 형태가 있다.

관측적인 사실에서, 자잘한 것은 제외하고 제트의 가속과 수렴 구조 그리고 에너지원에 대해 몇 가지 제약이 따른다.

(1) **가속 구조** : 우주 제트의 분출 속도는 광속에 가까운 것이 적지 않다. 어떻게 고속으로 플라스마 가스를 가속할 수 있는지, 제트를 움직이게 하는 메커니즘이 가장 큰 수수께끼이다.

(2) **수렴 문제** : 우주 제트에서 또 한 가지 중요한 문제는 가늘고 기다란 모양에 있다. 우주 제트는 극도로 응축되어 있어 호스로 물을 뿌리면 길이 10 km의 물줄기 끝에서 10 m에서 100 m 정도밖에 퍼지지 않는다는 계산이 나온다. 어떻게 하면 그런 일이 가능할까. 제트의 수렴을 어떻게 설명해야 할지에 대해서는 이론 모형이 필요하다.

(3) **에너지원** : 우주 제트의 에너지원에 중력에너지가 관여하고 있다는 것은 확실하다. 즉 우주 제트 중심에는 중력 천체가 존재하며, 그 천체가 주변 영역에서 가스를 공급받아 중력에너지를 방출하는 동시에 열에너지,

---

[1] Broad Absorption Line Quasar. N V, C IV 등 폭이 넓으면서 크게 적색이동한 고이온 원자의 흡수선을 볼 수 있다. 고속(약 0.1c)으로 분출하는 가스 흐름에서 본체(퀘이사)를 관측한다.

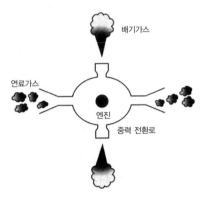

그림 3.3 우주 제트 중심의 중력에너지 전환로.

복사에너지, 또는 전자기에너지 등으로 전환된다. 그리고 그 일부를 배기가스＝제트로 외부에 방출하는데, 말하자면 중력에너지 전환로轉換爐 역할을 하는 셈이다(그림 3.3).

3.1.3 우주 제트의 의의

우주 제트는 그 존재 자체가 불가사의하며 흥미있는 천체 현상으로 볼 수 있지만 우주적으로는 어떤 의미가 있을까. 먼저, 우주 제트를 움직이는 동력으로 생각되는 강착원반은 주위 환경에서 낮은 엔트로피 가스를 흡수하고, 강착원반 내부에서 가스의 중력에너지를 변환 처리하여 높은 엔트로피 열이나 복사로 외부에 버린다. 강착원반 중심이 블랙홀인 경우, 가스는 최종적으로 블랙홀로 빨려들어가 본디 지니고 있던 정보의 대부분을 잃고 만다(질량과 각운동량만 남는다). 이 같은 상황에서 우주 제트는 유일하게 많은 정보를 가진 가스로 주위 환경에 되돌아오는 실체이다. 더구나 원소 조성이나 자기장 등의 정보뿐만 아니라 제트의 모양이나 크기 등 여러 가지 정보를 지닌다.

강착원반에서는 파장이 다양한 전자기파가 복사되고 그 스펙트럼도 엄청난 정보를 지니고 있지만, 실체를 지닌 제트는 직접적인 영향이 크다. 실제로 활동은하 제트는 수백만 광년에 걸친 은하공간에 퍼져 있어 은하와 은하 사이의 허공에 큰 영향을 미치고 있다. SS 433 제트는 주위의 초신성 잔해 W 50의 모양을 바꿀 만큼의 영향력이 있다〔그림 3.2 (b)〕. 또 원시별 주변에서는 원시별 제트가 성간 분자구름 구조와 진화에 커다란 영향을 미치고 있다. 우주 제트가 우주 환경에 미치는 영향은 아직 충분히 연구되지는 않았지만 예상을 크게 뛰어넘을 수도 있다.

상대론적 천체 현상으로서의 우주 제트의 중요성도 지적해 두고 싶다. 다음 장에서 설명하겠지만 중심천체가 고밀도 천체인 경우, 고속의 우주 제트를 형성하는 것은 그리 어렵지 않다. 그러나 광속의 99.99 %인 초고속 우주 제트를 만들어내는 방법은 아직도 전혀 알 수 없다. 그 수수께끼를 풀려면 우주 유체역학, 우주 전자기유체역학, 우주 복사유체역학 등을 충분히 이용해야 할 것이다.

3.1.4 미세 퀘이사

SS 433은 약 $2° \times 1°$로 동서에 두 잎사귀 모양으로 펼쳐진 전파초신성 잔해 W 50의 중심천체이다. 마곤 연구진은 SS 433의 Hα선 양쪽에 있는 미확인 휘선의 위치가 날마다 바뀌는 것을 발견했다. 그 위치는 164일 주기로 원래대로 돌아온다. 이 Hα선들을 방출하는 가스가 SS 433에서 쌍방향으로 광속의 26 %인 속도에 제트 모양으로 튀어나와 도플러 효과로 한쪽 제트는 장파장 쪽으로, 다른 한쪽은 단파장 쪽으로 기울어진다. 이 제트들의 방향은 164일 주기로 운동하고 있다. 이렇게 생각하면 모두 훌륭하게 설명할 수 있다. SS 433은 최초로 발견된 우리은하 내부의 상대론적인 제트이다.

아스카로 본 SS 433의 X선 제트를 그림 3.2(b)에 나타냈다. 중심의

SS 433에서 좌우로 튀어나온 제트가 약 50파섹(pc)에 이르는 공간까지 내달림으로써 초고온으로 뜨거워진 궤적을 X선 복사로 볼 수 있다. 그 운동에너지는 태양 전체 복사에너지의 10^7배 이상에 이른다(10^{34} W). 중심천체가 블랙홀인지 중성자별인지는 아직 확실하지 않지만 SS 433은 발견후 13년 동안 상대론적($v > 0.1c$) 제트가 확인된 유일한 우리은하 내부의 천체였다. 따라서 예외적으로 특이한 천체로 여기기도 했다.

하지만 1990년대에 들어서면서 미러벨I. F. Mirabel 연구진은 블랙홀 쌍성 IE 1740.7−2942와 GRS 1758−258에서 전파 제트를 발견했다. 이를 계기로 X선에서 발견되었던 천체를 다른 파장(주로 전파)에서 추적 관측하게 되었고, 이에 따라 우리은하 내부 X선 쌍성에서 상대론적 제트가 발견되기에 이르렀다. 현재 열 개 이상의 우리은하 제트 천체가 확인되고 있다 (표 3.2).

활동은하핵에서 자주 관측되는 상대론적 제트가 우리은하 블랙홀 천체에도 존재한다는 사실은 태양 질량의 수 배에서 10억 배, 즉 여덟 자릿수 이상의 질량 범위에 걸쳐 공통된 물리가 작용하고 있음을 강하게 시사한다. 이 우리은하 제트 천체는 활동은하핵과의 유사성에서 퀘이사의 미니어처 판이라는 의미로 '미세 퀘이사'라고 한다. 이 독창적인 이름은 미러벨 연구진이 붙였다. 엄밀한 의미에서 블랙홀에 한정되었지만 실제로는 중성자별까지 포함해 상대론적 제트 천체의 총칭으로 사용하는 경우가 많다.

미러벨과 로드리게스L. F. Rodriguez는 X선위성 GRANAT로 발견한 돌발 X선Transient X-ray 천체 GRS 1915＋105에서 반대 방향으로 방출한 전파 블록이 퍼져가는 모습을 포착함으로써 우리은하에서의 첫 초광속운동을 검출했다(그림 3.4).

초광속운동이란 복사원이 관측자 방향을 향해 상대론적 속도로 이동할 때 광속이 유한하여 발생하는 겉보기 현상이다. 쌍대雙對 제트의 성질을

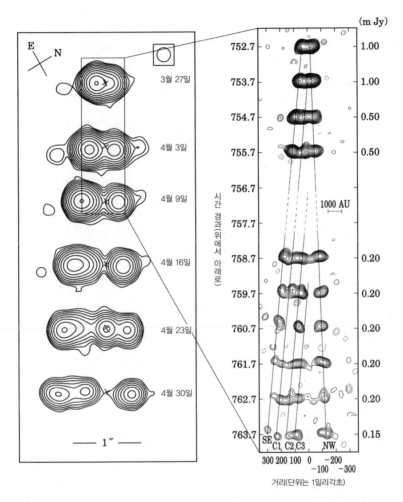

그림 **3.4** GRS 1915+105로부터의 초광속 제트, 전파의 등강도선 그림의 시간 발전((왼쪽) 1994년의 증광. (오른쪽) 1997년의 증광)(Fender & Belloni 2004, *Ann Rev. Astr. Ap.*, 42, 317에서 전재).

대칭이라고 가정하면, 이 두 제트의 속도와 광도의 비에서 제트의 진짜 속도는 $0.92c$, 예상각은 70도로 추정된다. 비슷한 초광속운동이 1997년에도 관측되었다. 그라이너J. Greiner 연구진은 적외선 대에서 동반성 운동을 관측해 쌍성 매개변수를 구했는데 주성을 $14 \pm 4\ M_\odot$의 블랙홀로 결정했다.

GRS 1915+105의 뒤를 이어 블랙홀 쌍성 GRO J1655-40, XTE J 1748-288과 XTE J1550-564에서, 또 중성자별 쌍성 컴퍼스자리 X-1에서도 초광속운동이 보고되었다. 이러한 대규모 제트와는 별개로 하드 상태(2.5.2절 참조)의 블랙홀 쌍성에는 거의 보편적으로, 광학적으로 두꺼운 초밀집 제트(10AU 정도 크기)가 함께한다는 사실도 알게 되었다.

미세 퀘이사는 질량강착과 제트 방출의 연관성을 찾을 때 이상적인 실험장을 제공한다. X선·감마선 영역에서는 강착원반의 가장 안쪽 내연부에서의 복사가, 전파·적외 영역에서는 제트에서의 싱크로트론 복사가 뛰어나 다파장 동시 관측을 통해 질량강착과 방출의 관계를 연구할 수 있다. 블랙홀 주변의 물리현상은 슈바르츠실트 반지름으로 규격화해서 논의할 수 있으며, 그 변동의 시간척도는 블랙홀 질량에 비례한다. 따라서 미세 퀘이사에서는 질량원반과 제트의 시간발전을 퀘이사보다 현실적인 시간 내에서 효율적으로 조사할 수 있다. 예를 들면 M 87 은하에서는 1000년 걸리는 현상도 미세 퀘이사에서는 몇 분이면 추적할 수 있는 셈이다.

GRS 1915+105는 가장 자세히 연구되고 있는 미세 퀘이사로, 다른 블랙홀 쌍성에서는 볼 수 없는 두드러진 특징이 있다. 이 천체는 X선에서 다양한 형태를 지닌 특이한 변광이 나타난다. 벨로니T. Belloni 연구진은 현상론적으로 이 천체가 세 가지 기본 상태 사이를 왔다 갔다 하는 것으로 이해할 수 있다고 지적했다. 이 세 가지 상태는 보통 블랙홀 쌍성의 표준적인 상태(2.5절 참조)와 반드시 대응하지는 않는다. 그림 3.5는 X선 광도곡선의 예를 나타낸다. 1분 정도의 시간척도로 반복되는 진폭의 큰 변동(진

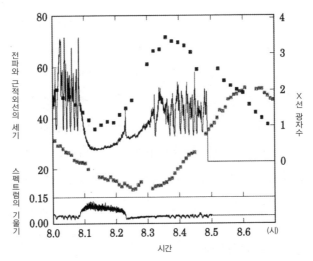

그림 **3.5** GGRS 1915+105의 전파(λ=3.6 cm; 옅은 네모), 근적외(λ=2.2 μm; 진한 네모), X선(2-60 keV; 실선) 세기의 시간변화(Mirabel *et al.* 1998, *Astr. Ap.*, 330, L9에서 전재).

동)과 이어서 세기가 떨어지는(dip) 형태를 준주기적으로 볼 수 있다. 세기 변동에 대응하여 스펙트럼도 변화하는데 딥 상태에서는 스펙트럼이 경직 된다.

　GRS 1915+105의 광도는 에딩턴 한계광도에 가까워 매우 높은 물질 강착률을 보이는 계이다. 그 결과 강착원반 내연부에서 열적 불안정이 일 어나 강착가스가 있는 장소에 머물다가 밀도가 임계점에 다다른 단계에서 한꺼번에 떨어지는 과정의 반복limit cycle이 일어나는 것으로 추정된다.[2]

　더욱 중요한 것은 원반의 상태천이가 제트 방출의 실마리가 된다는 점 이다. 그림 3.5는 전파와 근적외선의 세기곡선을 겹쳐서 보여주고 있다. X 선과 같은 주기로 증광flare이 관측된다. 전파의 최댓값이 근적외선보다 늦 게 나타나는 이유는 싱크로트론 복사를 하는 플라스마가 제트 운동과 함

---

[2] 2.2.6절에서 언급한 저온 원반의 리미트 사이클과는 다른 것으로, 표준원반과 2.2.7절의 슬림 원반 사 이의 진동이 그 원인이다.

께 퍼지므로 복사 세기가 가장 큰 파장이 점점 길어지기 때문이라고 설명하기도 한다. 미라벨 연구진은 딥에서 회복되어 X선 스펙트럼이 유연해진 순간(광도곡선 위에 스파이크가 표시되어 있다)에 플라스마 방출이 일어나는 것으로 해석한다. 또 에너지가 큰 초광도 제트를 조사해 보았더니 역시 X선 스펙트럼이 경직된 상태에서 유연한 상태로 이행하는 순간에 방출된다는 것을 알게 되었다. 이와 비슷한 경향은 다른 초광도 천체에서도 볼 수 있다. 이러한 상태천이의 메커니즘이 블랙홀에서의 상대론적 제트 생성이라는 수수께끼를 풀어줄 열쇠가 될 것이다.

3.1.5 활동은하핵에서의 제트

앞 절에서 상대론적 제트는 질량에 의존하는 것이 아니라 보편적으로 블랙홀에 딸린 현상임을 설명했다. 실제로 대질량 블랙홀을 엔진으로 하는 활동은하핵의 약 10 %는 전파에서 밝으며, 강력한 상대론적 제트를 지닌다. 조건에 따라서는 가끔씩 초광속운동이 관측되기도 한다. 어떤 메커니즘에 따라 제트 중에 충격파가 발생하면 입자 가속이 일어나 멱함수형의 에너지 분포를 지닌 비열적 입자가 생성된다. 이 고에너지 전자가 자기장과 상호작용함으로써 싱크로트론 복사가, 광자와 상호작용함으로써 역콤프턴 산란 성분이 복사된다. 제트의 운동에너지는 엄청나게 크다. 그러나 충돌 등으로 에너지가 빠져나가 사라지지 않는 한, 전자기파로 관측되는 일은 없다. 활동은하핵 제트 성분이 중입자baryon, 또는 양성자인지 전자·양전자 쌍인지 하는 기본적인 문제는 아직도 해결되지 않고 있다.

활동은하핵 제트의 속도 v는 광속 c에 매우 가까워 큰 로렌츠 인자 $\Gamma = 1/\sqrt{1-(v/c)^2}$(전형적으로는 ~10)를 가진다. 따라서 제트 내부의 현상을 이해하려면 상대론적 분사출(Relativistic beaming, 또는 도플러 분사출 Doppler beaming. 전방의 ~$1/\Gamma$ 라디안 방향으로 복사가 집중되는 효과)을 반드시 고려해야 한다(자세한 것은 3.2.2절 참조).

전파은하는 제트를 가로 방향에서 보고 있는 것으로 생각된다. 여기에서는 100 kpc라는 커다란 영역에서 제트 구조가 관측된다. 제트가 은하간 가스 밀도가 높은 장소에 충돌함으로써 전자가속이 일어나고, '노트'라는 장소가 넓은 파장에 걸쳐 밝게 빛난다. 노트에서는 전파에서부터 X선에 걸쳐 싱크로트론 복사가 나오고 있다는 설이 유력하다. 이는 전자가 10~100 TeV 에너지까지 가속된다는 것을 시사한다. 활동은하핵 제트는 끝 부분에서 열점hotspot이 되어 한층 더 밝게 빛난다. 여기에서 충격파로 가속된 입자는 로브lobe라는 플라스마 주머니에 갇히게 된다(3.2.6절). 로브에서는 전파 영역에서 싱크로트론 복사가, X선 영역에서는 마이크로파 배경 복사를 근거로 한 콤프턴 산란 성분이 관측된다.

제트를 거의 정면에서 바라보는 것으로 생각되는 천체에는 도마뱀자리 BL형 천체, 가시광격변 퀘이사, 고편광 퀘이사, 평면 스펙트럼 전파 퀘이사가 있다. 이것들을 모두 일컬어 '블레이저Blazars'라고 한다. 블레이저는 단시간의 격렬한 변동과 강한 감마선 복사가 특징이다. 제트가 매우 밝기 때문에 제트에서의 연속 성분이 다른 복사 성분(강착원반이나 가시광 휘선 영역에서의 복사)에 비해 탁월하다. 블레이저는 제트의 근원(1 pc 이하의 크기)에서 일어나는 가속현상을 연구하는 데 최적인 대상이다.

그림 3.6은 광도가 다른 전형적인 두 개의 블레이저 스펙트럼을 보여준다. 전파에서 TeV 감마선에 이르는 넓은 복사를 볼 수 있으며, 이것들은 두 개의 산처럼 나뉘어 있다. 전파에서 UV(X선)까지의 저에너지 성분은 싱크로트론 복사이며, X선에서 감마선의 고에너지 성분은 같은 고에너지 전자에 따른 콤프턴 산란 성분에 해당된다.[3] 각 산의 최고 파장은 전자의

---

3 콤프턴 성분의 종광자는 같은 장소에서 복사된 싱크로트론 광자인 경우(싱크로트론 자기 콤프턴; SSC)와 외부에서 오는 광자(예를 들어 강착원반에서 오는 산란 광자)인 경우가 있다(3.2.5절).

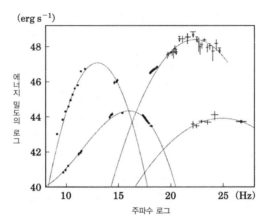

그림 3.6 블레이저 천체의 스펙트럼 에너지 분포(Kubo 1997 PhD thesis, University of Tokyo에서 전재).

최대 가속에너지를 반영하며, 복사에 따른 냉각률과 가속률의 균형으로 결정된다. 광자 밀도가 더 크면 콤프턴 산란에 따른 냉각이 효율적이기 때문에 전자의 최대 가속에너지가 억제됨으로써 산의 최댓값은 더욱 낮은 파장 쪽으로 기울어진다. 이렇게 SSC(Synchrotron-Self-Compton, 싱크로트론 자기 콤프턴)를 가정하면 관측된 스펙트럼 형태로 대략적인 제트의 물리량을 구할 수 있다(3.2절 참조).

그림 3.7은 Mkn 421의 다파장 동시 관측으로 얻은 세기곡선이다. 거의 매일 한 번씩 큰 증광과 감광을 반복한다. 또 TeV 감마선(그림에서 가장 위에 있는 점)은 통계가 선명하지 않아 보기 힘들지만, X선(그림의 위에서 두 번째, 세 번째)과 TeV 감마선 세기 변동은 대체로 상관관계에 있다. 이것은 동일한 고에너지 전자가 각각 싱크로트론 복사, 콤프턴 산란에 기여하고 있음을 반영한다. 제트 근원에서의 입자 가속 메커니즘으로는, 속도가 미묘하게 다른 플라스마가 제트 중에서 서로 충돌하여 생성되는 '내부 충격파' 모형이 유력하다. 관측 결과, 그 속도는 1 % 정도만 흩어졌을 뿐 상

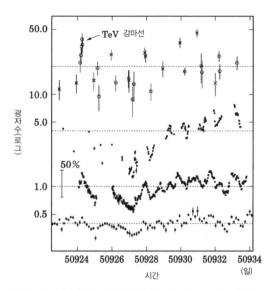

그림 **3.7** Mkn 421의 다파장 세기곡선. 위에서부터 TeV 감마선, 경X선, 연X선 및 자외선의 세기 (Takahashi *et al.* 2002, *ApJ*, 542, L105에서 전재).

당히 잘 모여 있어, 이 과정에서 흩어져 사라지는 에너지가 전체 운동에너지에서 매우 적은 양임을 알 수 있다.

3.2 제트의 동역학

이미 설명했듯이, 다양한 관측에 따라 블랙홀 쌍성이나 활동은하핵에서 상대론적 제트가 분출된다는 것을 알았다. 이 절에서는 제트 형성 모형으로 설명해야 할 제트의 물리적인 성질을 관측한 사실로 정리하고자 한다. 제트는 상대론적인 속도로 운동하고 있으므로 그 이론적인 설명에는 특수 상대론이 필요하다.

3.2.1 초광속운동

먼저 초장기선 전파간섭계(VLBI: Very Long Baseline Interferometry)로 관측하는 초광속운동을 설명해 보자. 이는 중심핵 근처 제트의 전파 구조가 광속 이상으로 중심핵에서부터 멀리 떨어져 운동하는 것처럼 보이는 현상이다. 제트 중 전파로 밝게 빛나는 조밀한 영역을 '노트'라고 한다. 노트는 시선 방향에 대해 각도 θ를 이루는 방향으로 속도 $V \equiv \beta c$, 로렌츠 인자 $\Gamma = 1/\sqrt{1-\beta^2}$로 움직이는 것으로 한다. 시각 0에서 원점에 있는 노트는 시각 t에는 $(x, y) = (Vt\cos\theta, Vt\sin\theta)$까지 나아간다. 여기에서 x는 시선방향, y는 천구면의 좌표축이다. 시각 0에 노트에서 시선방향으로 방출되는 전자기파는 시각 t에 $x=ct$에 도달한다. 따라서 시각 0에서 t 사이에 방출된 전자기파는 $x=Vt\cos\theta$와 $x=ct$ 사이에 존재하며, 광속 c로 나아간다. 정지 상태의 관측자는 전자기파를 시간 간격

$$\Delta t_{\mathrm{ob}} = t(1 - \beta \cos\theta) \tag{3.1}$$

동안 관측한다. 그동안 노트는 천구면에서 $Vt\sin\theta$만큼 움직이므로 겉보기 이동속도는

$$V_{\mathrm{app}} = \frac{V\sin\theta}{1-\beta\cos\theta} \tag{3.2}$$

가 된다. 편의상 V_{app}는 $\cos\theta = V/c$일 때 최댓값 ΓV를 취한다. $\Gamma \gg 1$일 때 이 속도는 대체로 광속의 Γ배가 된다. 관측되는 전형적인 속도가 광속의 10배 정도인 것은 제트가 로렌츠 인자 10 정도로 운동하고 있음을 의미한다. 초광속운동이 관측되는 것은 중심핵에서 방출되는 제트가 대체로 시선방향으로 향해 있을 때이다. 이와 반대 방향으로도 비슷한 제트가 방

출되는 것으로 예상하는데, 이 반대쪽 제트 중에 있는 노트의 겉보기 속도를 $\cos\theta = -V/c$로 하면 $V_{app} = V/(2\Gamma)$가 되어 광속의 수 % 정도밖에 되지 않는다.

3.2.2 상대론적 분사출

초광속운동이 관측되는 천체에서는 오직 한 방향의 제트밖에 관측되지 않는다. 이는 반대쪽 제트의 겉보기 속도가 작고, 이와 더불어 상대론적 속도의 운동으로 겉보기 밝기가 크게 변화하기 때문이다. 잘 알려진 특수상대론의 시간지연 효과에서, 실험실계에서의 시간 간격 Δt에 대해 노트의 고유계에서의 경과시간은 $\Delta t_s = \Delta t / \Gamma$가 된다. 이 시간은 관측자의 경과시간과

$$\Delta t_{ob} = \frac{\Delta t_s}{\delta}, \tag{3.3}$$

$$\delta \equiv \frac{1}{\Gamma(1-\beta\cos\theta)} \tag{3.4}$$

의 관계에 있다. 여기에서 δ는 분사출 인자로 불리는 양이다. 예를 들어 $\cos\theta = V/c$라면 $\delta = \Gamma$로 크지만, $\cos\theta = 0$이면 $\delta = 1/\Gamma$로 작다. 제트를 정면 근처에서 바로 관측하면 제트로 만들어지는 시간을 단축해서 관측하는 셈이다. 만약 노트의 밝기가 시간 변동한 것으로 가정하면 그보다 δ배 짧은 시간에서의 변동이 관측된다. 이 효과는 전자기파 진동수의 도플러 효과로 다음과 같이 나타내며,

$$\nu_{ob} = \delta\nu_s \tag{3.5}$$

정면 근처에서 관측하면 좀 더 높은 진동수의 전자기파로 관측된다.

겉보기 밝기를 구하려면 전자기파가 진행되는 방향의 로렌츠 변환을 고려할 필요가 있다. 상대론적 분사출은 본디 운동하는 물체에서 방출되는 전자기파가 운동방향으로 집중하는 효과를 가리킨다. 노트의 운동방향에 대해 각도 χ 방향으로 진행하는 전자기파를 생각해 보자. 전자기파 진행방향의 로렌츠 변환은

$$\cos\chi_s = \frac{\cos\chi_{ob} - \beta}{1 - \beta\cos\chi_{ob}} \tag{3.6}$$

이고, $\chi_{ob} = \theta$이므로

$$\Delta\cos\chi_{ob} = \delta^{-2}\Delta\cos\chi_s \tag{3.7}$$

가 된다. 노트의 고유계에서 일정한 입체각으로 복사된 전자기파는 실험실계에서 보면 노트의 운동방향 근처에서는 δ^2만큼 작은 입체각으로 복사되어 전자기파는 운동방향으로 집중한다.

노트의 고유계에서 복사가 등방으로 발생하여 관측되는 복사 유속을 구해 보자. 광자 개수가 양쪽 계에서 보면 같다는 사실에서 관측자와 천체 사이의 거리를 d로 하면

$$\frac{L_{\nu_s}}{h\nu_s}\Delta\nu_s\Delta t_s 2\pi\Delta\cos\theta_s = 4\pi d^2\frac{S_{\nu_{ob}}}{h\nu_{ob}}\Delta\nu_{ob}\Delta t_{ob}\,2\pi\Delta\cos\theta_{ob} \tag{3.8}$$

이 성립한다. 따라서

$$\nu_{ob}S_{\nu_{ob}} = \delta^4\frac{\nu_s L_{\nu_s}}{4\pi d^2} \tag{3.9}$$

가 된다. 여기에서 h는 플랑크 상수이다. S_ν나 L_ν는 단위진동수당 양이므로 진동수를 곱한 양은 그 진동수의 로그당 유속이나 광도를 나타낸다. 이 식은 진동수의 로그당 광도가 δ^4배만큼 밝아 보인다는 것을 의미한다. 예를 들어 $\Gamma = 10$이라는 상대론적 속도로 운동하는 복사원을 정면에서 보면 10^4배 밝게 보이지만, 반대쪽에서 보면 10^4배 어두워져 그 대비는 10^8에까지 이른다. 이로써 반대 제트를 얼마나 보기 힘든지 알 수 있을 것이다.

3.2.3 통일 모형

제트 방향은 관측자 쪽에서 보면 분명히 랜덤이다. 가끔 관측자 쪽으로 향해 있을 때에는 한 방향의 밝은 제트가 관측되고, 초광속운동이나 격렬한 시간 변동이 관측되기도 한다. 제트에서의 복사는 상대론적 에너지의 전자가 자기장에서 선회운동할 때 복사하는 싱크로트론 복사이므로 편광도 강하다. 이와 같은 특징을 보이는 활동은하핵을 '블레이저'라고 한다(3.1.5 절). 블레이저는 제트의 운동방향이 시선방향과 각도 $1/\Gamma$ 이내에 있는 것으로 생각된다.

물리적으로는 완전히 같지만 제트 방향과 시선방향이 이루는 각이 이보다 큰 천체는 어떻게 관측될까? 이와 같은 천체는 제트에서의 복사가 약하게만 관측되지만, 제트가 먼 데까지 도달해 주위 물질과 충돌하고, 그 운동에너지가 흩어져 비상대론적인 운동을 하면 분명히 밝아 보일 것이다. 이것이 전파은하이다. 그 수는 블레이저 수의 Γ^2배 정도인데, 이것도 관측과 일치한다. 이와 같이 전파은하의 제트가 상대론적인 운동을 하면 여러 관측 사실들을 통일적으로 설명할 수 있다. 제트의 성질을 더 상세하게 조사하려면 블랙홀 근처에서의 상태는 블레이저를, 전체적인 제한은 전파은하를 조사하는 것이 좋다.

3.2.4 내부 충격파 모형

중심핵 부근의 제트 모양은 전파 VLBI 외에도 상대론적 분사출 효과로 밝아 보이는 블레이저 천체를 관측함으로써 알 수 있다. 이를 토대로 복사 영역의 물리량을 추정해 보자. 블랙홀 내연부 근처에서 생성된 상대론적 흐름은 시간적으로 변동하며, 흐름의 로렌츠 인자도 시간과 함께 변화할 것이다. 느린 흐름 뒤에 빠른 흐름이 만들어지면 빠른 흐름은 결국 느린 흐름과 충돌하여 충격파를 생성한다. 충격파는 느린 흐름을 전파하는 것과 빠른 흐름을 전파하는 것이 짝을 이루어 발생한다. 이와 같이 흐름 내부의 비균일성으로 발생하는 충격파를 내부 충격파라고 한다.

가장 단순하게 생각해서 속도가 다른 두 껍질이 충돌하는 것이 이와 비슷할 것이다. 실험실계에서 본 껍질의 두께나 껍질 사이의 간격 ℓ은 제트 생성 영역의 역학적 시간척도[4]로 결정된다. $10^8 M_\odot$인 블랙홀의 슈바르츠실트 반지름의 10배 크기는 거의 3×10^{12} m이지만, 이것을 광속의 약 10 %에서 운동하는 것으로 시간척도가 결정되는데 전형적인 변동의 시간척도는 대체로 10^5초, 거의 광속으로 분출하는 제트의 전형적인 길이규모는 $\ell \approx 3 \times 10^{13}$ m $= 10^{-3}$ pc 정도로 생각된다. 두 껍질의 로렌츠 인자를 $\Gamma_\mathrm{f} \gg 1$, $\Gamma_\mathrm{s} \gg 1$로 하면 충돌이 일어나는 거리 d는

$$d = V_\mathrm{f} t = \ell + V_\mathrm{s} t \qquad (3.10)$$

에서

$$d = \ell \frac{V_\mathrm{f}}{V_\mathrm{f} - V_\mathrm{s}} \approx 2\ell \frac{\Gamma_\mathrm{s}^2}{1 - \dfrac{\Gamma_\mathrm{s}^2}{\Gamma_\mathrm{f}^2}} \qquad (3.11)$$

▍**4** 영역의 크기를 구성하는 입자의 속도(음속)로 나눈 값이다.

이다. 이는 제트 생성 영역 크기의 거의 Γ^2배로, 전형적으로는 10^{-1} pc이다. 껍질의 두께는 실험실계에서 보면 원래 크기와 별로 다르지 않지만 껍질 고유계에서 보면 원래 크기의 Γ배, 전형적으로는 10^{-2} pc 정도이다.

블랙홀 근처에서 제트가 형성될 때에는 $\Gamma=1$에서 $\Gamma \approx 10$까지 가속되지만 파이어볼 모형(5.2절의 감마선 폭발) 입장에서는, 고유계에서 보면 거의 광속으로 열팽창해서 크기가 커지는 데 비해 실험실계에서는 로렌츠 수축 효과로 이러한 부분이 사라짐으로써 본디 크기를 유지하는 것으로 이해한다.

충격파가 껍질을 통과하는 시간은 껍질 고유계에서는 10^6초 정도이지만 관측자는 이것을 10^5초 정도로 관측한다. 중심핵에서 상당히 멀리 떨어진 곳에서 발생함에도 시간변동은 제트 생성 영역에서의 시간척도로 관측된다. 이와 같은 거리나 크기의 추정은 관측적인 추정과 딱 들어맞아 제트 형성 구조에 큰 시사점을 제공한다. 일반적으로 제트의 운동에너지 대부분은 내부 충격파에서는 흩어져 사라지지 않으며, 더 큰 영역까지 운동에너지가 진행된다. 자세한 내부 충격파 모형에 대해서는 5장의 감마선 폭발에서 다루도록 하겠다.

3.2.5 복사 영역의 물리량

흩어져 사라지는 에너지는 껍질을 구성하는 물질을 가열할 뿐만 아니라 자기장을 강하게 하거나 충격파 통계가속 등으로 일부 입자를 매우 높은 에너지까지 가속시킨다. 각 전자의 로렌츠 인자를 γ로 하고, 그 에너지 분포함수는 γ_{min}과 γ_{max} 사이에서

$$n(\gamma) \propto \gamma^{-p} \tag{3.12}$$

의 멱함수형의 형태를 취한다. 물질의 조성은 아직 잘 모르지만, 보통 양성자·양전자 플라스마와 함께 전자·양전자 쌍을 주성분으로 하는 플라스마일 가능성도 높은 것으로 생각된다. 어쨌든 전자가 가속되면 자기장 중에서 싱크로트론 복사를 방출한다. 멱함수형의 스펙트럼 전자가 방출하는 싱크로트론 복사의 스펙트럼 역시 멱함수형으로 스펙트럼 지수 α는 $(p-1)/2$이 된다. 관측적으로 α는 대개 0.5에서 1 사이에 있으며 이때 p는 2에서 3이다. 가장 단순한 경우의 충격파 입자 가속의 예언은 $p=2$인데 딱 일치하고 있다. 관측적으로 높은 진동수 쪽에는 멱함수 지수 α가 커지는 경향을 보이지만, 이론적으로는 전자의 복사냉각 영향이 효과적인 고에너지 쪽에서 p는 1만큼, α는 0.5만큼 커진다(4.2절 참조).

분사출을 고려한 싱크로트론 복사의 진동수는

$$\nu_{\mathrm{syn,ob}} \approx 10^{10} B \gamma^2 \delta \quad [\mathrm{Hz}] \tag{3.13}$$

이며, $B=10^{-8}\,\mathrm{T}$, $\delta=10$으로 하면 $\gamma=10^3$인 전자는 $10^9\,\mathrm{Hz}$의 전파를, $\gamma=10^5$인 전자는 $10^{13}\,\mathrm{Hz}$의 적외선을, $\gamma=10^7$인 전자는 $10^{17}\,\mathrm{Hz}$의 X선을 복사한다. 전자 한 개의 복사율은

$$\frac{4}{3}\sigma_{\mathrm{T}} c U_{\mathrm{mag}} \gamma^2 \tag{3.14}$$

로 주어진다. 여기에서 σ_{T}는 톰슨 산란 단면적, $U_{\mathrm{mag}}=B^2/(2\mu_0)$는 자기장의 에너지 밀도이다($\mu_0$는 진공의 투자기율magnetic permeability). 이것을 모든 전자에 대해 더해 가면 싱크로트론 복사의 에너지 스펙트럼을 얻을 수 있다. 아주 대충 말하면 싱크로트론 복사의 광도는 대개 자기장의 에너지 밀도와 전자의 에너지 밀도에 비례한다. 따라서 싱크로트론 복사의 관측에

서는 이 둘의 기여를 분리할 수 없다는 문제가 발생한다.

전자는 또 역콤프턴 산란으로 X선이나 감마선을 방출한다. 역콤프턴 산란은 에너지가 낮은 광자를 산란함으로써 높은 에너지의 광자를 만들어 내는 과정이다. 종광자(種光子, 산란의 표적이 되는 광자)의 진동수를 ν_{seed}라고 하면 산란된 광자의 진동수는

$$\nu_{Com,ob} \approx \nu_{seed}\gamma^2\delta \quad [Hz], \tag{3.15}$$

전자 1개의 에너지 손실률은

$$\frac{4}{3}\sigma_T c U_{seed}\gamma^2 \tag{3.16}$$

이 된다. 싱크로트론 복사의 사이클로트론 진동수 대신 종광자 진동수가, 자기장의 에너지 밀도 대신 종광자의 에너지 밀도(U_{seed})가 들어가는 형태가 된다. 따라서 역콤프턴 산란의 광도와 싱크로트론 산란의 광도비는 종광자의 에너지 밀도와 자기장의 에너지 밀도의 비가 된다.

종광자로서 싱크로트론 광자 스스로가 기여하는 경우를 싱크로트론 자기 콤프턴(SSC)이라고 한다(3.1.5절). 이 경우 이 둘의 광도는 관측량이므로 이것으로 자기장의 에너지 밀도와 전자의 에너지 밀도가 정해진다. 종광자로서 싱크로트론 광자 이외의 것, 예를 들어 강착원반에서의 열복사나 그것이 주위 물질과 상호작용한 결과인 광자가 기여하는 경우를 외부 콤프턴이라고 한다. 이때 외부 종광자의 에너지 밀도를 관측하는 것은 힘들기는 하지만 어느 정도의 추정은 가능하다.

관측적으로 광도가 낮은 것은 싱크로트론 자기 콤프턴이 주가 되고, 광도가 높은 것은 외부 콤프턴이 주가 된다. 어쨌든 콤프턴 산란에서의 클라

인-니시나 효과(높은 에너지의 전자·전자기파 산란에서는 산란되는 전자기파 에너지가 감소한다. 1.2.4절의 칼럼 「전자기 복사의 과정」 참조) 등이 있으므로 실제로는 수치적으로 복사 스펙트럼을 계산하여 관측과 가장 잘 들어맞는 매개변수를 정한다. 예를 들어 Mkn 421의 예(3.1.5절)에서는 $\delta \approx 10$, $B \sim 10^{-5}$ T, 복사 영역의 크기 ~ 0.01 pc, 전자의 최대 가속에너지 ~ 0.1 TeV 정도로 계산된다.

가장 중요한 결과는 자기장의 에너지 밀도가 상대론적 전자의 에너지 밀도보다 한 자릿수 정도 낮다는 것이다. 앞에서 설명한 것처럼 내부 충격파 모형에서는 흩어져 사라진 내부 에너지 밀도보다 정지질량 에너지 밀도가 한 자릿수 정도 크므로, 중심핵에서 방출되는 대부분의 제트 파워는 물질의 운동에너지가 담당하고 있어 자기장 에너지는 수% 정도에 지나지 않는다. 이것은 제트 자기압 가속 모형이 지닌 큰 제약이다(3.3.3절).

3.2.6 전파 로브

중심핵에서 방출된 상대론적 제트는 중심핵 근처에서 균일하지 않은 부분은 내부 충격파로 흩어지고, 평균적인 흐름도 상대론적인 속도로 살아남아 더 멀리까지 전파된다. 그리고 최종적으로 주위 물질과 충돌하여 충격파를 형성하는데 이 충격파를 외부 충격파라고 한다. 구체적인 상호작용 방식은 제트 구성물질의 밀도와 주위 물질의 밀도 비에 따라 달라진다. 제트 물질의 밀도가 비교적 클 때 제트는 질점質點[5]처럼 움직이는데, 큰 감속 없이 주위 물질을 빠른 속도로 뚫고 나간다. 제트 물질의 밀도가 비교적 작을 때(비로 하면 10^{-2}에서 10^{-3} 이하) 제트는 끝부분에서 강하게 감속된다.

---

5 질량만을 가지는 점. 물체의 크기는 무시하고 질량이 모여 있는 것으로 보는데 이 점으로 물체의 위치나 운동을 표시할 수 있으며, 역학 원리 및 모든 법칙의 기초가 된다(옮긴이 주).

관측된 전파 로브의 나이는 다양한 방법으로 추정하는데 10^6년에서 10^8년으로 보인다. 만약 제트 끝부분이 광속으로 내달리면 전파은하의 크기는 300 kpc에서 30 Mpc 정도가 된다. 또 그 모양은 분명히 매우 가늘고 길 것이다. 하지만 전파은하의 크기는 100 kpc 정도이며 모양은 알의 형태로 구에 상당히 가깝다. 이는 제트 물질의 밀도가 상당히 낮다는 것을 보여준다.

실제로 전파은하에는 제트 끝부분 주변에 열점이라는 밝은 영역이 존재하는데 이것이 충격파의 위치를 나타내는 것으로 본다. 제트 자체는 상대론적 속도로 진행하지만, 열점의 진행속도는 광속의 10분의 1에서 100분의 1 정도이다. 충격파에서는 제트의 운동에너지가 흩어져 제트 물질이 가열되거나 입자가 가속되기도 한다. 제트에서 일어나는 충격파는 낮은 밀도가 반영된 상대론적인 충격파이며 플라스마 온도도 높다. 따라서 충격을 받은 물질은 제트 축에 수직 방향으로도 열팽창한다. 이것이 또 주위 물질들을 눌러 충격파를 만든다.

이렇게 하여 제트 물질은 커쿤cocoon이라는 알 형태의 영역에 갇힌 고압 영역을 형성한다. 커쿤의 압력은 주위 물질의 압력보다 높으며, 열팽창하면서 주위 물질로 충격파를 전파한다. 이러한 양상은 물질 상태가 상대론적이라는 점만 제외한다면 초신성 잔해의 진화와 유사하다.

열점이나 로브도 상대론적 전자와 자기장으로 채워져 있어 싱크로트론 복사나 역콤프턴 산란으로 복사한다. 따라서 콤프턴 산란의 종광자로 우주배경복사가 중요해진다. 블레이저와 비슷한 방식으로 자기장이나 상대론적 전자의 에너지 밀도를 구할 수 있다. 이 또한 물질의 에너지 밀도가 자기장의 에너지 밀도보다 한 자릿수 정도 크다는 결과를 얻었다.

중요한 것은 나중에 방출되는 제트는 고압의 커쿤을 전파하기 위해 가로 방향으로 퍼지지 않는다는 점이다. 즉 제트 가두기를 스스로 해낸다는 것이다. 따라서 자주 거론되는 제트 가두기 문제는 이처럼 큰 규모에서는 존재하지 않는다는 점에 주의해야 한다. 제트의 운동학적 광도가 작다거나 시간이 지나 열팽창이 진행되면 커쿤은 주변과 압력평행을 이루어 팽창 양상이 바뀐다. 또 이런 양상은 FR II형 전파은하에서 볼 수 있고, FR I형 전파은하에서는 제트의 감속이 열점이 아니라 그보다 더 안쪽에서 일어나며, 비교적 속도가 느린 제트가 움직이는 것으로 생각된다.[6]

3.3 우주 제트의 모형

우주 제트에 대한 관측이 진전됨에 따라 다양한 모형이 제안되어 왔다(표 3.3). 블랙홀 등 고밀도 천체의 중력은 가스를 끌어들이는 인력이라 중력에 거스르는 형태인 바깥 방향의 제트가 존재한다는 것이 의외로 느껴질 수도 있다. 그러나 여기에는 제트를 일으키는 특유의 힘이 작용하고 있다.

3.3.1 우주 제트 모형의 개요

제트의 가속(구동)구조는 중심천체의 중력에너지 전환로의 작동방식에서 (1) 열적인 가스 압력에 따른 것, (2) 복사압(빛의 압력)에 따른 것, (3) 자기장의 압력(이나 원심력)이 관여한 것 등으로 크게 나눌 수 있다. 또 수렴구조 쪽은 본디 등방적인 흐름이 외적인 환경으로 수렴되는 경우와 강착원반처럼 비대칭적인 천체에서 분출되는 경우로 나뉜다. 이 가운데 우주 제트의 기원을 설명하는 모형으로 가장 유망한 것은 중심에 있는 강착원반

---

[6] FR I, FR II는 패너로프B. L. Fanaroff와 라일리J. M. Riley가 정한 전파은하의 형태학적 분류명이다. 전파강도가 중심에서 강한 것을 FR I, 가장자리에서 강한 것을 FR II로 했다. FR II 쪽이 전파가 강하다. 제트에 따른 에너지 운반효율이 높고(FR II) 낮은(FR I) 차이에 따라, 또는 모은하의 환경에 따라 제트가 빠르게 감속하거나(FR I) 느리게 감속한다(FR II).

표 3.3 별우주 제트 분출류 모형.

구동력 구동원(강착류)	고온기체의 압력	복사의 힘	자기장의 힘
표준원반	강착원반 열풍	복사압 가속풍	자기 원심력풍
	전자 · 양전자대풍	선흡수 가속풍	자기압 가속풍
초임계 강착류	강착원반 열풍	판넬 복사풍	판넬 자기풍
기타		선흡수 고정구조	카 · 블랙홀의 에르고 권[+]

+ 카 · 블랙홀은 회전 때문에 입자가 정지할 수 없는 영역(정지 한계면)을 만든다. 정지 힌계면과 사건의 지평(블랙홀 반지름) 사이의 공간을 말한다.

을 직접 이용하는 방법이다.

현재 우주 제트 모형의 두 가지 경향은 강착원반의 복사장에 따라 가속되는 '복사압 가속Radiative Acceleration 모형', 그리고 강착원반을 관통하는 자기장에 따라 가속되는 '자기력 가속Magnetic Acceleration 모형'이다. 복사압 가속 모형에서는 블랙홀 등 고밀도 천체 주변으로 2장에서 소개한 강착원반이 형성되었을 때 그 강착원반에서 복사되는 빛의 압력으로 제트 가스를 구동 · 가속한다. 자기력 가속 모형에서는 강착원반 주변에 존재하는 자기장의 힘으로 이온화한 플라스마 가스를 구동 · 가속한다.

대표적인 두 가지 모형을 설명하기 전에 기타 모형에 대해서 간단히 알아보자. 강착원반은 그 형상부터가 비대칭이다. 원반면의 상하 방향으로는 대칭이지만 구대칭(spherical symmetry, 중심대칭)은 아니다. 따라서 원반 표면에서 방출된 가스가 어떤 원인으로 가속되면 비등방적인 쌍방향 흐름을 형성한다. 예를 들어 원반 모양으로 가스가 툭 떨어지면 중심이 고밀도 별인 블랙홀이라 해도 모든 가스를 바로 빨아들일 수 없으며, 가스의 일부나 대부분이 분출되어 분출류를 형성할 것이다. 또 조건에 따라서는 원반의 내부 영역이 100억 도의 고온 상태가 되기도 한다. 이 같은 고온 플라스마 내부에서는 광자와 광자의 충돌이나 광자와 전자의 충돌 등으로 전자와 양전자 쌍이 생성되어 외부로 흘러나가기도 할 것이다. 이처럼 저밀도에 초고온인 가스는 큰 내부(열) 에너지를 가지고 있기 때문에 원반의 세로 방향으로 분출할 것이라 예상된다.

이와 같은 '강착원반 열풍'에서는 고밀도 천체의 중력장이 흐름을 좇아 단조롭게 바뀌지 않으며, 강착원반 회전에 따른 원심력이 작용하므로 별에서의 단순한 구대칭풍에 비해 강착원반풍의 움직임은 복잡해진다. 예를 들어 '선흡수 고정구조line locking'가 있는데, 이것은 나중에 설명할 선흡수 가속풍의 일종으로, 선흡수로 가속되면 광원의 연속광이 도플러 이동을 하다가 결국에는 광원의 연속광 성분을 받아들일 수 없는 단계에서 가속이 정지됨으로써 분출류의 속도가 고정되는 것이다. 초신성 폭발 잔해의 가속 등, 몇몇 천체의 분출류에서 작용하는 것으로 생각된다. 또한 자기장을 이용하여 회전 블랙홀의 자전에너지를 도출하여 제트를 가속시키는 메커니즘도 생각해볼 수 있다. 이 구조는 블랙홀에서 분출하는 상대론적 제트에서는 제대로 기능할지도 모른다.

3.3.2 복사압 가속 모형

블랙홀 등 고밀도별 주변에 형성된 강착원반이 복사하는 강렬한 빛의 압력으로 제트의 플라스마 가스를 구동하는 메커니즘이 '복사압 가속'이다. 복사압 가속 모형은 밝은 퀘이사나 X선 별의 제트를 설명하기 위해 1970년대부터 고안해 왔지만, 1980년에 아이크Vincent Icke가 표준강착원반 모형의 복사장을 이용하여 광학적으로 얇은(투명한) 경우에 대해 처음으로 정량적인 계산을 수행했다. 광학적으로 얇은 복사압 가속 제트는 그 후 복사저항의 작용이나 원반 모양의 차이 등, 여러 문제점들이 상세히 검토되었다. 또 광학적으로 두꺼운(불투명한) 경우에 대해서는 후쿠에 준福江純이 패널panel 제트 모형을 제안했다. 그러나 광학적으로 두꺼운 영역에서 얇은 영역에 걸친 상대론적 복사유체를 계산하는 데는 어려운 점이 많아 최근에야 겨우 상세한 계산이나 모의실험을 단서로 하는 단계이다.

복사압 가속의 구조

중심 광원에서 대량의 빛이 복사될 때 그 빛의 흐름이 주변 플라스마에 부딪쳐 플라스마를 가속한다(그림 3.8 위). 이것이 '복사압 가속'의 순수한 과정이다. 광자가 중성원자에 흡수되는 경우에라도 기본적으로는 같다. 복사압의 작용에는 몇 가지 측면이 있다. 여기에서는 복사저항까지 포함해 복사압 가속의 물리 과정을 설명한다(그림 3.8). 복사압 가속에는 원반이나 바람을 구성하는 가스의 온도가 1만 K 정도에서 유효하게 작용하는 '선흡수 가속', 그리고 좀 더 고온이며 가스가 거의 완전 이온할 때 작용하는 '연속광 가속(콤프턴 가속)'이 있다.

선흡수 가속

고밀도별 주변에 형성된 강착원반 내부에서는 차동회전에 따른 마찰로 가스가 가열되고 대량의 광자가 발생한다. 광자는 원반 표면에서 복사되는데 광자의 흐름, 즉 광자류와 복사류Radiative Flow는 바깥 방향의 운동량을 가진다. 가스가 광자를 선흡수함으로써 광자류의 운동량을 받아들여 가속되는 메커니즘이 '선흡수 가속'이다.

예를 들어 광자를 복사하는 원반 표면 근처에 수소가스가 있다고 하자. 가스 온도가 별로 높지 않아 이온화되어 있지 않으면 수소가스는 복사광에서 특정 파장의 빛을 선흡수하여 들뜸상태가 된다. 발머 계열에서는 656.3 nm의 빛을 흡수함으로써 원자 상태가 제1 들뜸상태에서 제2 들뜸상태로 이동한다. 들뜬 원자는 역시 특정 파장의 빛을 선흡수하여 원래 상태로 돌아가므로 에너지 면에서는 일정 평형상태를 이룬다(복사평형이라고

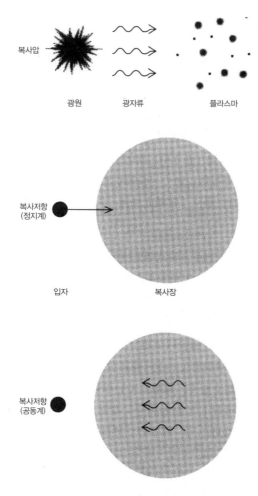

복사압

광원　　　　광자류　　　　플라스마

복사저항
(정지계)

입자　　　　　　　복사장

복사저항
(공동계)

그림 3.8　복사압과 복사저항. 플라스마는 광원에서 멀리 떨어져 있는 광자에 따라 가속되는 한편, 대량으로 존재하는 광자의 저항을 받는다. 전자가 복사압(위), 후자가 복사저항(가운데: 정지계, 아래: 공동계)이다.

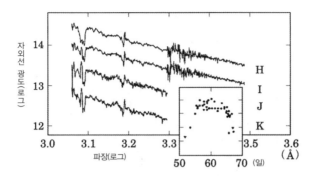

그림 3.9 국제자외선위성 'IUE'로 관측한 왜소신성 큰개자리 HL 별의 자외선 영역 스펙트럼 (Mauche & Raymond 1987, *ApJ. Suppl.*, 130, 269에서 전재). 가로축은 Å단위로 측정한 파장 λ를, 세로축은 빛의 세기를 모두 로그로 나타냈다. 왜소신성 폭발 후기의 네 시기(H, I, J, K)의 어떤 스펙트럼이든 $\log\lambda \sim 3.095$에 강한 흡수선, $\log\lambda \sim 3.235$에 이른바 P Cyg 프로파일을 볼 수 있다. 전자는 N V($\lambda = 1240$Å)에, 후자는 C IV($\lambda = 1550$Å)에 대응한다. 작게 들어간 그림은 가시광의 광도(등급) 변화를 나타낸다. 자외선 스펙트럼의 관측이 폭발 후기라는 것을 알 수 있다.

한다). 하지만 가스가 선흡수할 때 광자가 가지고 있던 바깥 방향의 운동량을 받아들인 다음에 그 가스는 모든 방향으로 똑같이 선복사를 하기 위해 특정 방향으로의 운동량을 잃지는 않는다. 결과적으로 가스는 처음에 받아들인 바깥 방향의 운동량을 얻는다.

선흡수 가속은 의외로 유효한 메커니즘이어서 적용 가능한 천체가 많다. 백색왜성과 보통의 항성으로 이루어진 격변성에서는 백색왜성 주변의 강착원반 중심 부근의 온도가 1만 K 정도에서 선흡수가 효과적이다. 격변성의 한 종류인 왜소신성 큰개자리 HL의 자외선 스펙트럼(그림 3.9)에는 4차 이온화 질소 N V[7]에 따른 흡수와 3차 이온화 탄소 C IV에 따른 구조(P Cyg 프로파일[8]이라고 한다)가 관측된다. 이 구조는 질량을 방출하는 고온도

---

[7] 원소와 그 이온화 상태를 나타낸다. 예를 들어 N V는 질소(N)의 4차 이온화(V)를 나타낸다. 중성자의 경우는 N I이다.
[8] 시선방향으로 접근하는 항성풍 중의 원소(또는 이온)는 배후 별의 연속광이 도플러 이동한 파장에서 흡수하므로 단파장 쪽에 선흡수를 가지며, 시선 이외의 방향으로 날아가는 원소(이온)는 이동이 없는 빛을 내므로 장파장 쪽에 밝은 선 구조를 보인다.

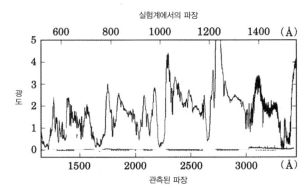

실험계에서의 파장

그림 **3.10** 허블 우주망원경으로 관측한 BAL 퀘이사 PG 0946＋301의 스펙트럼(Arav *et al.* 2001, *ApJ*, 561, 118에서 전재). 가로축은 Å단위로 측정한 파장으로, 아래쪽이 관측된 파장, 위쪽이 실험실계에서의 파장이다. 세로축은 빛의 세기다. 고차 이온화한 원자에 의한 청색이동한 강하고 폭넓은 흡수선이 다수 보인다.

별에서 자주 볼 수 있어 분출류(바깥 방향의 가스 흐름)의 존재를 강하게 시사한다. 또 동반성이 강착원반풍을 감추는 엄폐(occultation, 달이나 행성이 항성·행성·위성을 가리는 현상) 관측에 따라 격변성에서의 분출류는 구대칭이 아닌 응축된 흐름이라고 지적하고 있다.

　BAL 퀘이사(3.1.2절)에서도 선흡수 가속의 가능성이 높다고 본다. 퀘이사의 10 % 정도는 N V, C IV, Si IV 등의 고차 이온화한 원자의 스펙트럼에서 강한 흡수선을 보이고 크게 청색이동하고 있어 대응하는 속도는 광속의 10 %나 된다. 이와 같은 BAL 퀘이사 관측 사실은 현재 다음과 같이 해석하고 있다. 퀘이사 중심에 존재하는 강착원반에서는 $0.1c$(c는 광속)나 되는 고속 가스 흐름이 있으며, 그 가스가 강착원반에서의 복사를 흡수해 강한 흡수선을 만든다(그림 3.10). 가스 흐름은 강착원반에서 상하 방향 대칭으로 분출되는데, 멀어지는 성분은 강착원반에 가려 보이지 않아 다가오는 성분(즉 청색이동 성분)만 보인다. BAL 퀘이사가 퀘이사의 10 % 정도밖에 없다는 것은 단순히 기하학적인 배치로 흡수선이 관측하기 어려운 것이라고 추측된다.

연속광 가속

블랙홀이나 중성자별 근처에서는 전형적인 가스 온도가 수천만 K이나 되므로 원반 가스는 거의 완전 이온화되어 있다. 중심천체가 백색왜성인 경우라도 초연X선원의 천체에서는 떨어져 쌓이는 가스의 양이 많아 중심 부근의 가스 온도가 수십만 K이나 되므로 가스는 역시 이온화 상태를 이룬다. 가스가 이온화하면 선흡수 메커니즘은 작동하지 않는다. 그러나 원반이 반사되어 빛을 내면 이온화한 가스는 원반에서의 연속복사를 직접 받아 흩어진다. 이것이 '연속광 가속' 이다.

자세히 들여다보면 가스가 이온화해서 생성된 전자(자유전자)는 원반에서 복사된 광자와 충돌함으로써 운동량을 받아 바깥 방향의 힘을 얻는다. 또한 자유전자와 이온은 전자기적인 힘으로 강하게 결합되어 있어 전자가 바깥 방향으로 움직이면 이온도 끌려나오면서 결과적으로 이온화 가스 전체가 흩어져 날아가 버린다. 광자와 전자의 충돌을 콤프턴 산란이라고 하는 것에서 '연속광 가속' 은 '콤프턴 가속' 이라고도 한다.

이와 같은 복사압 가속풍에서 분출류를 감속하는 힘은 중심천체의 중력이며, 이와 반대로 가스의 바깥 방향의 가속을 돕는 힘은 회전에 따른 원심력, 강착원반에서의 복사압, 가스 스스로의 압력 등이다. 이런 힘들의 대립으로 바깥 방향으로의 흐름이 발생하거나 그 모양이 바뀌기도 한다.

바깥 방향의 흐름은 밝은 표준원반의 중심 부근에서 자주 분출된다. 그리고 중심 부근에서 뿜어낸 수소 플라스마 가스의 흐름은 광속의 수십 %까지 쉽게 가속된다는 것을 알게 되었다. 또 전자·양전자 플라스마의 경우는 광속의 90 % 정도까지도 가속할 수 있다. 초임계 강착원반 축 위에서 가속되는 제트인 경우, 질량강착률이 충분히 크면 보통의 양성자·전자 플라스마에서도 광속의 90 % 이상까지 가속할 수 있다.

이와 같이 가속이라는 관점에서만 보면 밝게 빛나는 강착원반에서의 복사압 가속풍은 SS 433 제트처럼 전자와 양성자의 보통 플라스마로 이루어진 중간 정도의 상대론적인 제트를 설명할 수 있다. 또 미세 퀘이사 GRS 1915＋105나 GRO J1655－40처럼 광속의 90 % 정도의 속도를 가진 높은 정도의 상대론적인 제트도 경우에 따라서는 가능하다. 그러나 초상대론적인 감마선 폭발에 대해서는 단언할 수 없다. 또한 매우 밝은 초연 X선원Supersoft X-Ray Source은 4000 kms^{-1} 정도의 고속 흐름이 존재하는데, 가스 온도가 수십만 K에서는 선흡수 가속이 되지 않지만 연속광 가속은 가능하다. 앞에서 언급한 광속의 10 %인 바깥 방향의 속도를 가진 BAL 퀘이사는 선흡수 가속이 가능하게 보이지만, 연속광 가속으로 BAL 퀘이사를 설명하려는 견해도 있다.

복사저항

복사의 흐름에서 운동량을 받아들이는 과정과는 별개로 복사, 즉 수많은 광자의 존재로 광원의 주변 공간에 복사장 에너지가 존재한다. 에너지는 질량과 등가로 관성을 가지고 있어 복사장 안에서 운동하는 입자는 속도 벡터와 반대 방향으로 거의 속도 크기에 비례하는 저항을 받는다(그림 3.8 가운데). 이 작용을 복사저항이라고 한다. 복사장의 에너지나 관성을 잘 모른다면 좌표계를 바꾸어 보면 괜찮을지도 모른다. 다시 말해, 광자로 가득 찬 영역에서 입자가 운동할 때(그림 3.8 가운데), 좌표계를 정지계(실험실계)에서 공동계(입자계)로 바꾸어 본다(그림 3.8 아래). 그렇게 하면 정지한 입자를 향해 (입자의 진행방향) 앞쪽에서 광자 전체가 밀려들어와 입자는 복사압에 따라 뒤쪽으로 밀려난다. 따라서 공동계에서 뒤쪽으로 움직이는 것이 본래의 정지계에서 보면 (저항에 따라) 운동이 감속하는 것과 같다.

최종속도의 존재

이처럼 복사장에서 플라스마 입자를 정지계에서 관측했을 때 정지계에서의 복사압에 따라 가속되는 한편, 정지계에서의 복사에너지 때문에 저항을 받는다. 그 결과 그 힘들이 균형을 이루는 단계에서 입자의 가속이 일정해진다(이때 입자와 함께 움직이는 공동계에서는 복사장에서의 힘은 0이다). 이 복사압과 복사저항이 균형을 이룰 때 도달하는 속도를 '최종속도' 또는 '종말속도'라고 한다.

광학적으로 얇은 복사압 가속풍에서는 복사저항의 존재로 최종속도가 광속의 수십 %로 억제되는 경우가 많다. 그러나 가스 밀도가 높아지고 제트류가 광학적으로 두꺼워지면 복사와 가스가 혼연일체가 되어 가속하기 때문에 복사저항이 잘 듣지 않게 되어 좀 더 큰 최종속도를 얻을 수 있다.

복사압 가속 모형의 장점과 단점

복사압 가속 메커니즘은 기본적으로 명확해서 알기 쉽다. 따라서 그 장점과 문제점도 분명하다. 첫 번째 장점으로 밝게 빛나는 강착 천체와의 상관성이 좋다는 점을 들 수 있다. 블랙홀 강착원반을 포함해 고밀도 천체로의 강착류(강착원반)는 연료만 충분히 공급되면 반드시 밝게 빛나므로 대량 복사가 가능하다. 따라서 복사압 가속은 에너지 면에서 문제가 없음은 물론, 강착원반 외의 중심 광원과도 쉽게 공존할 수 있다.

두 번째 장점은, 복사는 중심천체의 중력을 거슬러 바깥 방향으로 퍼지는 성질이 있기 때문에 자연스러운 모양으로 분출류나 제트를 형성할 수 있다. 실제로 울프레이에별[9]이나 초연X선원, 미세 퀘이사 SS 433 등, 복사압 가속 구조가 작용하는 것으로 보이는 천체도 많다. 그래서 강착원반

---

[9] 대질량성의 진화 말기에 있는 별. 강한 항성풍이 특징이며 바깥층의 상당 부분은 유실된다.

에서의 비구대칭인 복사를 이용하면 흐름도 비구대칭이 될 것이다. 또한 가스를 중간 정도의 상대론적 속도까지 쉽게 가속할 수 있다.

한편, 문제점은 본디 사방팔방으로 퍼지는 복사로 어떻게 '조밀하게 응축된' 제트를 만드는지, 복사저항이라는 존재에도 개의치 않고 어떻게 '상대론적 속도'로까지 가속하는지 등이다. 이 문제에 대해서는 마지막에 다시 다루기로 한다.

제트의 복사유체이론

오랜 세월에 걸쳐 연구되어온 복사압 가속 메커니즘에서 가스와 복사의 상호작용을 정확히 알아내는 것은, 특히 상대론적 속도의 흐름이 존재하는 경우에는 지금도 매우 어려운 일이다. 다음에는 가스가 광학적으로 얇은 경우, 매우 두꺼운 경우, 일반적인 경우 등의 모의실험에 대한 복사압 가속 모형의 현재 상태를 소개한다.

광학적으로 얇은 복사압 가속풍 가스가 광학적으로 얇은(투명한) 경우에는 가스가 복사에 미치는 영향을 무시할 수 있어 문제가 단순해진다. 즉 광원(예를 들어 강착원반)의 복사장을 먼저 계산해두고, 중심천체의 중력장과 강착원반의 복사장에서의 가스 운동을 계산하면 된다. 광원으로 강착원반을 고려할 때, 밝게 빛나는 강착원반에서 복사되는 광자는 강착원반 상공에 복사력의 장을 형성한다. 강착원반 표면의 온도는 중심일수록 고온이고 밝기 분포가 균일하지 않아 상공의 복사장도 공간적으로 매우 복잡해지지만, 수치적으로 계산할 수는 있다. 중심천체의 중력장과 수치적으로 구한 강착원반의 복사장을 사용해 복사압이나 복사저항을 정확히 고려하여 표준강착원반에서 복사압으로 구동되는 플라스마풍을 계산한 예를 그림 3.11에 나타냈다. 그림에서 알 수 있듯이 강착원반이 그다지 밝지

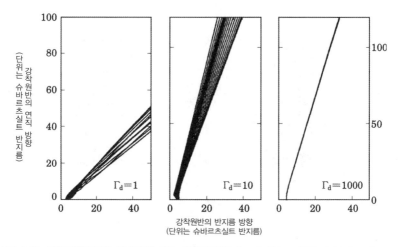

그림 **3.11** 표준강착원반에서 온 복사압 가속 플라스마풍(Tajima & Fukue 1998, *Publ. Astr. Soc. Japan*, 50, 483에서 전재). 강착원반의 내연 근방에서 분출된 플라스마 입자의 궤도를 그린 것으로, 각 패널 왼쪽 아래의 원점에 블랙홀이 있으며, 가로가 슈바르츠실트 반지름의 50배, 세로가 100배 범위에 있다. 왼쪽에서 오른쪽으로 가면서 강착원반이 밝아지는데, 에딩턴 한계광도를 단위로 해서 왼쪽에서부터 1, 10, 1000이다. 이 계산 예에서는 전자·양전자 플라스마풍을 염두에 두고 있다.

않은 경우에는 복사압 가속풍이 주변으로 퍼지면서 분출되지만, 강착원반이 밝아짐에 따라 위쪽을 향해 제트 모양으로 분출된다는 것을 알 수 있다. 그래서 중심 부근에서 분출된 플라스마풍의 최종속도는 보통 플라스마의 경우는 광속의 20 %에서 60 % 정도, 전자·양전자 플라스마는 광속의 90 %를 넘어선다.

　　패널 제트류　가스가 광학적으로 충분히 두꺼운(불투명한) 경우에는 복사와 가스의 결합이 강하여 복사와 가스는 일체가 되어 움직이므로 상대론적인 유체의 하나로 다룰 수 있다. 이 경우도 문제는 비교적 간단하다. 예를 들어 고밀도별 주변의 강착원반에서 질량강착률이 매우 큰 경우에는 중심 부근에서 원반 가스의 압력이 극도로 높아지고 원반은 연직(鉛直, 중력방향) 상하 방향으로 팽창하여 두꺼워질 가능성이 있다(그림 3.12). 이처럼 기하학적으로 두꺼운 강착원반을 강착 토러스torus라고 한다. 이때 중요한

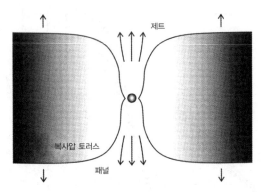

그림 3.12 강착 토러스와 패널. 빛나는 토러스 축 위에 형성된 공동영역(패널)에서 제트를 수렴하게 해서 가속할 수 있다.

것은 가스 스스로 회전하기 때문에 토러스의 회전축 부근으로는 가스가 들어올 수 없다는 점이다. 마치 하수구로 물을 흘려보낼 때나 욕조 마개를 뺐을 때 물이 구멍 속으로 세차게 빨려 들어가면서 소용돌이 중심에 구멍이 뚫리는 것과 비슷하다.

이 회전축 근처의 가스가 들어가지 못하는 빈 구멍을 '패널'이라고 한다. 이 패널 안에서 가스와 복사가 함께 가속되면 강착 토러스 내벽에서 제트가 수렴되어 가속과 수렴이 동시에 가능해진다.

상대론적 복사유체 제트

복사압 가속 제트 중에서 아직 많이 알려지지 않은 것은 제트류 가속과 함께 가스가 광학적으로 두꺼운 상태에서 얇은 상태로 바뀌는 경우이다. 활동은하 제트나 미세 퀘이사 제트처럼 블랙홀 중력장 안에서 복사압에 따라 상대론적 속도로까지 가속되는 제트에서는, 현대 우주물리학에서도 최고로 어려운 문제로 꼽히는 '일반상대론적 복사유체역학'을 풀어야 한다.

최근에야 겨우 강착원반의 연직 방향이나 구대칭 등, 간단한 1차원 정

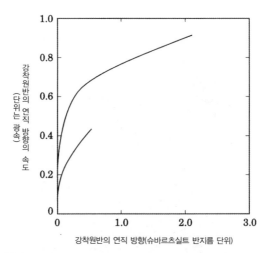

그림 **3.13** 강착원반에서 연직 방향으로 가속되는 흐름을, 상대론적 복사유체역학을 이용하여 푼 예 (Fukue & Akizuki 2006, *Publ. Astr. Soc. Japan*, 58, 1073에서 작성). 가로축이 원반면으로부터의 고도 z(슈바르츠실트 반지름 단위), 세로축이 흐름의 속도 v(광속 단위). 연직류의 반지름은 슈바르츠실트 반지름의 세 배로, 원반의 밝기가 에딩턴 한계광도 정도이면 광속의 네 배 정도까지만 가속되지만(아래 곡선), 밝기가 열 배가 되면 광속의 아홉 배 정도까지 가속된다(위의 곡선).

상 흐름 정도만 해결을 본 상태이다. 그 결과에 따르면, 복사장이 강한 경우에 가스는 (복사저항이 별로 작용하지 않는) 광학적으로 두꺼운 영역에서 효과적으로 가속됨으로써 원리적으로는 광속 가까이까지 가속될 수 있음을 알게 되었다(그림 3.13). 2차원이나 3차원 등, 좀 더 현실적인 상황에서는 어떻게 될지 앞으로의 연구가 기다려진다.

상대론적 복사유체 모의실험

가스와 복사의 상호작용을 꼼꼼히 고려하면서 형상이 2차원인 강착원반 등에서 복사압으로 가속되는 상대론적인 흐름을 정확히 풀어내려면 최종적으로 다차원의 상대론적 복사유체 모의실험이 반드시 필요하다. 복사장을 다룰 때에는 여러 가지 근사를 사용하며, 속도도 광속의 10 % 정도

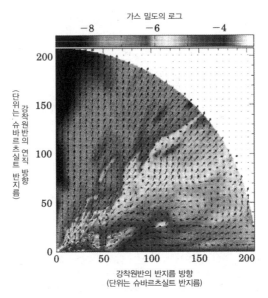

가스 밀도의 로그

그림 3.14 복사유체역학 모의실험의 예(Ohsuga *et al.* 2005, *ApJ*, 628, 368에서 전재). 회색 영역은 밀도분포를, 화살표는 속도 스펙트럼을 나타낸다. 블랙홀 주위에서 가스가 대량으로 낙하되었을 때 가스 원반 내부에서 광자가 대량으로 발생하고 그 복사압에 따라 광속의 10% 정도 속도로 가스가 유출된다.

밖에 안 되는 범위이기는 하지만 다차원의 상대론적 효과를 고려한 복사유체 모의실험도 이루어지기 시작했다(그림 3.14).

복사압 가속 모형의 과제

복사압 가속 모형은 밝게 빛나는 활동 천체에서는 매우 중요한 역할을 하지만 앞에서 설명했듯이 아직 해명하지 못한 문제도 많다. 마지막으로 복사압 가속 모형의 과제에 대해 검토하기로 한다.

수렴 문제 복사는 사방팔방으로 넓게 퍼지는 성질이 있어 일반적으로 복사압만으로 조밀하게 응축된 제트로 수렴하기는 힘들다. 실제로 기하학적으로 얇은 강착원반에서의 복사압 가속풍은 먼 곳에서는 넓게 퍼지는 성질이 있다. 분출류를 조밀하게 응축시켜 제트로 만들기 위해서는 분출류를 가두는 그 어떤 구조가 필요하다. 이와 같은 구조로는 외부 원반에서 흘러나오는 저속에 고밀도인 원반풍이나 강착원반 코로나, 또는 자기장 등을 생각할 수 있다. 앞에서 언급한 강착 토러스의 패널 응축도 그 하나이다. 또 본디 사방으로 퍼지는 성질이 있는 복사 자체로 제트 가스를 수렴하는 것도 불가능하지는 않다. 강착원반의 표면온도는 중심일수록 높아져 복사장도 중심 부근일수록 강해지고, 블랙홀 등과 아주 가까운 주변에서는 강착원반이 사라지므로 그 중심에서도 복사장이 약해진다. 따라서 블랙홀 근처의 가스는 주변 강착원반에서의 복사를 받아 '축 방향으로 수렴'될 수 있다(그림 3.15).

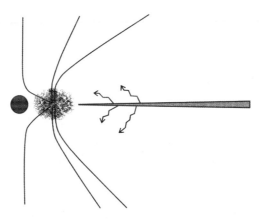

그림 3.15 복사압 수렴가속 모형(Fukue & Akizuki 2001, *Publ. Astr. Soc. Japan*, 53, 555에서 전재). 블랙홀(왼쪽의 검은 점) 주위에는 밝게 빛나는 강착원반(편평한 회색 영역)이 퍼져 있는데, 조건에 따라서는 블랙홀에 아주 가까운 근방은 초고온이 되면서 희박한 전자·양전자 플라스마(점들의 집합)가 발생한다. 고온 영역에서 분출된 전자·양전자 플라스마는 주위 원반으로부터의 복사(물결무늬 화살표)에 따라 가속되어 실선처럼 분출하면서 일부는 축 모양으로 수렴해 간다(왼쪽 실선).

가속 문제 복사압 가속 제트의 또 한 가지 문제는 어느 정도 속도까지 제트 가속이 가능한가(가속한계)이다. 복사저항이 작용하는 곳에서 보통 플라스마를 상대론적 ($v=0.9c$, $\Gamma=2.55$) 또는 초상대론적 ($v=0.99c$, $\Gamma \sim 10$) 속도로까지 가속하려면 어떤 메커니즘이 필요하다. 가속 성능을 높일 수 있는 가능성 가운데 하나는 표준강착원반과는 다른 모형을 이용하는 것이다. 가스 강착률이 엄청나게 커지면 팽창된 강착원반의 광도는 에딩턴 한계광도를 넘어 표준원반보다 엄청나게 커진다(2.2절). 이와 같은 초임계 강착원반을 이용하면 3.3절에서도 설명했듯이 보통 플라스마를 광속의 90 % 정도까지 가속할 수 있다. 복사저항의 문제는 넓게 퍼진 복사장 안에서 가스 입자가 운동하기 때문에 발생하는 현상이므로, 가스와 복사가 혼연일체가 되어 가속하면 복사저항의 문제는 피할 수 있다. 다시 말해, 엄청난 고온에다 가스와 복사가 혼합된 대량의 가스가 내부 복사압에 따라 유체역학적으로 가속되면 복사에너지가 효율적으로 가스의 운동에너지로 변환되어 원리적으로는 광속까지도 가속될 수 있다. 그 가능성을 검증하려면 앞에서도 설명했듯이 가스와 복사의 상호작용을 신중하게 받아들여 블랙홀의 중력장 안에서 광속 가까이까지 가속되는 일반상대론적 복사유체역학의 문제를 반드시 해결해야 한다.

에너지 문제 복사압 가속 모형에서는 중심천체로 내려온 가스의 중력에너지를 먼저 복사(빛에너지)로 바꾸고, 또 그 복사에너지를 효율적으로 제트의 운동에너지로 변환한다. 내려온 가스의 양이 아주 많으면 에너지 면에서는 그 대부분을 날려버릴 수 있어 복사압 가속 모형의 변환효율은 기본적으로 높은 편이다. 단, 에너지가 일부 가스에 선택적으로 분배되는지, 방향성(수렴성)을 가지고 분배되는지 등, 아직 밝혀지지 않은 점도 많다.

또한 감마선 폭발에서는 중심에서 만들어진 '파이어볼'에서 극도의 초상대론적 ($v=0.9999c$, $\Gamma \sim 100$)인 제트가 분출되는 것으로 상상하는데,

'파이어볼' 내부에서 어떤 에너지 변환이 일어나는지는 아직도 잘 모른다. 일반상대론적 복사유체역학을 전면적으로 이용하여 제트 가속을 연구하는 것은 이제 막 단서를 찾아내는 단계로, 검토해야 할 과제가 많이 남아있다.

3.3.3 자기적 가속 모형

우주 제트의 자기적 가속 모형은 활동은하핵 제트를 설명하기 위해 1970년대 후반, 러브레이스R. V. E. Lovelace와 블랜드포드R. D. Blandford가 독자적으로 제안했다. 펄서풍 모형을 그대로 활동은하핵의 강착원반에 응용하는 개념이다. 그 후 블랜드포드와 페인D. P. Payne이 전자기유체역학(MHD) 모형을 처음으로 정확히 계산했는데, 이것이 현대의 우주 제트 자기적 가속 모형의 출발점이 되었다. 그 후 별탄생 영역의 제트가 발견되면서 자기적 가속구조를 이 제트에 응용한 우치다 유타카內田豊와 시바타 가즈나리柴田一成 모형 등이 등장했다. 이 절에서는 우주 제트의 전자기유체역학 모형에 대해 알아본다.

자기적 가속 메커니즘

강착원반에 거의 수직인 자기력선이 있다고 하자. 강착원반 및 주변의 가스는 많은 경우 이온화하여 플라스마 상태가 된다. 자기력선은 플라스마에 '얼어붙어' 있으므로 그림 3.16(왼쪽)과 같이 되어 있고, 원반이 회전하면 자기력선은 원반에 이끌려 함께 회전한다(그림 3.16 오른쪽). 만약 자기력선이 그림처럼 원반의 수직선에서 약간 기울어지면 원심력이 작용해 플라스마는 자기력선을 따라 운동을 시작한다. 자기장 때문에 원심력이 작용하므로 이를 '자기원심력 가속'이라고 한다. 이와 같이 플라스마는 강착원반을 관통하는 자기력선에 따라 가속된다.

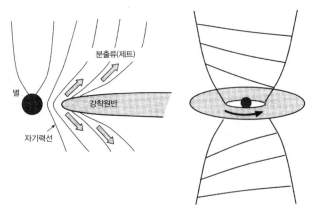

그림 **3.16** 제트 자기적 가속구조 개념도(Shibata & Kudoh 1999, in Proc. Star Formation 1999, Nobeyama Radio Observation, p.263에서 전재).

자기력선은 강체가 아니기 때문에 실제로는 회전방향으로 꺾이며, 그림 3.16(오른쪽)처럼 꽁꽁 감긴다. 이렇게 되면 자기력선끼리의 반발력, 즉 자기압이 형성되면서 원반에 수직 방향으로 플라스마가 가속된다. 용수철을 누른 손가락을 떼면 용수철이 튕겨 오르는 것처럼 꽁꽁 휘감긴 자기력선에서 플라스마가 격렬하게 가속된다. 이것을 '자기압 가속'이라고 한다. 이렇게 해서 회전하는 원반을 관통하는 자기력선 위의 플라스마는 두 종류의 힘, 자기원심력과 자기압에 따라 원반에서 바깥쪽으로 가속된다.

자기장이 강할 때는 그림 3.17(왼쪽)처럼 자기력선이 부드럽게 꺾이고, 플라스마는 중심에서 점선 주변까지 거의 일정한 각속도로 강체회전한다(이를 공회전共回轉이라고 한다). 점선까지의 거리를 알벤 반지름이라고 하며, 이때는 자기원심력이 작용한다. 자기장이 약할 때는 그림 3.17(오른쪽)처럼 원반에서 가장 가까운 부분부터 꽁꽁 휘감게 되므로 자기압이 주요 가속구조가 된다. 여기에서는 강착원반을 염두에 두었지만 임의의 회전물체, 예를 들어 회전하는 모든 별에 적용할 수 있다. 본디 이 메커니즘은 실제

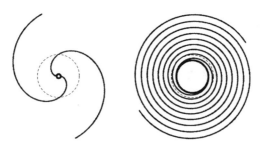

그림 **3.17** MHD 제트를 위에서 보았을 때의 자기력선(Spruit 1996, Evolutionary processes in binary stars, NATO ASI Series C., 477, 249에서 전재). 실선은 자기력선, 점선은 알벤 반지름의 위치. 왼쪽 그림은 자기장이 강한 경우, 오른쪽 그림은 자기장이 약한 경우이다.

로 강한 자기장을 가진 회전 중성자별(펄서)에서 발생하는 펄서풍 가속 때문이라고 생각된다.

자기적 가속 모형의 장점

우주 제트는 고속으로 가속될 뿐만 아니라 가늘고 길게 응축되어 있다. 이를 콜리메이션collimation이라고 한다. 모든 제트 모형은 가속뿐 아니라 콜리메이션 메커니즘까지 설명할 수 있어야 한다. 사실 위에서 설명한 자기적 가속 메커니즘은 이 콜리메이션을 자연스럽게 설명할 수 있다. 그림 3.16(오른쪽)에서 보듯이 제트 주변으로는 자기력선이 꽁꽁 감겨 있기 마련이다. 자기력선은 고무줄 같은 성질이 있어 휘감긴 자기력선에는 장력이 작용한다(이것을 자기장력磁氣張力이라고 한다). 이 자기장력으로 제트가 조밀하게 응축된다(자기 핀치magnetic pinch). 이와 같은 자발적인 콜리메이션 구조는 다른 가속구조(가스압, 복사압)에는 없다. 자기적 가속구조의 큰 장점이라 할 수 있겠다.

자기적 가속 메커니즘의 또 한 가지 장점은 각운동량의 운반이다. 회전하는 성간구름에서 어떻게 각운동량을 제거하고 수축하여 별을 만들어낼

까. 이것은 별뿐만 아니라 모든 천체 형성에서도 공통의 기본문제로, 오랜 세월에 걸친 천문학의 어려운 문제 가운데 하나였다(각운동량 문제). 자기적 가속구조에서는 자기력에 따른 각운동량 운반으로 각운동량 문제는 자연스럽게 해결된다. 자기력선이 원반 중의 플라스마 회전운동을 조금이라도 방해하듯이 존재하면, 다시 말해 자기력선이 플라스마로 끌려가면 회전운동은 감속되고 각운동량을 잃는다. 자기적 가속구조에서는 이 메커니즘이 원반을 관통하는 자기력선과 원반의 회전운동 사이에서 일어나고 있어 각운동량 운반이 매우 효율적으로 진행된다. 자기력에 따라 제트가 형성되면 중심천체의 형성이 빠르게 진행된다. 극단적으로 말하면 46억 년 전에 원시태양계에서 비교적 짧은 시간에 태양이 만들어졌고, 그 결과 지구가 형성되면서 생명이 탄생한 것은 '자기적 제트가 형성된 덕분'일지도 모른다.

제트의 MHD 모의실험

앞서 언급했던 자기적 가속 메커니즘을 전자기유체역학 방정식을 꼼꼼히 풀어서 연구한다는 것은 쉬운 일이 아니다. 하지만 계산기가 발달하면서 속속 제트 모의실험이 이루어지게 되었다. 과연 조밀하게 응축된 제트가 형성될까?

비정상 모의실험 우주 제트의 비정상 MHD 모의실험을 시작한 것은 1984년의 일이었다. 그림 3.18은 당시 진행된 수치계산의 전형적인 예를 보여준다. 초기에 점 모양의 중력원(원시별, 블랙홀 등) 주위를 회전원반(강착원반)이 돌고 있는 상황을 염두에 두었다. 원반 바깥쪽으로는 고온의 코로나가 있는 것으로 했다. 이 상황에서 자기력선이 원반을 수직으로 균일하게 관통한다면 자기력선은 플라스마에 갇혀 있으므로 원반회전에 이끌

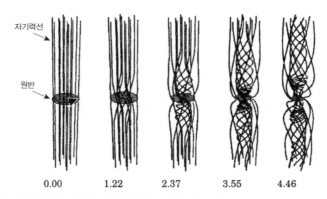

자기력선

원반

0.00   1.22   2.37   3.55   4.46

그림 3.18 자기적 가속의 비정상 모의실험(Shibata & Uchida 1990, *Publ. Astr. Soc. Japan*, 42, 39). 숫자는 무차원의 시간을 나타낸다. 단 $2\pi = 6.28$이 원반의 1회전 주기가 되는 단위로 측정되었다. 이 예에서는 제트의 매개변수는 자기에너지/중력에너지$=7.2 \times 10^{-3}$, 열에너지/중력에너지$=3 \times 10^{-3}$.

려 비틀림torsion이 발생한다. 비틀림은 알벤파Alfven wave로 원반 위아래로 전달되고, 이때 원반은 각운동량을 잃어 중심으로 낙하하기 시작한다. 원반은 낙하하면 할수록 회전속도가 늘어나기 때문에 자기력선이 점점 더 강하게 비틀린다. 이와 같이 원반의 낙하(강착)와 자기력선의 비틀림 발생은 서로 도와가며 점점 더 격렬해진다.

원반이 중심 부근으로 떨어짐으로써 자기력선은 크게 변형되고, 자기력을 따라 돌던 원심력이 중력을 이기면 원반 표면 부근의 플라스마는 위아래로 분출하기 시작함으로써 하늘에 떠 있는 원통형 껍질 모양의 제트가 형성된다. 제트는 강하게 비틀린 자기장의 압력으로 더 가속되다가 최종적으로는 원반의 회전속도(케플러 속도, 2.2.2절 참조) 정도의 속도가 된다. 또 제트 중의 자기장은 회전방향으로 꽁꽁 감겨 비틀어져 있기 때문에 자기 장력에 따라 제트가 조밀하게 응축된다. 이 같은 상황이 비정상 2차원 계산으로 밝혀지게 되었다.

그런데 2차원 비정상 모의실험 결과는, 제트는 절대 정상으로 되지 않음을 보여준다. 제트는 왜 정상으로 되지 않을까? 그것은 강착원반의 물리

현상으로 결정되는데, 강착원반 중에 자기장이 있으면 자기회전 불안정성이 발생하여 난류亂流 상태가 되기 때문이다. 더구나 그 난류는 자기난류이므로 자기 리커넥션[10]이 여기저기에서 일어난다. 폭발이 계속되는 난류이다. 제트도 이따금씩 분출되면서 제트 중에 내부 충격파가 발생할 수도 있다. 이상의 '이론적 예언'은 강착원반의 X선 관측으로 알려진 시간변동이나 제트의 '노트' 관측으로 추측되는 충격파 구조와 잘 일치된다. 이 특징들은 나중에 진행된 3차원 계산으로도 확인된다.

초기 자기장이 균일 자기장이 아닌 경우 지금까지의 계산에서는 편의상 초기 자기장을 균일한 것으로 가정했다. 초기 자기장의 형태가 균일하지 않더라도 제트는 만들어질까? 하야시 미쓰루林滿 연구진은 원시별 쌍극자 dipole 자기장과 강착원반의 상호작용으로 제트가 형성되는지 비정상 2.5차원 MHD 모의실험을 통해 연구했는데, 그 결과 분명히 케플러 속도 정도의 분출류가 발생했음을 밝혀냈다. 그림 3.19에 그 시간변화의 대표적인 결과를 나타냈다.

그림에서 쌍극자 자기장이 원반회전으로 비틀리다가 점차 팽창하면서 결국에는 폭발적인 '자기 리커넥션'을 일으킨다(시간=2.68 그림에서 시간=4.01 그림 사이의 변화에 대응). 그 결과 분출류가 발생한다는 것을 알게 되었다. 팽창의 원인은 균일 자기장의 경우와 마찬가지로 도넛 모양의 자기장 성분이 늘어남에 따라 자기압이 증가하기 때문이다. 그러나 이 경우는 자기 리커넥션이 중요해 부분적으로는 알벤 속도에 이르는 고속 분출류도 발생한다. 또 자기 리커넥션에 따라 가열된 플라스마는 수천만에서 1억 도까지 이르는데, 초고온 플레어로 관측될 것임에 틀림없다. 실제로 고야마 가쓰지小山勝二 연구진은 아스카의 원시별 관측에서, 이제 막 태어난 별에

---

10 1장의 각주 20 참조.

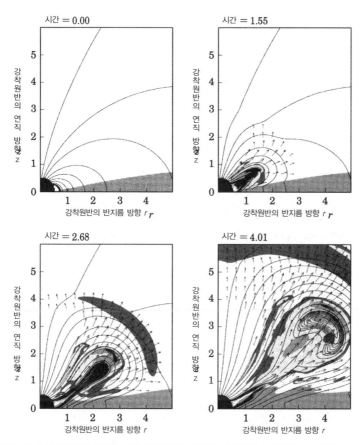

그림 **3.19** 초기 자기장이 쌍극자 자기장인 경우의 강착원반과 쌍극자 자기장의 상호작용을 MHD 모의실험으로 나타냈다(화보 5 참조, Hayashi *et al.* 1996, *ApJ*, 468, L37에서 전재). 그림의 세로축·가로축의 숫자는 초기 원반의 반지름을 단위로 한 것. 시간 단위는 그림 3.18과 같다.

서도 1억 도에 이르는 초고온 플레어가 발생하고 있음을 발견했다.

일반상대론적 MHD 모의실험 활동은하핵, 미세 퀘이사, 감마선 폭발에서는 상대론적인 제트가 관측되고 있어 그 중심에 블랙홀이 있는 것으로 생각된다. 블랙홀 근방에서의 제트 형성을 정확히 계산하려면 일반상대론을 고려한 전자기유체역학 방정식을 풀어야만 한다.

요즘 컴퓨터의 발달로 이와 같은 계산도 충분히 가능해졌다. 이 분야에서는 고이데 신지小出眞路 연구진이 세계 최초로 블랙홀 근방에서 분출되는 제트의 일반상대론적 전자기유체역학 모의실험에 성공했다. 그 결과 비상대론으로 계산되던 자기적 강착원반에서 분출되는 제트의 대략적인 성질은 일반상대론을 고려해도 성립된다는 것이 판명되었다. 단, 일반상대론을 고려한 경우는 슈바르츠실트 반지름보다 세 배 안쪽에 안정궤도가 없음을 반영하여 플라스마의 궤도운동이 격렬해짐으로써 충격파가 만들어지기 쉽다. 또 블랙홀이 회전하는 경우에는 작용권ergosphere 안에서는 시공時空이 끌려가기 때문에[11] 강착원반이 없어도 자기력선이 틀어지며, 그 결과 블랙홀의 에너지와 각운동량이 외부로 방출된다. 그림 3.20은 이와 같은 경우의 전형적인 자기력선 모형이다.

자기적 가속 모형의 관측적 검증

제트가 자기장의 힘으로 가속된다는 증거가 있는 것일까? 자기장 관측은 천체 관측 중에서도 매우 힘든 관측이어서인지 아직 직접적인 증거는 없다. 그러나 간접적인 증거(또는 상황 증거)는 몇 가지 있다. 만약 제트가 자기적으로 가속된다면 제트는 분명히 꽁꽁 휘감겨 비틀어진 나선 모양의

---

[11] 작용권이란 회전하는 블랙홀 주변(적도 근처)에 만들어지는 이상한 공간으로, 그곳으로 들어가면 물질은 물론, 빛조차도 블랙홀과 같은 방향으로 회전하지 않을 수 없게 된다. 즉 공간이 블랙홀 회전방향으로 끌려간다. 이것을 '시공時空 지연 효과'라고 한다.

그림 3.20 회전하는 블랙홀(카 해)의 작용권과 자기력선의 상호작용에 관한 일반상대론적 MHD 모의 실험(Koide *et al.* 2002, *Science*, 295, 1688에서 전재). 강착원반이 없어도 블랙홀 회전에 따른 시공의 지연이 회전원반과 비슷한 역할을 하므로 알벤파가 발생하여 블랙홀에서 에너지나 각운동량을 뽑아낼 수 있다.

자기장을 가질 것이다. 이처럼 꽁꽁 휘감긴 자기력선이 있으면 제트는 DNA 같은 이중나선구조를 보일지도 모른다. 실제로 이 같은 나선 자기장 구조를 가진 제트가 활동은하핵 제트에서 발견되는데, 이것이 자기적 가속구조의 간접적인 증거이다.

원시별 강착원반에서 분출되는 제트는 중심별(원시별)에서의 복사는 물론, 강착원반 자체의 가스압력이 가속하기에는 충분하지 않아 자기적 가속으로 생각된다. 실제로 중심의 원시별 자체는 강한 자기장의 존재를 암시하는 플레어를 왕성하게 일으키고 있으며, T−타우리형 별로 알려진 젊은 별(전 주계열성)에서는 별 전체적으로 0.1~1 T에 이르는 강한 자기장이 관측되기도 한다. 이 같은 별에서도 제트가 분출되므로 이런 자기장 관측은 제트의 자기적 가속구조의 간접적인 증거라 할 수 있다.

자기적으로 가속된 제트에는 주변 강착원반의 회전이 자기력선에 따라 전달되고(각운동량이 운반되고), 제트가 회전하면서 분출되어 전파하고 있음에 틀림없다. 허블 우주망원경은 분출속도 약 100 kms^{-1}인 제트 중에

서 약 10 kms^{-1}으로 우리에게 다가오는 방향과 멀어져 가는 방향의 속도
장速度場을 발견했다. 이는 제트가 회전운동을 한다는 증거다. 이때 회전방
향은 주변 강착원반의 회전방향과 같으며, 제트의 회전속도도 자기적 가
속구조의 예언과 대체로 잘 맞아떨어진다. 자기장 이외의 구조로 회전운
동을 설명하는 것은 쉽지 않기 때문에 이 관측 결과가 제트의 자기적 가속
구조의 유력한 증거이다. 요즘 관측 정밀도가 더욱 높아져 원시별 등의 젊
은 별에서 분출되는 제트에 관해서는 이처럼 제트의 회전운동이 잇달아
검출되고 있어 자기적 가속구조가 상당한 힘을 얻고 있다.

남겨진 과제

이상에서 살펴보았듯이 우주 제트의 자기적 가속 모형은 1970년대 중
반 이후 눈에 띄게 발전을 거듭해 왔다. 특히 슈퍼컴퓨터의 발전으로 제트
의 가속이나 전파에 관해 해석적 방법으로는 도저히 풀 수 없었던 복잡한
3차원 시간발전 형태까지 연구할 수 있게 된 것은 큰 진보라 할 수 있겠다.
하지만 관측에 따른 검증이나 이론적인 문제점 등, 앞으로의 문제들도 적
지 않다. 지금까지 많이 다루지 않았던 중요한 문제점들을 정리해 보면 다
음과 같다.

(1) 초상대론적 제트의 형성 : 활동은하핵 제트나 감마선 폭발에서는 로
렌츠 인자가 10 이상의 초상대론적 제트가 분출하는 것으로 보인다. 과연
초상대론적 제트는 어떻게 형성될까?

(2) 전자·양전자 플라스마 제트 : 활동은하핵 제트를 구성하는 물질은
보통 플라스마(전자·양성자)가 아니라 전자·양전자 플라스마일 가능성이
있다. 후자의 경우, 과연 일반적인 전자기유체역학을 적용할 수 있을지는
아직 분명하지 않다.

(3) 제트의 에너지 변환 문제 : 요즘의 X선 관측에 따르면 활동은하핵 제트 중의 입자 에너지는 자기장 에너지의 열 배 정도 크다. 즉 제트가 자기적으로 가속되고 있다면 관측되는 주변까지 자기장 에너지를 운동에너지로 충분히 변환될 필요가 있다. 그러나 자기력선이 복사 형태, 또는 그보다 조밀하게 평행화collimating가 된 경우에는 유한한 자기磁氣에너지가 남아 있는 것으로 알려져 평행화하는 동시에 에너지 변환을 하기에는 어렵다. 이것을 해결할 수 있는 견해로, 제트에는 평행화된 조밀한 제트와 평행화되지 않은 분출류라는 두 성분이 있다는 견해와 자기 리커넥션을 이용하여 에너지 변환을 한다는 견해가 있다.

(4) 제트 내부 구조(노트)의 기원 : 제트에는 원시별 제트에서 활동은하핵 제트에 이르기까지 넓은 노트 구조를 볼 수 있는데, 그 기원은 아직 불분명하다. 제트 자체의 불안정성에서 비롯되는지, 아니면 중심 엔진의 시간변동에 따른 것인지 잘 모른다. 앞으로 이론과 관측을 비교함으로써 모형을 정량화하는 데 큰 기대를 걸고 있다. 미세 퀘이사, 활동은하핵, 감마선 폭발에는 앞으로의 관측 발전에 대한 기대가 크다.

제4장
미립자와 중력파 천문학

4.1 우주선

우주선cosmic rays은 우주공간을 날아다니는 고에너지 양성자, 원자핵, 전자 등을 말한다. 넓은 의미로는 우주를 날아다니는 고에너지 입자를 총칭하는 것은 물론, 전하를 가지지 않는 감마선, 우주 뉴트리노 등을 포함하는 경우도 있다. 이 절에서는 최초의 정의인 전하를 가진 고에너지 입자의 우주선에 대해 알아보기로 한다.

4.1.1 우주선의 스펙트럼

그림 4.1에 우주선 스펙트럼의 분포를 나타냈다. 10^8 eV에서 10^{20} eV까지 그 에너지 분포는 열두 자릿수에 걸쳐 있다. 다양한 위성과 기구실험으로 10^8 eV에서 10^{15} eV까지 측정되었으며, 10^{13} eV에서 10^{20} eV 영역은 우주선이 대기 중에서 일으키는 공기 샤워 현상을 높은 산과 지상에 설치한 검출기로 측정했는데, 이 방법으로 30자릿수가 넘는 세기의 범위까지 측정되고 있다. 놀랍게도 광활한 에너지 범위에 퍼져 있는 우주선의 에너지 분포는 휘어짐이 있는 단순한 멱함수로 보인다. 우주선은 어디에서, 어떤 과정으로 10^{20} eV나 되는 에너지까지 가속되는 것일까. 우주선의 에너지 상한은 과연 존재할까. 어떤 메커니즘으로 멱함수로 보이는 에너지 분포가 형성되는 것일까.

4.1.2 우주선의 화학조성

그림 4.2은 우주선의 주요성분인 수소(H), 헬륨(He), 탄소(C), 철(Fe)의 원자핵 에너지 스펙트럼이다. 빈도분포가 10^3MeV/nucleon(핵자당 10^3MeV) 이하에는 고에너지로부터의 멱함수에서 크게 벗어나 있다. 이는 태양풍 자기장의 영향으로, 태양 활동과 함께 그 빈도나 최댓값의 위치가 변화한

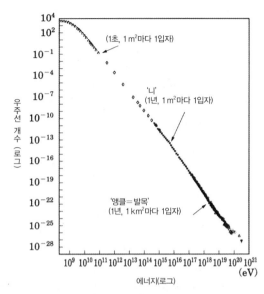

그림 4.1 우주선線의 에너지 스펙트럼. 10⁸ eV에서 10²⁰ eV에 걸쳐 넓은 에너지 영역에서 다양한 방법에 따라 측정되었다. 넓은 에너지 영역에서 몇몇의 멱함수로 분포를 나타낼 수 있다. 3×10¹⁵ eV에 있는 스펙트럼의 절곡은 '니(knee; 무릎)'로 불리는데, 우주선 은하로부터의 누출, 또는 은하우주선의 가속한계를 나타내는 것으로 생각된다. 10²⁰ eV 이상, 어디까지 그 스펙트럼이 연장되어 있는지는 알 수 없다.

다. 은하 우주선은 태양풍에 맞서 지구로 전파되어야 하기 때문에 태양 활동이 격렬할 때에는 그 빈도가 내려가고 완만할 때에는 올라간다.

그림 4.3은 우주선의 화학조성 분포(히스토그램histogram)와 태양계 근방의 화학조성 분포(막대그래프)를 비교한 것으로, 다음 사항들을 알 수 있다.

(1) 짝수 원자번호를 가진 원자핵은 안정적이며, 짝홀수 원자번호에 빈도의 크고 작음이 우주선과 태양 근처 물질 모두에서 볼 수 있다.

(2) 우주선 중에 가벼운 원자핵 리튬(Li)과 벨륨(Be), 붕소(B)가 태양계 근처 물질에 비해 압도적으로 많다.

(3) 우주선 중에 철(Fe)원자핵보다 약간 가벼운 원자핵이 많다.

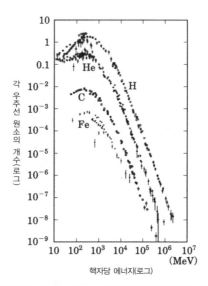

그림 4.2 주요 우주선 성분의 에너지 스펙트럼. 핵자당 에너지로 표시되어 있다.

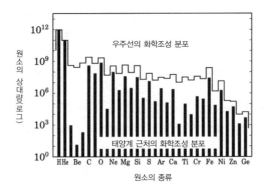

그림 4.3 우주선의 화학조성 분포(히스토그램)를 태양계 근처의 화학조성 분포(막대그래프)와 비교. H(수소)의 양을 10^{12}로 규격화해 놓았다.

(4) 우주선 중에서 수소(H), 헬륨(He)의 양이 태양계 근처 물질에 비해 적다.

이렇듯 우주선과 태양계 근처 물질의 화학조성이 다른 것은 주로 발생 원에서 태양계까지 전파되는 도중에 우주선이 성간가스와 충돌해 원자핵이 파괴되면서 더 가벼운 원자핵이 만들어지기 때문이다.

4.1.3 우주선의 은하 내부에서의 수명

앞 절의 (2)에서 설명한 것처럼 우주선 중에 가벼운 원자핵 Li, Be, B가 태양계 근처 물질에 비해 압도적으로 많다. 예를 들면 B는 우주선원에서 생성되지 않으며, C가 전파되는 도중에 성간가스와의 충돌로 2차 입자로 생성된다. 실제로 우주선 중 B와 C의 비율로 보아 우주선이 그 원천에서 우리가 관측할 때까지 $50{\sim}100\ \mathrm{kgm}^{-2}$의 물질을 전파 도중에 통과시킨다는 것을 알게 되었다.

한편, 우리은하에서의 가스 중 물질밀도(양성자 밀도)는 $\sim5\times10^5$개 m^{-3}이며, 우주선의 전파 거리는 $\sim10^{23}\ \mathrm{m}$이므로 이를 광속도로 나누면 $\sim10^7$년으로 추정할 수 있다. 이것이 우주선의 수명으로 생각된다. 또 Be 동위원소를 이용해 우주선 수명을 추정할 수 있는데, 수명이 거의 두 배나 되어 우주선이 평균적인 은하면보다 가스 밀도가 낮은 곳을 통과하고 있음을 시사한다.

4.1.4 우주선의 기원

태양계 근처에 있는 우주선의 에너지 밀도는 대개 $1\ \mathrm{MeVm}^{-3}$으로, 이 값은 우리은하 자기장이 가진 에너지 $0.3\ \mathrm{MeVm}^{-3}$와 큰 차이가 없다. 이로써 우주선(하전입자)과 은하 자기장 사이의 에너지 거래를 상상할 수 있다. 은하원반의 부피를 $10^{61}\ \mathrm{m}^3$(15 kpc 반지름 원반, 1.5 kpc 두께)로 하면, 은하 원반에 축적되는 전체 에너지 양은 $10^{48}\ \mathrm{J}$이라는 엄청나게 큰 값이 된다. 이 값을 우주선의 은하원반에서의 수명 10^7년(3×10^{14}초)으로 나눈 값

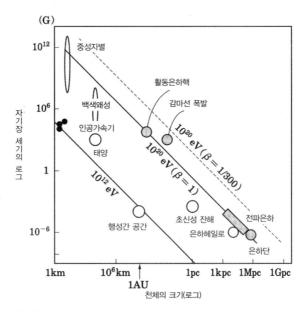

그림 4.4 우주선원 후보 천체와 가속한계. 여기에서 $\beta(=v/c)$는 페르미 가속에서의 충격파 속도.

3×10^{33} W에서 우주선이 우리은하에서 생성되어야 한다. 한편, 은하 우주선의 기원으로 생각되는 초신성 폭발의 에너지를 10^{44} J이라고 하면, 그 3 % 정도가 우주선 가속에 사용되는 것으로 본다. 폭발 빈도를 30년에 한 번이라고 가정하면 3×10^{42} J/10^{9}초$=3 \times 10^{33}$ W가 되므로 우주선으로의 에너지는 충분히 공급될 수 있다.

그림 4.4는 가로축은 천체 규모로, 세로축은 천체의 자기장 세기로 하여 우주선의 후보 천체를 나타낸 것이다. 가속구조가 무엇이든 가속이 가능한 에너지의 상한은 하전입자의 라머Larmor 반지름(ρ_c)이 천체 크기(L)보다 작아야 하므로,

$$\rho_c = \frac{p}{ZeB} \sim \frac{E}{ZecB} \leqq L,$$

가 되어 최대에너지는 $E_{max} = ZecBL$로 계산할 수 있다.

한편, 자기장에 따른 유도전기장은 $v \times B$로 하면 이를 천체 크기까지 적분한 경우의 전압은 $V = vBL$이므로 $E_{max} = ZevBL$이 된다. 이것이 우주선이 광속도로 움직인다면 앞서 설명한 E_{max}와 같아진다. 이 조건에서 은하 우주선원의 후보 천체로는 초신성 폭발, 펄서, 미세 퀘이사 등을 들 수 있으며, 외부은하 우주선(최고에너지 우주선)원의 후보 천체로는 활동은하핵, 감마선 폭발, 전파은하, 충돌은하, 은하단 등을 들 수 있다.

각 천체에서의 가속 최대에너지에 대한 논의에서는 위의 논의뿐만 아니라 에너지 손실에 대해서도 함께 고려해야 한다. 그림 4.4를 보면 펄서에서의 입자 가속이 10^{20} eV까지 이른다고 생각할 수도 있지만, 자기장이 매우 강해 싱크로트론 복사(4.2.1절)나 곡률복사(1.2.4절)의 에너지 손실이 $B^2 E^2$에 비례하므로 에너지도 급속히 증대한다. 가속에 따른 에너지 이득과 복사에 따른 에너지 손실이 균형을 이루는 에너지가 가속 최대에너지가 된다.

10^{19} eV를 넘어서는 우주선은 외부은하 기원으로 생각되는데, 가속시간이 길면 GZK 메커니즘(칼럼 「최고에너지 우주선의 운명」 참조)으로 에너지 손실이 작동하기 시작한다. 따라서 10^{20} eV 이상까지 가속할 수 있는 크기와 자기장 세기를 가진다 해도 실제 최대에너지는 6×10^{19} eV에서 정점을 찍는다. 우주선 가속에 대한 상세한 설명은 다음 절에서 하기로 한다.

⭐ 칼럼 **최고에너지 우주선의 운명**

(1) 양성자 10^{18} eV를 넘는 최고에너지의 우주선 양성자는 2.7 K 우주배경복사와 충돌하여 전자 · 양전자 쌍을 생성한다.

$$p + \gamma_{2.7\,K} \longrightarrow p + e^+ + e^- \ (E_p > 10^{18}\ eV) \ (전자-양전자 쌍 생성)$$

또 6×10^{19} eV를 넘는 광—π 중간자가 생성되기 시작한다.

$$p + \gamma_{2.7\,K} \rightarrow \Delta^+ \rightarrow X + \pi \; (E_p > 6 \times 10^{19}\,eV) \;(\text{광}-\pi \text{ 중간자 생성})$$

여기에서 X는 양성자, 중성자 등의 중입자이다.

광—p 중간자 생성에서는 역치閾値[1]를 약간 넘어선 부근 ($\sim 10^{20}$ eV)에서, Δ^+의 공명상태에 따라 큰 반응 단면적을 가진다($\sim 5 \times 10^{-24}\,m^{-2}$). 우주선의 에너지가 올라감에 따라(충돌에너지가 올라감에 따라) 여러 π 중간자가 생성된다. 이 π 중간자들이 붕괴하는데, 중성 π 중간자는 감마선으로 $\pi^0 \rightarrow 2\gamma$, 전하 π 중간자는 $\pi^{+-} \rightarrow \mu + \nu_\mu \rightarrow e + \nu_e + \nu_\mu + \nu_\mu$로 붕괴한다. 이 감마선과 전자는 우주공간에서 '캐스케이드 샤워(cascade shower, 고에너지의 전자, 양성자가 물질층에 입사하여 기하급수적으로 많은 입자를 만드는 현상)'가 일어나 1~100 GeV 영역의 확산 감마선을 만든다. 또 뉴트리노는 $10^{18} \sim 10^{19}$ eV 영역에 분포한다.

우주선 양성자는 6 Mpc에 1회 정도의 확률로 광—π 중간자 생성반응을 일으키는데, 이때 거의 10~20 %(π 중간자와 양성자의 질량비 정도)의 에너지 손실을 입는다. 몇 차례의 상호작용으로 원래의 우주선 양성자는 대부분의 에너지를 잃어 30~100 Mpc 이상의 긴 거리를 날아올 수 없다. 이같은 현상을 우주배경복사를 발견한 뒤에 그라이젠, 자체핀, 쿠즈민(K. Greisen, G. Zatsepin, A. Kuzmin) 등이 지적했다고 하여 GZK 한계GZK Limit라고 한다.

(2) 감마선   2.7 K 배경복사는 $\varepsilon = 2.3 \times 10^{-4}$ eV에 최댓값을 가지는 흑체복사이다. 이 광자에 에너지 E_γ의 감마선이 충돌하면 충돌에너지는 $2\sqrt{E_\gamma \times \varepsilon}$가 된다. 이것이 역치 1 MeV 이상이면 전자·양전자 쌍의 생성이 일어난다. 따라서 10^{16} eV 이상의 초고에너지 감마선은 우주공간을 약 1 Mpc 정도 전파하면 2.7 K 배경복사와 충돌하여 전자·양전자 쌍으로 붕괴된다. 이 전자·양전자 쌍은 우주배경복사를 역콤프턴 산란에 따라 고에너지의 감마선으로 변환시킨다. 이 감마선이 또 전자·양전자 쌍으로 붕괴되는데 이를 전자기 캐스케이드 샤워라고 한다. 이 과정에서 감마선의 에너지는 점점 내려가고 전자와 양전자, 감마선의 수는 늘어난다.

---

[1] 일반적으로 반응이나 기타 현상을 일으키려고 계系에 가하는 물리량의 최소치. 보통 에너지로 나타낸다.

4.1.5 우주선 전파

그림 4.5에 우주선 전자, 우주 감마선, 고에너지 우주선 양성자의 우주공간에서의 흡수거리와 감쇠거리mean free path를 나타냈다.

우주선 전자

우주선 전자는 은하간 공간에서 2.7 K 배경복사 광자[2]와의 역콤프턴 산란으로 에너지를 잃는다(4.2.1절). 충돌할 때마다 에너지 손실률은 전자에너지의 2제곱(E^2)에 비례하여 커진다. 톰슨 영역에서 클라인−니시나(1.2.4절의 칼럼 「전자기복사의 과정」 참조) 영역으로 들어가는 10^{15} eV 부근에서 산란 단면적이 $E^{-0.5}$으로 작아져 감쇠길이가 길어지지만, 은하간 자기장과의 상호작용으로 싱크로트론 복사가 우세해지면 감쇠길이는 다시 급격히 짧아진다.

그림 4.5는 다섯 가지 자기장 세기에 대한 우주선 전자의 흡수·감쇠길이의 계산 결과를 보여준다. 우리은하의 자기장 세기는 대략 3×10^{-10} T로, 은하 자기장에 따른 싱크로트론 복사도 역콤프턴 산란과 마찬가지로 중요한 에너지 손실 과정이다. 그 밖에 가스와의 충돌로 일어나는 제동복사도 무시할 수 없다. 예를 들어 은하 자기장 안에서의 전파를 고려하면 $\geqq 1$ TeV인 우주선 전자의 수명은 대략 $\leqq 3 \times 10^5$년이다. 이 수치는 전자가 광속으로 달릴 때 100 kpc에 해당하지만, 은하 자기장 안에서의 라머 반지름은 이보다 훨씬 작기 때문에 고에너지 전자는 근처 선원(수백pc 이내)에서의 전파로 한정된다.

역콤프턴(IC)과 싱크로트론 복사에 따른 에너지 손실률의 비가

---

[2] 빅뱅의 흔적인 우주배경복사 광자로 배경복사 광자라고도 한다.

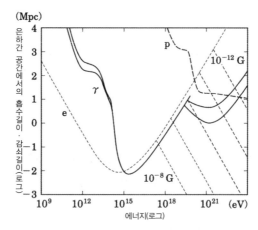

그림 4.5 우주선 전자, 우주 감마선, 고에너지 우주선 양자의 에너지(가로축: eV의 로그)에 대한 은하간 공간에서의 흡수길이, 감쇠길이(세로축: Mpc의 로그). 초고에너지 전자(e)의 감쇠길이는 싱크로트론 복사에 따른 에너지 손실이 은하간 공간에서의 자기장 세기에 좌우된다. 10^{-8} G, 10^{-9} G, 10^{-10} G, 10^{-11} G, 10^{-12} G의 다섯 가지 경우가 점선으로 나타나 있다(1 G = 10^{-4} T). 감마선(γ)은 은하공간을 채우는 가시광, 적외선, 2.7 K 배경복사, 전파 등의 광자와 충돌하여 $\mu^+ \cdot \mu^-$ 쌍생성(~10^{20} eV 이상)이나 전자·양전자 쌍생성(~10^{15} 이상)을 일으키며 흡수된다. 흡수길이는 실선으로 표시되어 있는데, 그 선들은 적외선과 전파 확산 성분의 불확정성을 나타낸다. 고에너지 우주선 양자(p)의 감쇠길이는 점선으로 나타나 있다. 그 점선에서 10^{18} eV ~ 10^{19} eV에 볼 수 있는 '어깨'와 10^{20} eV에 볼 수 있는 급격히 떨어지는 부분은 2.7 K 배경복사와의 충돌에 따른 전자·양전자 쌍생성과 π 중간자 생성에 대응한다(GZK 한계). 초고에너지 입자, 고에너지 감마선에서 우주는 투명하지 않다는 것을 알 수 있다.

$$\frac{(dE/dt)_{\text{IC}}}{(dE/dt)_{\text{synch}}} = \frac{U_{\text{rad}}}{U_{\text{mag}}} \tag{4.1}$$

로 주어지면((식 4.7)과 (식 4.8) 참조] 우리은하 별에서 나온 빛의 에너지 밀도는 U_{rad}~0.6 MeVm^{-3}이고, 우주배경복사는 U_{rad}~0.26 MeVm^{-3}이다. 한편, 전형적인 은하 자기장 3×10^{-10} T의 에너지 밀도는 U_{mag} = 0.3 MeVm^{-3}이 된다. 따라서 우리은하에서는 싱크로트론 복사와 역콤프턴 산란에 따른 에너지 손실은 거의 비슷하다. 이러한 역콤프턴, 싱크로트론 복사의 에너지 손실에 따라 우주선 전자, 양전자의 에너지 스펙트럼 기울기는 일반적으로 우주선 양자보다 심해진다.

우주 감마선

초고에너지 감마선에서도 2.7 K 배경복사 광자, 적외선, 가시광과의 상호작용은 매우 중요하다. 예를 들어 10^{18-20} eV의 초고에너지 감마선이 먼 쪽(예를 들면 ~Gpc)의 우주선원(활동은하 등)에서 만들어졌다고 하자. 이 감마선은 1~10 Mpc 정도의 전파로 2.7 K 배경복사와 충돌하여 전자·양전자 쌍으로 파괴된다. 이 전자·양전자 쌍은 역콤프턴 산란에 따라 우주 배경복사를 고에너지의 감마선으로 바꾼다. 이 감마선 또한 전자·양전자 쌍으로 파괴된다. 이리하여 감마선의 에너지는 점차 감소하고 전자, 양전자, 감마선의 수는 늘어간다. 이것을 전자기 캐스케이드 샤워(4.1.4절의 칼럼 「최고에너지 우주선의 운명」 참조)라고 한다. 감마선의 상호작용 길이는 에너지 감소와 함께 짧아져 10^{15} eV 정도에서 최소값이 되는데, 이 값은 은하 크기인 거의 10 kpc에 해당한다(그림 4.5). 또 전자기 캐스케이드 샤워로 감마선의 에너지가 1~100 GeV 근처까지 내려가면 그때야 비로소 먼 쪽(100~1000 Mpc)의 천체를 볼 수 있게 된다.

감마선 위성 CGRO를 탑재한 EGRET는 1~100 GeV 영역에서 확산 감마선을 발견했다(그림 4.6의 고에너지 쪽의 스펙트럼). 그 일부는 감마선 폭발에서 나온 초고에너지 감마선이 전자기 캐스케이드 샤워로 1~100 GeV 근처까지 내려간 것일지도 모른다. 거꾸로 이 확산 감마선 세기값에 따라 우주에서의 초고에너지 우주선, 감마선, 뉴트리노 생성량에 제한이 될 수 있다. 또한 암흑물질의 쌍소멸에서 나온 감마선일 가능성도 논의되고 있다.

우주선 양성자

10^{20} eV를 넘어서는 에너지의 우주선 양성자는 GZK 한계(4.1.4절의 칼럼 「최고에너지 우주선의 운명」)에 따라 3~100 Mpc보다 먼 쪽에서 날아오

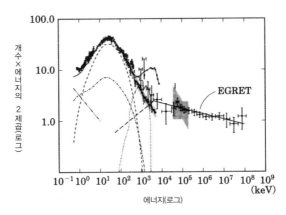

그림 4.6 확산 X선, 감마선의 에너지 스펙트럼 분포(E^2가 세로축에 걸려 있다). 초고에너지 우주선의 우주공간에서의 전자기 캐스케이드 성분이 EGRET로 측정된 E^{-2}의 멱함수에서 퍼지는 확산 감마선 성분에 기여할 가능성이 있다.

지 못한다. 그림 4.1에서 볼 수 있듯이 미국의 플라이스 아이Fly's Eye와 일본의 'AGASA(Akeno Giant Air Shower Array)'는 이 역치를 넘어선 $(2-3) \times 10^{20}$ eV 에너지를 가진 우주선을 관측했다. 이 에너지 영역에서 상세한 우주선 측정을 목표로 한 국제공동실험 '피에르 오제Pierre Auger' 계획이 아르헨티나에서, 일본 연구진이 주도하는 '텔레스코프 어레이Telescope Array' 계획이 미국 유타 주에서 진행되었다.

우주선 중성자

초고에너지 우주선 중성자는 광-π 중간자가 생성되는 과정에서 만들어진다(4.1.4절의 칼럼 「최고에너지 우주선의 운명」). 일반적으로 초고에너지 우주선의 기원 또는 그 주변에서 가속된 양성자가 광자나 가스와 충돌하여 중성자로 바뀌는 것은 충분히 생각할 수 있다. 중성자는 전하를 가지지 않기 때문에 방해받지 않고 가속원 자기장이나 은하간 자기장 안으로 직진할 수 있다. 중성자 정지계에서의 붕괴시간(τ_0)은 886초로 매우 길지만,

10^{18} eV의 초고에너지 중성자($\gamma \sim 10^9$)는 상대론적인 효과에 따라 $\tau = \gamma_{\tau_0} \sim 10^{12}$초로 더 길어진다. 이것을 비행거리로 하면 ~ 10 kpc으로 우리은하계 크기에 해당된다. 우리은하에 초고에너지 우주선의 기원이 있다면 10^{18} eV를 넘는 중성자에서 직접 관측할 수 있다.

4.1.6 자기장과 우주선

우리은하에는 3×10^{-10} T가량의 자기장이 존재한다는 것은 널리 알려진 사실이다. 이 자기장들은 우주선을 전파하는 데 큰 영향을 미치는 한편, 은하 내부에 은하우주선을 가두는 역할을 하기도 했다. 자기장 중에 있는 전하(Z)의 우주선 라머 반지름은,

$$\rho_c = 1.08(E/10^{15}\,\text{eV})Z^{-1}(B/10^{-10}\,\text{T})^{-1} \;\; [\text{kpc}] \qquad (4.2)$$

로 열거할 수 있다. '니Knee'(3×10^{15} eV)보다 낮은 에너지의 우주선은, 약 3×10^{-10} T의 은하 자기장 내에서 라머 반지름은 0.3 pc 이하이다. 이러한 은하면의 자기장 두께는 300 pc 정도로 매우 작아 은하 내에서 자기장을 휘감으며 운동한다.

10^{20} eV 우주선의 전파거리는 GZK 한계에 따라 30 Mpc으로 제한되고 있다. 한편, 자기장에 따라 산란되는 각도는,

$$\Delta\theta \sim 1.6(D/30\,\text{Mpc})^{0.5}(L/1\,\text{Mpc})^{0.5}(E/10^{20}\,\text{eV})^{-1}$$
$$\times (B/10^{-13}\,\text{T}) \;\; [\text{도}] \qquad (4.3)$$

이다. 여기에서 D, L, E, B는 각각 천체까지의 거리, 자기장의 영역 길이, 우주선 양성자의 에너지, 자기장 강도이다. 은하간 공간의 전형적인 자기장 세기 10^{-13} T, 자기장 방향이 모여 있는 길이를 $L=1$ Mpc으로

하면 30 Mpc 먼 쪽에 있는 10^{20} eV 우주선원은 (식 4.3)에서 1~2도 정도 어긋나는 위치가 된다.

우주선을 10^{20} eV까지 가속할 수 있는 천체로는 활동은하핵, 감마선 폭발, 충돌은하, 전파은하 등을 생각할 수 있는데, 우리 근처에서는 이러한 천체 수가 한정되어 있으므로 우주선 도달 방향의 분포는 제한된 방향으로 치우치리라 생각된다. 'AGASA' 측정으로도 최고에너지 우주선의 도달 방향 분포에 치우치는 조짐이 나타나고 있다. 피에르 오제나 텔레스코프 어레이 계획으로 그 결과가 곧 밝혀질 것이다. 머지않아 10^{20} eV 우주선으로 천문학이 꽃필 수 있을 것이다.

4.1.7 초고에너지 우주선

그림 4.7은 초고에너지 우주선의 에너지 스펙트럼을 나타낸다. 10^{15} eV 근처에서는 기구실험으로 직접 측정할 수 있지만, 그보다 위에서는 공기 샤워를 이용한 간접 측정이다. $10^{14} \sim 10^{16}$ eV의 에너지 영역에서는 에너지가 올라갈수록 화학조성이 서서히 양성자, 가벼운 원자핵에서 무거운 원자핵으로 변한다고 알려져 있다. 여기에는 우주선원에서의 최대가속 에너지의 한계가 원자핵의 전하 Z에 좌우된다는 설과 우리은하에서의 우주선의 차폐효과가 라머 반지름에 좌우된다는 설, 두 가지가 있다.

3×10^{15} eV에서 스펙트럼의 멱함수가 $\propto E^{-2.7}$에서 $\propto E^{-3.1}$로 바뀌는 점은 가속 또는 우리은하 차폐의 한계에너지에 해당되는 것으로 생각할 수 있다. 10^{19} eV를 넘는 최고에너지 우주선은 외부은하 기원으로 생각된다. 그 주요 이유는 10^{19} eV 이상으로 우주선을 가속할 수 있는 천체가 우리은하 내에서는 알려진 것이 없다는 점과, 반대로 그 같은 천체가 존재한다면 은하면으로 강한 우주선의 집중을 예상할 수 있지만, 관측에서는 균형적인 분포를 보이고 있기 때문이다.

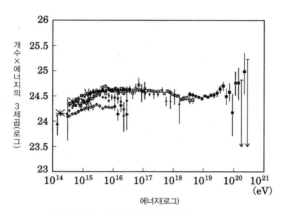

그림 4.7 초고에너지 우주선의 에너지 분포.

10^{18} eV에서 10^{19} eV에 걸쳐 스펙트럼의 멱함수가 한 번 급해졌다가 다시 평탄해지는 것은 우리은하 성분에서 외부은하 성분으로의 이행이라는 해석, 그리고 우주론적인 거리를 전파한 우주선 양성자가 전자-양전자 쌍 생성에 따른 에너지 손실로 감소한다는 해석이 있다. 우주선과 2.7 K 배경복사의 상호작용으로 광-π 중간자 생성에 따른 GZK 한계(4.1.4절의 칼럼 「최고에너지 우주선의 운명」 참조)가 10^{20} eV 이상에서도 보이는지는 실험 결과의 통계정밀도 및 계통오차로 지금으로써는 확실하지 않다. 피에르 오제 어레이나 텔레스코프 어레이로 분명히 밝혀질 것이다.

4.2 우주선에서의 전자복사, 가속이론

우주선 입자는 성간공간에서 여러 가지 상호작용에 따라 전파 영역에서 감마선 영역에 걸쳐 전자기 복사가 이루어진다. 우주선 입자의 에너지는 열적 에너지보다 몇 자릿수 넘는 에너지를 가지고 있다. 이 고에너지를 어떻게 얻게 되었을까? 이 절에서는 우주선에서의 전자기 복사구조와 우주선 입자 가속구조를 이론적인 측면에서 살펴보도록 한다.

4.2.1 우주선 입자에서의 복사

우주선 중의 전자 성분은 하전입자와의 상호작용에 따라 제동복사, 자기장과의 상호작용에 따라 싱크로트론 복사가 이루어진다. 또 주위에 저에너지 광자(별빛, 2.7 K 우주배경복사의 마이크로파 등)가 있으면 역콤프턴 산란 과정을 통해 에너지를 광자로 옮긴다. 한편, 우주선에 있는 양성자의 복사 과정에서 중요하게 생각되는 점은, 그것들과 주위 물질에 있는 핵자와의 강한 상호작용으로 생성된 중성 π 중간자가 붕괴해 감마선 광자를 만들어내는 과정이다.

이상의 복사 과정에 대해서는 다음에 간단히 정리할 기회가 있을 것이다. 전자기 상호작용의 상세한 기본 과정에 대해서는 제12권 3장을 참조하기 바란다. 그런데 상대론적 에너지를 가진 입자의 속도는 진공 중의 광속도에 가까운 대기나 수중의 광속도보다 빠르기 때문에 입자운동과 함께 체렌코프Cherenkov 복사가 일어난다. 이 복사의 관측은 감마선 천문학, 뉴트리오 천문학에서 중요한 수단이다(4.3과 4.4절). 또 대기 중으로 돌입한 우주선 입자는 질소분자 등을 들뜨게 해서 고유의 빛을 발한다. 이 또한 간접적인 복사 과정이라고 할 수 있다.

제동복사

우주선 전자가 성간가스 등 주변 물질의 원자핵에 가까이 다가가 그 쿨롱장 안에서 가속도운동을 하면 전자기파가 방출된다. 이 현상을 제동복사Bremsstrahlung Radiation라고 한다. 전자의 에너지를 E, 복사되는 전자기파의 주파수를 ν라고 하자. 제동복사의 스펙트럼은 $0 < \nu < E/h$(h는 플랑크 상수) 범위에서 거의 평탄하다. 전자기파 복사와 맞물려 전자는 점차 에

너지를 잃는다. 주변 물질이 완전이온 상태에서 원자핵의 전하수를 Z, 그 개수밀도를 $N\mathrm{m}^{-3}$으로 하면 상대론적인 전자(로렌츠 인자 $\gamma = E/m_e c^2 \gg 1$)의 에너지 변화율은,

$$-\left(\frac{dE}{dt}\right)_{\text{Brems}} = \frac{3}{2\pi}\sigma_{\text{T}} c\alpha Z(Z+1)N\left[\ln\gamma + 0.36\right]E \qquad (4.4)$$

로 나타낼 수 있다. 여기에서 σ_{T}는 톰슨 산란 단면적($0.665 \times 10^{-28}\,\mathrm{m}^2$), α는 미세구조상수($1/137.036$)이다.

(식 4.4)의 우변은 전자에 따른 전자기파 복사율로도 볼 수 있어, 그 복사율은 물질밀도 N에 비례한다. 주변 영역에 비해 물질밀도가 높은 은하계 중심 영역으로는 넓게 퍼진 감마선원(수십 MeV에서 수 GeV 범위)이 관측된다. 이 감마선의 저에너지 쪽(수백 MeV 이하)은 우주선 전자가 성간물질 중에서 일으키는 제동복사가 주요 기원이며, 그보다 고에너지 쪽은 우주선 양성자＋주변 물질→ 중성 π 중간자→ 감마선 과정이 주요 기원인 것으로 생각된다(212쪽).

싱크로트론 복사

자기장 중의 전자운동은 자기장에 평행한 방향의 등속운동과 자기장에 수직 방향의 원운동으로 나누어 생각할 수 있다. 원운동은 가속도를 가지므로 전자기파가 복사된다. 이 복사는 전자속도가 광속에 가까운 상대론적일 때 더욱 뚜렷해져 싱크로트론 복사라고도 한다. 이 복사의 특징적인 주파수 ν_{synch}는,

$$\nu_{\text{synch}} = \frac{3}{4\pi}\gamma^2 \frac{eB}{m_e} \quad [\mathrm{Hz}] \qquad (4.5)$$

로 주어진다(복사 스펙트럼의 최댓값은 $0.29\nu_{synch}$에 있다). 예를 들면 성간공간($B=3\times10^{-10}$ T 정도)에 있는 1 GeV의 우주선 전자($\gamma=2000$)의 주파수는 $\nu_{synch}=60$ MHz이며, 복사 스펙트럼의 최댓값은 20 MHz 정도가 된다. 이는 단파대 전파의 원인을 설명하는 우주 잡음으로 알려져 있다. 싱크로트론 복사에 따른 전자의 에너지 변화율은

$$-\left(\frac{dE}{dt}\right)_{synch} = \frac{2}{3\mu_0}\sigma_T c\beta^2\gamma^2 B^2 \tag{4.6}$$

으로 나타낼 수 있다. 여기에서 β는 전자속도인 광속에 대한 비(~1)이다.

역콤프턴 산란

에너지 $h\nu$인 광자가 로렌츠 인자 γ인 전자에 따라 산란되면, 평균

$$h\nu' = \frac{4}{3}\gamma^2 h\nu$$

까지 에너지가 증가한다(단, 입사광자의 에너지를 아주 낮게 $\gamma h\nu \ll m_e c^2$으로 했다). 이 과정은 잡음의 콤프턴 산란, 즉 고에너지 광자가 정지한 전자에 운동량과 에너지를 줌으로써 좀 더 낮은 에너지의 광자로 변하는 산란 과정의 역과정으로 볼 수 있어 역콤프턴 산란이라고 한다. 예를 들어 10 GeV의 우주선 전자($\gamma=2\times10^4$)는 가시광(~1 eV)을 $1\times(4/3)\times(2\times10^4)^2\sim500$ MeV의 감마선 광자로 변환한다.

배경의 전자기파가 가진 에너지 밀도를 U_{photon}이라고 하면 역콤프턴 산란 과정에서 전자의 에너지 변화율은

$$-\left(\frac{dE}{dt}\right)_{IC} = \frac{4}{3}\sigma_T c\gamma^2\beta^2 U_{photon} \tag{4.7}$$

로 쓸 수 있다. 여기에서 싱크로트론 복사 과정에서 전자의 에너지 변화율(식 4.6)은 자기장이 가진 에너지 밀도를 U_B라고 하면

$$-\left(\frac{dE}{dt}\right)_{\text{synch}} = \frac{4}{3}\sigma_T c\gamma^2 \beta^2 U_B \tag{4.8}$$

처럼 (식 4.7)과 대비하여 나타낼 수 있다. 광자의 에너지 밀도 $1\ \mathrm{MeVm}^{-3}$에 해당하는 에너지 밀도를 가진 자기장 강도는 $6 \times 10^{-10}\ \mathrm{T}$이다.

에너지 손실의 특징적 시간

그림 4.8은 10^6에서 $10^{15}\ \mathrm{eV}$까지의 우주선 전자에 대한 제동복사(일점쇄선), 싱크로트론 복사(점선), 역콤프턴 산란(실선)이라는 에너지 손실의 특징적 시간에 각각의 에너지 변화율을 식 (4.4), (4.6), (4.7)에서 $E/\left|\frac{dE}{dt}\right|$로 하여 구한 것이다. 단, 성간공간의 플라스마 밀도를 $10^6\ \mathrm{m}^{-3}$, 자기장 세기를 $3 \times 10^{-10}\ \mathrm{T}$, 배경복사의 에너지 밀도를 $1\ \mathrm{MeVm}^{-3}$로 설정했다. 또한 이점쇄선으로 나타낸 것은 우주선 전자가 플라스마 중의 전자와 쿨롱 충돌해서 에너지를 잃는 효과

$$-\left(\frac{dE}{dt}\right)_{\text{Coulomb}} = \frac{3}{4}\sigma_T c N\left(74.3 + \ln\left(\frac{\gamma}{N}\right)\right)m_e c^2 \tag{4.9}$$

에 따른 에너지 손실의 특징적 시간이다. 이 네 가지 특징적 시간에서 가장 짧은 것이 가장 뛰어나다. 이 그림의 조건에서 수백 MeV(수$\times 10^8\ \mathrm{eV}$) 이하에서는 쿨롱 충돌이, 수백 MeV에서 $10\ \mathrm{GeV}$($10^{10}\ \mathrm{eV}$)까지는 제동복사가, $10\ \mathrm{GeV}$ 이상에서는 역콤프턴 산란이 지배적이다.

양성자(질량 m_p)의 경우, 싱크로트론 복사에 따른 에너지 변화율은 같은

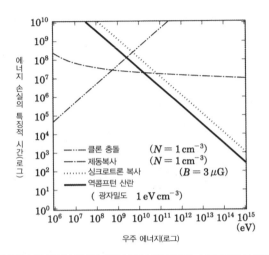

그림 4.8 10^6에서 10^{15} eV의 우주선 전자에 대한 제동복사(일점쇄선), 싱크로트론 복사(점선), 역콤프턴 산란(실선)의 에너지 손실에서 특징적 시간으로, 각 에너지 변화율에 해당한다. $3\mu G = 3 \times 10^{-10}$ T 이다.

에너지의 전자에 비해 $(m_e/m_p)^4 = 9 \times 10^{-14}$배만큼 작아 일반적으로 무시할 수 있다.[3] 한편, 우주선 양성자(에너지 E)가 플라스마 중의 저에너지 전자와 충돌할 때도 제동복사가 일어난다. 이는 고에너지 전자가 저에너지 양성자와 충돌할 때 일어나는 제동복사를 전자의 정지계로 변환한 것과 같아 역제동복사라고도 한다. 밀도가 높은 영역(예를 들면 $N = 10^8 \, m^{-3}$)에서 일어나는 X선 복사의 원인 중 하나로 생각된다.

중성 π 중간자(π^0) 붕괴에 따른 감마선 발생

우주선 양성자가 성간물질과 충돌하면 다양한 핵반응이 일어나는데, 그 중에서

---

[3] 양성자 로렌츠 인자는 같은 에너지의 전자 로렌츠 인자의 (m_e/m_p)배로, 양성자에 대한 톰슨 산란 단면적은 σ_T의 $(m_e/m_p)^2$배이므로 $(m_e/m_p)^4$배가 된다.

$$p(우주선) + p(성간물질) \longrightarrow p + p + \pi^0 \qquad (4.10)$$

등의 과정에서 π^0 중간자가 만들어진다. 운동학적으로 충돌 과정을 살펴보면 이 과정이 일어나려면 우주선 양성자의 운동에너지 E_p는

$$E_p - m_p c^2 \geqq 2m_{\pi^0}c^2 \left(1 + \frac{m_{\pi^0}}{4m_p}\right) = 280 \quad [\text{MeV}] \qquad (4.11)$$

을 만족하지 않으면 안 된다. 여기에서 π^0 중간자의 정지에너지는 $m_{\pi 0}c^2 = 135\ \text{MeV}$이다. 생성된 π^0 중간자는 평균수명 8.4×10^{-17}초에서 붕괴하면서 두 개의 감마선 광자로 바뀐다. 이 광자들은 π^0 중간자의 정지계에서 $m_{\pi^0}c^2/2 = 67.5\ \text{MeV}$의 에너지를 가지며, 서로 반대 방향으로 비행한다.

한편, 가속기 실험에 따르면 (식 4.10)의 반응으로 생성된 π^0 중간자는 우주선 양성자가 본디 가지고 있던 운동량의 일부를 얻었으므로 감마선 광자의 에너지는 그 양만큼 에너지가 증가한다. 우주 감마선의 기원으로서 이 과정이 중요하다는 것은 1950년대 초 하야카와 유키오早川幸男와 모리슨P. Morrison이 각각 지적한 바 있다. 그러나 이에 관한 관측 증명은 1970년대 인공위성으로 관측할 때까지 기다려야만 했다.

또 성간물질 중에서는 (식 4.10)뿐만 아니라 전하 π 중간자(π^+, π^-)를 생성하는 핵반응

$$\begin{aligned}
p + p &\longrightarrow p + n + \pi^+, \\
p + p &\longrightarrow n + n + 2\pi^+, \\
p + {}^4\text{He} &\longrightarrow 4p + n + \pi^-,
\end{aligned} \qquad (4.12)$$

등도 일어난다. 이 π^+, π^-은 평균수명 2.6×10^{-8}초에서 붕괴하여 μ^+, μ^- 입자가 된다. 이 μ^+, μ^- 입자는 또 평균수명 2.2×10^{-6}초에서 붕괴하여

양전자, 전자를 생성한다.

4.2.2 입자 가속 과정

4.1절에서 살펴보았듯이 개개 우주선 입자의 에너지는 열적 에너지보다 몇 자릿수 넘는 에너지를 가진다. 이 고에너지를 어떻게 얻게 되었을까? 은하계 공간을 채우고 있는 우주선 입자의 총에너지 양을 살펴보았을 때, 우주선원으로서는 초신성이 거의 유일한 후보라는 것은 이미 1950년대에 확인되었다(4.3절 참조). 그러나 구체적인 가속구조가 어떤 양상을 띠는지는 4반세기가 흘러서야 확인할 수 있었다. 현재로써는 초신성에서 고속으로 방출된 물질과 주변 성간공간 물질 사이에 형성되는 충격파와, 그 주변의 전자기유체 난류가 우주선 가속의 주요 무대로 생각하고 있다.

우주선 입자의 미분 스펙트럼은 10^{10} eV에서 니Knee 에너지라 불리는 10^{15} eV에 이르는 광범위한 에너지 대역에서 $p^{-2.7}$의 멱함수로 거의 비슷해질 수 있다.[4] 이 함수의 형태는 우주선 기원에서의 미분 스펙트럼 과정에서 전파 효과가 미친 결과로 볼 수 있다. 에너지가 높은 입자일수록 빨리 외부은하로 빠져나가는 효과로 $p^{-0.6} \sim p^{-0.7}$의 인자를 생각할 수 있으며, $p^{-2.7}$의 스펙트럼을 가속원에서의 스펙트럼으로 되돌리면 $p^{-2.0} \sim p^{-2.1}$을 얻을 수 있다. 우주선 가속이론은 이 스펙트럼을 설명할 수 있어야 한다. 충격파 가속 과정은 이 스펙트럼을 자연스럽게 설명했다.

전자기유체 난류와 우주선 입자의 상호작용

자기장(X 방향) 주변에 있는 우주선 입자의 나선운동(그림 4.9)의 피치 L

---

[4] p는 운동량으로, 이 에너지 영역에서는 에너지 E~pc(c는 광속)와 비슷하게 잘 맞아떨어지므로 운동량 p, 에너지 E 중 아무거나 써도 같은 관계식을 얻을 수 있다.

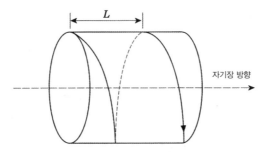

그림 4.9 자기장(X 방향) 주변에서 벌어지는 우주선 입자의 나선운동(전자인 경우)

은 입자의 자기장을 뒤따르는 속도 성분 $v_{//}$, 자기장 B의 사이클로트론 주파수 $\Omega(=ZeB/m\gamma)$로 하여 $L=2\pi v_{//}/\Omega$로 주어진다. 여기에서 Ze, m, γ는 각각 입자의 전하, 질량, 로렌츠 인자이다. 실제 우주공간의 자기장은 균일하지 않고 크기가 다양한 굴곡을 가진다. 그중 피치 L과 같은 크기의 굴곡이 있으면 우주선 입자의 운동은 거기에 민감하게 반응해 크게 흐트러진다.

굴곡의 원인은 주로 우주공간을 전파하는 알벤파라는 전자기유체 파동(제12권 2장 참조)으로, 이 과정은 우주선 입자와 알벤파가 충돌하는 것으로 여길 수 있다. 여기에서 알벤파와 함께 움직이는 좌표계를 상상하면, 이 계에서는 휘어지고 정적인 자기장이 있는 만큼 전기장이 사라져버려 우주선 입자의 에너지는 보존된다. 즉 이 충돌은 탄성적이다(단, 충돌이 한창일 때에도 싱크로트론 복사는 계속되며, 전자의 경우 이에 따른 에너지 손실을 무시할 수 없을 때도 있다. 이 효과는 223쪽에서 살펴보기로 한다). 한편, 플라스마 정지계에서 알벤파는 속도 V_A로 전파되기 때문에 이 계에서 측정한 우주선 입자의 에너지는 충돌 전후에서 엄밀하게 보존되지 않는다. 그러나 일반적으로 V_A는 우주선 입자의 속도($\sim c$)에 비해 훨씬 느리며, 그 에너지의 변화는 무시할 수 있을 정도로 작다. 이하에서는 플라스마 정지계에서 충돌은 탄성적인 것으로 한다.

일반적으로 우주공간의 알벤파는 난류亂流의 성격을 띠고 있어 다양한 파장의 성분을 포함한다. 여기에 파장이 L인 알벤파 성분이 가진 자기장의 크기를 δB_L, 평균적인 자기장 세기를 B로 하여 충돌에 관여하는 난류의 세기를 나타내는 봄Bohm 매개변수 $\eta \equiv (\delta B_L/B)^{-2}$을 정의한다. 난류가 약하면 $\eta \gg 1$, 난류가 강한 극한에서 η는 1에 가까워지며, η는 난류의 파수 wave number 스펙트럼을 통해 입자의 에너지에도 의존한다. 충돌에 따른 평균자유행로 λ는 1의 자릿수order 계수를 무시하면, 근사적으로

$$\lambda \sim \eta \rho_c \tag{4.13}$$

로 쓸 수 있다. 여기에서 ρ_c는 우주선 입자의 라머 반지름으로, 난류가 약하면 우주선 입자의 운동이 영향을 받기까지 걸리는 시간이 길어져 λ는 η에 비례하여 늘어난다. 한편, 강한 난류의 극한($\eta \rightarrow 1$)에서는 λ는 하한값 ρ_c에 도달한다. 이 극한을 '봄 극한Bohm limit'이라고 한다.

우주선 입자와 알벤파의 '충돌'은 확률적으로 일어나며, 우주선 입자의 운동은 확산 과정으로 표현된다. 평균자유행로 λ에 대응하는 확산매개변수 D는

$$D = \frac{1}{3}v\lambda = \frac{1}{3}v\rho_c\eta = \eta D_{\text{Bohm}} \tag{4.14}$$

로 쓸 수 있다. 여기에서 $D_{\text{Bohm}} \equiv \frac{1}{3}v\rho_c = \frac{1}{3}\frac{\beta^2 E}{ZeB}$는 '봄 극한'에서의 확산매개변수이다($\beta = v/c$로 했다).

지구 근처의 행성 사이의 공간에서는 비교적 저에너지의 우주선 입자(수 MeV~수백 MeV의 양자 등)의 평균자유행로 λ는 다양한 수단으로 측정

된다. 자기장 세기도 직접 관측되기 때문에 ρ_c는 이미 알려진 바와 같다. 그래서 $\eta = \lambda / \rho_c$를 구하면 평상시 태양풍 안에서는 수십~수백이 된다. η 값은 태양풍 자기장의 관측자료에서 이론적으로 계산할 수 있으며, 그 값은 위의 λ / ρ_c 값에 모순되지 않는다. 태양 플레어와 함께 방출된 충격파 주변 등 요란이 큰 영역에서는 η 값이 10 정도로 떨어지기도 한다.

일반적으로 충격파 근처의 난류 세기는 충격파의 마하수 M이 증가하면서 함께 커진다. 행성 간 공간에서의 M은 보통 10 정도인데, 초신성 폭발에 동반된 충격파에서는 M이 수십을 훨씬 넘어서기 때문에 훨씬 강한 요란을 기대할 수 있다. 그래서 초신성의 충격파 주변에는 '봄 극한'에 이르는 전자기유체 난류 상태가 이루어졌으리라 예상한다. 그러나 앞에서 언급했듯이 그 상태라 해도 알벤파와의 충돌에 따른 우주선의 에너지 변화는 무시할 수 있을 만큼 작다. 그렇다면 왜 초신성의 충격파가 우주선 입자 가속의 주요 무대가 될까? 여기에는 충격파 전후의 플라스마 운동을 고려할 필요가 있다.

충격파 통계가속 과정

플라스마가 음속을 넘어서는 속도로 장애물과 부딪치면 거기에 충격파가 형성된다. 그림 4.10의 위는 충격파를 전후한 플라스마의 속도 변화를 보여주는 그래프이다. 그림 4.10의 가운데에 충격파면이 정지해 있는 계를 생각해보자. 왼쪽에서 속도 V_{p1}로 초음속류가 흘러들어 충격파면에서 감속·압축을 받고, 속도 V_{p2}의 아음속류가 되어 오른쪽으로 흘러나간다. 초음속류 영역을 충격파의 상류 쪽, 아음속류 영역을 충격파의 하류 쪽이라고 한다.[5] 상류의 플라스마 밀도에 대한 하류의 플라스마 밀도의 비(r :

| **5** 간단하게 '초음속', '아음속'으로 썼지만 '초알벤속', '아알벤속' 등도 생각할 수 있음은 물론이다.

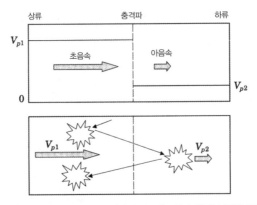

그림 4.10 충격파 가속의 개념도. 충격파 주변의 플라스마는 전자기유체 난류가 되어 있다. 그 안에서 운동하는 우주선 입자는 알벤파와의 충돌을 반복한다. 상류 쪽에서 충돌한 다음 하류 쪽으로 뛰어들고, 거기에서 충돌을 일으키고 다시 상류 쪽으로 돌아간다. 가속은 이 반복으로 일어난다.

압축률)는 속도비의 역수 V_{p1}/V_{p2}와 같다. 이상기체인 경우, 마하수 M이 큰 극한에서 r은 4에 점점 가까워진다.

충격파 주변의 플라스마는 전자기유체 난류를 동반하며, 그 안에서 운동하는 우주선 입자는 알벤파와의 충돌을 반복한다. 우주선 입자가 상류 쪽에서 충돌하고 나서 하류 쪽으로 뛰어들고, 거기에서 충돌을 일으켜 다시 상류 쪽으로 되돌아간다(그림 4.10 아래). 앞에서 설명했던 것처럼 이 충돌들은 각각의 플라스마 정지계에서는 탄성적으로 볼 수 있다. 충격파면의 정지계에서 보면 상류 쪽에서의 충돌은 정면으로 부딪침, 하류 쪽에서의 충돌은 들이받음(추돌)으로 각각 에너지의 증가와 감소가 일어난다. 이때 운동량 변화 Δp와 우주선 입자의 충돌 전 운동량 p의 비는 각각

$$\left(\frac{\Delta p}{p}\right)_{\text{상류, 정면충돌}} = +\frac{4}{3}\frac{V_{p1}}{c}, \ \left(\frac{\Delta p}{p}\right)_{\text{하류, 추돌}} = -\frac{4}{3}\frac{V_{p2}}{c} \quad (4.15)$$

로 쓸 수 있다. 위 식의 4/3는 우주선 입자가 충격파의 법선法線 방향에 대

해 다양한 방향으로 날아다니면서 나타나는 기하학적 인자이다. 여기에서 우주선 입자의 에너지는 상대론적이며 속도는 광속으로 근사할 수 있다는 것, 충격파 속도는 비상대론적이라는 것($V_{p1} \ll c$)을 가정했다. 결국 상류 쪽 충돌과 하류 쪽 충돌이라는 1주기에 대해 실질적으로

$$\left(\frac{\Delta p}{p} \right) = \frac{4}{3} \frac{(V_{p1} - V_{p2})}{c} \tag{4.16}$$

의 운동량 변화가 남는다. 우주선 입자가 운동량의 초기값 p_0에서 출발해 n회 상류 쪽 충돌과 하류 쪽 충돌을 반복한 뒤의 운동량 p_n은

$$p_n = p_0 \left[1 + \frac{4}{3} \frac{(V_{p1} - V_{p2})}{c} \right]^n \sim p_0 \exp \left[\frac{4}{3} \frac{(V_{p1} - V_{p2})}{c} n \right] \tag{4.17}$$

로 쓸 수 있다.

우주선 입자가 충격파 부근에 머물러 있는 동안은 이 식에 따라 운동량이 증가한다. 그러나 입자가 점차 충격파 부근에서 빠져나오면 운동량 증가는 멈춘다. 짝을 이룬 상류 쪽 충돌·하류 쪽 충돌 1회 후에 빠져나올 확률은 $\frac{4V_{p2}}{c}$이다. 따라서 n회 후까지 충격파 부근에 머물러 있을 확률은 $\left(1 - \frac{4V_{p2}}{c} \right)^n \sim \exp \left(-\frac{4V_{p2}}{c} n \right)$이다. 이 확률은 우주선 입자가 p_n 이상으로 가속될 확률 $\mathrm{Prob}(p \geqq p_n)$와 같다는 것에 주의하자. (식 4.17)을 n에 대해 풀면,

$$n = \frac{3}{4} \frac{c}{(V_{p1} - V_{p2})} \ln \left(\frac{p_n}{p_0} \right)$$

이고,

$$\text{Prob}(p \geq p_n) = \exp\left(-\frac{3V_{p2}}{V_{p1}-V_{p2}} \ln\left(\frac{p_n}{p_0}\right)\right) = \left(\frac{p_n}{p_0}\right)^{-\frac{3}{(r-1)}} \qquad (4.18)$$

이 된다. 여기에서 $r=V_{p1}/V_{p2}$를 이용했다. 운동량이 p에서 $p+dp$ 사이에 있는 우주선 입자의 수(미분 스펙트럼)를 $N(p)$라고 하면

$$\int_{p_0}^{p_n} N(p)dp \propto \text{Prob}(p \geq p_n) = \left(\frac{p_n}{p_0}\right)^{-\frac{3}{(r-1)}}$$

으로 쓸 수 있으며, 양변을 p로 미분해서

$$N(p) \propto p^{-\frac{3}{r-1}-1} = p^{-\frac{r+2}{r-1}} \qquad (4.19)$$

를 얻는다.

(식 4.19)는 가속된 우주선 입자의 미분 스펙트럼이 운동량의 멱함수로 쓸 수 있으며, 또 그 멱함수 $\Gamma \equiv (r+2)/(r-1)$이 충격파의 압축률 r만으로 정해진다는 것을 보여준다. 초신성 충격파에서는 $r \rightarrow 4$이므로 Γ는 2에 점차 가까워지는 것을 예상할 수 있다. 처음에 설명했듯이 이것이야말로 우주선 가속원이 만족할 만한 조건이다. 여기에서 말했던 가속구조의 본질은 충격파 근처에서의 우주선 입자의 확률적 작용과 충격파에 따른 배경 플라스마의 속도 변화를 조합한 것으로, 충격파 통계가속구조라고 부른다. 또 난류 자기장 중에서의 우주선 생성을 최초로 논의한 페르미의 이름을 붙여 충격파 페르미 가속이라고도 한다.

우주선 입자의 도달 에너지

대략 살펴본 충격파 통계가속구조에서 에너지 스펙트럼은 충격파의 압축률만으로 정해지며, 그 주변의 전자기유체 난류의 세기 등은 겉으로 드

러나지 않는다. 그 이유는 에너지 스펙트럼을 구할 때 계가 정상에 도달해 있음을 암묵적으로 가정했기 때문이다. 에너지 스펙트럼의 시간발전을 감안한다면 전자기유체 난류의 세기는 확산매개변수(상류 쪽 D_1, 하류 쪽 D_2 또는 이에 대응하는 '봄' 매개변수 η_1, η_2)를 통해 겉으로 드러난다.

충격파 근처에서 가속의 1주기당 우주선 입자가 상류 쪽에 머무는 평균시간 t_1, 하류 쪽에 머무는 평균시간 t_2는 $t_1 = \dfrac{4D_1}{cV_{p1}}$, $t_2 = \dfrac{4D_2}{cV_{p2}}$ 로 주어진다. 1주기에 걸리는 평균시간은 각각의 합 $t_1 + t_2$이므로 가속률 $\dfrac{1}{E}\left(\dfrac{dE}{dt}\right)_{\text{Acc}} = \dfrac{1}{p}\dfrac{dp}{dt} = \left(\dfrac{\Delta p}{p}\right)\dfrac{1}{(t_1 + t_2)}$ 이 된다. (식 4.16)을 이용하여 정리하면

$$\frac{1}{E}\left(\frac{dE}{dt}\right)_{\text{Acc}} = \frac{(V_{p1} - V_{p2})}{3}\left(\frac{D_1}{V_{p1}} + \frac{D_2}{V_{p2}}\right)^{-1} \tag{4.20}$$

을 얻을 수 있다. 강한 충격파의 극한을 고려해 $V_{p2} = V_{p1}/4$로 하고, 또 $D_1 \sim D_2$라고 하자. 이것들에서 상류 쪽에서의 자기장 세기를 B_1, '봄' 매개변수를 η_1로 해서 가속률은 $\beta \to 1$인 경우

$$\frac{1}{E}\left(\frac{dE}{dt}\right)_{\text{Acc}} = \frac{3V_{p1}^2}{20\eta_1}\frac{ZeB_1}{E} \tag{4.21}$$

이 된다. V_{p1}과 B_1이 시간적으로 일정하고, η_1이 우주선 입자의 에너지에 따르지 않는다고 가정하면 (식 4.21)은 단순히

$$\left(\frac{dE}{dt}\right)_{\text{Acc}} = \frac{3V_{p1}^2}{20\eta_1}ZeB_1 \tag{4.22}$$

로 쓸 수 있으며, 에너지는 시간 t와 함께 선형으로 증대한다. 즉

$$E=\frac{3}{20\eta_1}V_{p1}^2\,ZeB_1\,t$$

$$=3.6\times10^{13}Z\eta_1^{-1}\left(\frac{V_{p1}}{5\times10^6\,\mathrm{ms}^{-1}}\right)^2\left(\frac{B_1}{3\times10^{-10}\,\mathrm{T}}\right)$$

$$\times\left(\frac{t}{10^3\mathrm{y}}\right)\;[\mathrm{eV}] \tag{4.23}$$

이다. 여기에서 전형적인 값 충격파 속도 V_{p1}을 $5\times10^6\,\mathrm{ms}^{-1}$, 자기장 세기 B_1을 3×10^{-10} T, 시간 t를 1000년으로 하면, (식 4.23)에서 우주선(양자 : $Z=1$)의 에너지는 $\sim4\times10^{13}$ eV가 된다.

중요한 가정은 '봄' 극한($\eta_1\sim1$)이다. 만약 행성간 공간에서의 충격파처럼 $\eta_1\sim10$ 정도라면 도달 에너지는 한 자릿수 내려간다. 한편, $\eta_1\sim1$이 이루어진다 해도 양성자의 도달 에너지는 '니' 에너지 10^{15} eV까지는 이르지 않는다는 점을 문제로 여기는 학자들도 있다.[6]

이러한 문제점을 해결하기 위해 다양한 모형이 개량되고 있다. 예를 들어 루세크S. G. Lucek와 벨A. R. Bell은 충격파 근처에서는 우주선 입자의 에너지 일부가 난류 자기장으로 되돌아가 그 세기를 더 높이기 때문에 가속효율, 즉 (식 4.23)의 자기장 세기(B_1)는 성간공간 원래의 자기장 세기가 아니라 증폭 후의 자기장 세기라는 아이디어를 제안했다. 그러나 그들의 논문은 고도로 비선형적인 과정에 대한 발견상의 논의를 포함하고 있어 최종적인 결론은 얻지 못하고 있다. 그 밖에 경사 충격파 효과[7]를 고려한 조키피J. R. Jokipii 등의 아이디어도 있다. 이 효과에 대한 논의 역시 아직

---

[6] 시간 t가 1000년을 넘으면 주변 성간공간 물질에 따른 충격파의 감속효과가 두드러지므로 에너지는 제대로 증대하지 않는다. 그러나 주변 성간공간 물질의 밀도가 표준적인 값인 $10^6\,\mathrm{m}^{-3}$보다 훨씬 낮으면 감속효과가 뚜렷해지는 시간이 늦어져 1000년이 넘더라도 감속이 계속될 가능성도 있다.
[7] 충격파의 법선 방향과 상류 쪽의 평균 자기장이 이루는 각 θ_1이 90도 가까이 되는 경우, 가속에 유효한 속도는 V_{p1}이 아니라 $V_{p1}/\cos\theta_1(\gg V_{p1})$이 되어 가속률은 눈에 띄게 올라간다.

결론을 내지 못하고 있다.

위의 도달 에너지에 대한 논의는 전자에도 사용할 수 있다. 물론 전자와 양성자에는 확산에 관여하는 알벤파 파장이 다르므로 전자에 대해서는 '봄' 매개변수를 다시 계산해야 한다. 이것을 η_{e1}이라고 쓰자. 전자의 경우 에너지가 10^{13} eV를 넘으면 역콤프턴 산란 또는 싱크로트론 복사에 따른 에너지 손실의 특징적 시간이 10^4년 이하가 되므로(그림 4.8), 가속과 손실이 앞다투어 일어난다. (식 4.22)와 (식 4.6)을 이용하여 싱크로트론 복사에 대하여 |가속률| > |손실률|의 조건을 구하면,

$$\frac{3V_{p1}^2}{20\eta_{e1}}eB_1 > \frac{2}{3\mu_0}\sigma_{\mathrm{T}}\,c\beta^2\,\gamma^2\,B_1^2$$

이 되며, 전자의 에너지로의 제한

$$\gamma < 4.4 \times 10^8\,\eta_{e1}^{-1/2}\left(\frac{V_{p1}}{5\times10^6\,\mathrm{m\,s^{-1}}}\right)\left(\frac{B_1}{3\times10^{-10}\,\mathrm{T}}\right)^{-1/2}$$

또는

$$E < 2.2 \times 10^{14}\,\eta_{e1}^{-1/2}\left(\frac{V_{p1}}{5\times10^6\,\mathrm{ms^{-1}}}\right)\left(\frac{B_1}{3\times10^{-10}\,\mathrm{T}}\right)^{-1/2}\quad[\mathrm{eV}]\quad(4.24)$$

를 얻을 수 있다. 따라서 $V_{p1}=5\times10^6\,\mathrm{ms^{-1}}$, $B_1=3\times10^{-10}$ T의 경우, 전자의 에너지는 2.2×10^{14} eV를 넘을 수 없다. 이 상한에 도달하는 시간은 (식 4.23)에 따라 $t\sim6\times10^3$년이다. 또 루세크와 벨의 아이디어처럼 B_1을 높이면 싱크로트론 복사에 따른 손실이 늘고, 전자에서 도달 가능한 에너지는 오히려 줄어든다.

4.3 우주선 기원 천체의 관측

우주선이 발견된 이후 100년 이상이 지났지만, 4.1절에서 설명했듯이 대부분의 우주선은 자기장에서 꺾이면서 어느 방향에서 왔는지에 대한 정보를 잃어버리므로, 어디에서 어떻게 초고에너지까지 가속되는지 등, 아직 밝혀지지 않은 부분이 많다. 이 절에서는 X선이나 감마선 같은 고에너지 전자기파를 이용한 우주선 가속원의 관측에 대해 설명하고자 한다.

4.3.1 초신성 잔해

우주선 스펙트럼은 기본적인 멱함수형으로 '니Knee' 라고 하는 3×10^{15} eV 에서 꺾임이 나타난다(그림 4.1). 이 '니'에너지 이하의 우주선은 은하계 기원으로 여겨진다. 은하계 우주선 가속구조의 가장 유력한 후보는 입자가 충격파면을 왕복할 때마다 충격파에서 에너지를 넘기는 충격파 통계가속이며, 실제 가속 현장으로 초신성 잔해의 충격파면을 들 수 있다(4.2절). 초신성 잔해는 다음의 두 가지 이유로 우주선 가속원의 유력한 후보이다.

• 우주선은 평균적인 태양계 물질 조성에 비해 원자번호가 큰 핵 종류가 풍부하게 존재한다(그림 4.3).
이것은 우주선이 가속된 현장이 중이온 생성 현장이기도 하다는 증거로, 초신성 잔해의 특징과 일치한다.
• 초신성 잔해는 우주선의 에너지를 충분히 공급할 수 있다(4.1절 참조).

4.3.2 펄서 성운

1장에서 설명했듯이 강한 자기장을 가지고 회전하는 중성자별(펄서)은 이를테면 강력한 발전기와 같다. 이 강한 기전력으로 하전입자가 가속되어 광속에 가까운 펄서풍이 생성된다. 이 펄서풍과 초신성 잔해 물질의 충돌로 충격파가 생성되고, 여기에서도 입자가 가속되어 고에너지가 된다. 이 입자에서의 싱크로트론 복사로 전파나 X선이 복사된다. 이것을 펄서 성운이라고 한다. 1.2.4절의 그림 1.11은 찬드라 관측으로 얻은 '게성운 펄서' 및 '돛자리 펄서'의 X선 형상이다. 고속회전으로 움직이는 입자 가속의 형태를 잘 알 수 있다.

4.3.3 싱크로트론 복사 관측

성간공간에는 $(1-10) \times 10^{-10}$ T 정도의 자기장이 존재하며, 하전입자인 우주선은 자기력선에 휘감기는 나선운동을 한다. (식 4.2)에 나타냈듯이 '니(3×10^{15} eV)' 보다 낮은 에너지의 우주선은 성간공간을 직진할 수 없으며, 지상에서는 가속원 방향과 관계없이 등방적으로 쏟아져 내린다. 따라서 우주선이 시작된 방향을 조사하더라도 가속원을 찾아낼 수 없다. 한편, 가속되어 가속원에 머물러 있는 전자는 성간자기장 중에서 싱크로트론 광자를 복사한다. 전형적 싱크로트론 복사대역 $h\nu$는 (식 4.5)에서

$$h\nu \sim 3 \left(\frac{B}{10^{-10} \text{ T}} \right) \left(\frac{E_{\text{cr}}}{100 \text{ TeV}} \right)^2 \text{ [keV]} \tag{4.25}$$

를 얻는다. 따라서 GeV(10^9 eV) 정도까지 가속된 전자는 전파대역 TeV(10^{12} eV) 정도까지 가속된 전자는 X선 대역에서 싱크로트론 복사한다.

초신성 잔해는 전파대역에서 오래전부터 활발하게 관측되었으며, 그 충격파면에서 강하게 편광한 전파가 발견되고 있다. 자기장에 휘감긴 전자가 내는 싱크로트론 복사는 크게 자기장 방향과 수직으로 편광하므로, 발견된 편광은 가속된 전자에서의 싱크로트론 복사라는 증거이다. 현재로써는 싱크로트론 전파로 충격파면이 관측되는 초신성 잔해가 우리은하에서

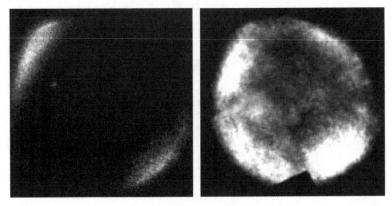

그림 4.11 스자쿠가 관측한 초신성 잔해 SN 1006에서의 X선 사진(화보 6 참조). 왼쪽은 싱크로트론 X선 복사로 우주선 가속의 현장으로 생각된다. 오른쪽은 O Ⅶ의 특성 X선 분포로 고온 플라스마 분포를 나타낸다. 이 둘의 공간분포는 전혀 다르다는 것을 알 수 있다.

는 200개가 넘으며, 발견되지 않은 것까지 포함하면 500개 이상 있는 것으로 예상된다. 전파 관측에 따라 초신성 잔해 충격파면에서 전자는 적어도 GeV 정도까지 가속되는 것으로 알려져 있다.

초신성 잔해에서는 폭발한 별의 분출물이나 압축된 성간물질이 가열되어 10^7 K에서 10^8 K 정도의 초고온에 희박한 가스가 된다. 이 같은 가스에서는 비교적 연X선에서 탁월한 열적 제동복사 X선 및 특성 X선이 복사된다. 이러한 X선 복사는 100여 개에 가까운 초신성 잔해에서 발견된다. 고야마 연구진은 '아스카'를 이용하여 초신성 잔해 SN 1006의 북동부 및 남서부에서 열적 제동복사나 특성 X선과는 전혀 다른 비열적 X선 복사를 발견했다. 이어서 최신 X선 천문위성인 XMM-Newton, 찬드라, 스자쿠에서도 확인되었다. 그림 4.11은 스자쿠가 촬영한 SN 1006의 X선 사진이다. 초신성 잔해의 충격파 부분에 비열적인 경X선 복사가 있다. 이 비열적 복사는 가속된 전자에서의 싱크로트론 복사로 보는 것이 가장 자연스러운 해석이다. 이로써 초신성 잔해가 우주선을 '니' 에너지 부근까지

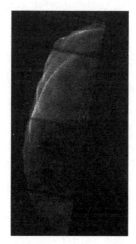

그림 4.12 찬드라가 관측한 SN 1006 북동부의 경X선 영상(Bamba *et al.* 2003, *ApJ*, 589, 827에서 전재).

가속시키고 있음을 처음 관측적으로 증명하게 되었다. 현재는 10개 정도의 초신성 잔해의 충격파면에서 싱크로트론 X선이 발견되었다.

공간분해 능력이 뛰어난 찬드라는 충격파면 근처에서 싱크로트론 복사가 어떠한 공간분포를 보이는지 분명하게 밝혀냈다. 바바 아야馬場 彩 연구진은 SN 1006 북동부의 충격파면을 관측함으로써 싱크로트론 X선이 초신성 잔해 반지름의 1%로 매우 얇은 영역에 집중해 있음을 발견했으며, 거기에 '필라멘트'라는 이름을 붙였다.

그림 4.12는 찬드라가 관측한 SN 1006 북동부쪽 사진이다. 충격파 전면에 매우 얇은 필라멘트가 보인다. 가속전자가 필라멘트 안에 갇혀 있다면, 전자의 소용돌이 반지름은 적어도 0.1 pc보다 작아야 한다. (식 4.25)를 고려하면 필라멘트 내부에 있는 자기장은 성간 자기장에 비해 증폭되어 있을지도 모른다. 현재 얇은 필라멘트 구조를 보이는 싱크로트론 복사는 SN 1006 외에도 여러 개 발견되어 보편적인 현상일 가능성이 높다. 왜

필라멘트가 얇은지에 대해 다양한 논의가 진행되고 있지만 아직 결론을 내리지 못하고 있는 상황이다. 무엇이 필라멘트 구조를 형성하고 있는지 해명되면 초신성 잔해에서의 우주선 가속효율이나 우주선 가속에 대한 초신성 잔해의 기여가 정량적으로 결정될 것이다.

4.3.4 초고에너지 감마선 관측

싱크로트론 X선을 복사하는 고속의 전자는 역콤프턴 산란(4.2.1절)에 따라 우주배경복사, 주변의 별빛 등을 TeV 감마선으로 만든다. 고속 양성자는 또 분자구름 등에 부딪히면서 π^0 입자를 생성하며, 그 붕괴로 TeV 감마선을 만든다(4.2.1절). 감마선 망원경 CANGAROO는 싱크로트론 X선 복사를 하는 초신성 잔해 RX J1713-3936과 RX J0852.0-4622에서 초고에너지(TeV) 감마선을 검출했다. 또 '게성운 펄서'나 '돛자리 펄서', 그 밖의 펄서 성운에서도 TeV 감마선 복사가 발견되고 있다.

4.1절에서 논의했듯이 전형적인 은하공간 자기장 안에서는 싱크로트론 X선과 역콤프턴 산란에 따른 TeV 감마선의 세기는 거의 같다[(식 4.1)]. 일반적으로 초신성 잔해의 충격파 부분에서 자기장은 증폭되고 펄서성운은 강한 자기장을 지니므로, TeV 감마선원의 세기는 X선 세기보다 낮다. 사실 대부분의 모든 TeV 감마선원의 세기는 X선 세기보다 길이 차이가 작다. RX J1713-3936과 RX J0852.0-4622는 예외라고 할 수 있다. 이 TeV 감마선 복사들이 양성자 기원인지, 전자 기원인지는 아직 결론을 내리지 못하고 있다. 만약 전자 기원이라면 자기장은 성간공간만큼 약하다. 한편, 펄서 성운에서의 TeV 감마선은 분명히 역콤프턴 산란에 따른 것이다(전자 기원).

최근에 감마선 망원경 HESS는 수분에서 10분 정도로 펼쳐진 TeV 감마선원이 은하면을 따라 여러 개 분포하고 있음을 발견했다(그림 4.13).

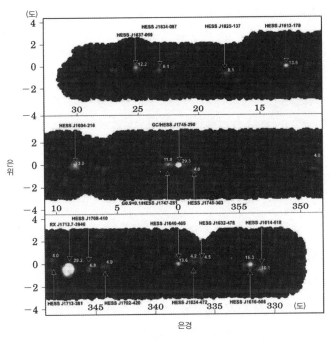

그림 4.13 HESS 망원경으로 발견한 TeV 감마선원 분포도(화보 7 참조, Aharonian et al. 2006, ApJ, 636, 777에서 전재). 은하면을 은경 −30°(330°)에서 +30°까지를 3단계에 걸쳐 나타냈다.

여기에는 뚜렷한 대응 천체가 없는 것이 많다. 스자쿠는 그중에서 몇 개를 심층적으로 관측해 X선 세기의 값과 상한값을 결정지었다. 그 X선 세기는 이미 알려진 초신성 잔해나 펄서 성운에 비해 훨씬 낮아 TeV 감마선 세기보다 한 자릿수 낮았다. 싱크로트론 X선이 약하므로 전자 기원이 아닌 양성자 기원임을 보여준다. 초고에너지 양성자를 주로 가속하는 미지의 초신성 잔해나 펄서 성운이 찾아낸 것일지도 모른다. 또는 전혀 새로운 종족의 우주선 가속 천체인지, 앞으로의 발전이 기대된다.

4.3.5 은하면 X선 · 감마선 복사

초신성 잔해 등에서 가속된 우주선은 은하 전체로 확산되어 성간물질과의 상호작용으로 감마선을 복사한다. 100 MeV 이상 영역에서는 우주선 핵자와 성간물질에 따른 π 중간자의 생성과 붕괴를 주요 과정으로 하며, 낮은 에너지 쪽에서는 우주선 전자의 제동복사 성분이 포함된다(4.2절,(식 4.4), (식 4.10)). 이와 같은 감마선 복사는 은하면에서 강하게 복사되지만, 성간물질의 밀도까지 반영함으로써 우주선의 가속 현장을 직접 보여주는 것은 아니다.

X선 영역에서도 은하면에서의 복사가 검출된다. 야마우치 시게오山內茂雄와 고야마小山는 '깅가'를 이용하여 은하계 안쪽의 반지름 4 kpc, 두께 100 pc의 원반에서 고차 이온화한 철의 6.7 KeV 휘선을 포함한 복사가 나오고 있음을 밝혀냈다(그림 4.15). 휘선을 포함하므로 이 복사는 고온 플라스마에서의 복사로 생각된다. '아스카'를 이용한 가네다 히데히로金田英宏 연구진의 관측에 따라 은하면에는 다양한 이온 휘선을 포함한 고온 플라스마(온도 $kT \sim 0.8$ keV와 $kT \sim 8$ keV의 두 성분으로 근사된다)에서 나오는 10^{31} W의 복사가 있다는 것이 밝혀졌다. 저온인 $kT \sim 0.8$ keV 성분은 분해할 수 없는 초신성 잔해 등이 겹쳐진 것으로 설명할 수 있지만, 고온인 $kT \sim 8$ keV 성분의 기원은 아직 해명하지 못하고 있다.

이 고온 성분은 찬드라 관측으로도 점원으로의 분리는 불가능하다는 점에서 정말로 넓게 펼쳐진 복사로 생각된다. 고온 가스가 존재한다고 치면 그 압력은 평균적인 성간공간의 100배 이상이며, 그 온도는 은하계의 중력 퍼텐셜로 가둘 수 있는 값을 웃돈다. 다시 말해 이 관측은 은하면의 넓은 범위에 걸쳐 가스를 계속해서 10 keV 근처까지 가열하는 과정이 존재한다는 것을 보여준다. 이 과정이 우주선을 가속하는 것일지도 모른다.

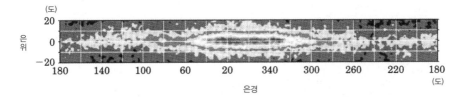

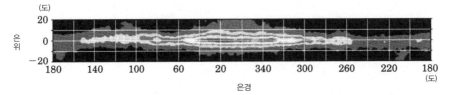

그림 4.14 CGRO를 탑재한 EGRET 검출기에 따른 은하면 전체 복사(은경 0°−180°, 180°−360°)를 확대한 복사(Cillis & Hartman 2005, *ApJ*, 621, 291에서 전재). 그림 가운데가 은하중심이다. 위는 30~100 MeV에서 전자 유래 성분을 포함하며, 아래는 100 MeV 이상에서 거의 핵자 유래로 생각된다.

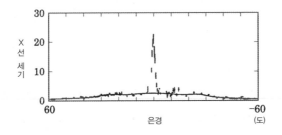

그림 4.15 깅가를 이용한 은하면에서의 6.7 keV 철 휘선 관측 결과(Yamauchi & Koyama 1993, *ApJ*, 404, 620에서 전재). 은하중심에서의 강한 복사가 있어, 은하면 전체에서 복사가 나오고 있다.

야마사키 노리코山崎典子 연구진은 '깅가'와 기구실험 등으로 10 keV 정도의 경X선에서 MeV에 이르는 은하면에서의 비열적 복사가 존재한다는 것을 지적했으며, 이는 그 후의 X선이나 감마선 위성 RXTE, CGRO, INTEGRAL 등의 관측으로 확인되었다(그림 4.16). 이 복사는 6.7 keV 휘선을 포함한 복사와 에너지 스펙트럼의 공간적 분포 양쪽에서 연속적으로 연결된다. 이를 통일적으로 이해하기 위해 가열되고 있는 전

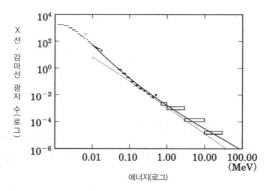

그림 4.16 1 keV에서 100 MeV 영역에서 은하면에서의 복사 스펙트럼(Skibo *et al.* 1996, *Astr. Ap. Suppl.*, 120, 403에서 전재).

자에서의 제동복사, 우주선 입자와 성간가스의 전하 교환 상호작용 등의 여러 과정들이 제안되고 있다. 기원이야 어떻든 은하면에서의 X선·감마선 복사는 지금도 은하계에서 진행되는 가열·가속 과정, 그리고 그 결과로 에너지를 얻은 입자와 성간물질의 상호작용이 있음을 보여준다. X선 영역에서의 휘선 스펙트럼을 통한 플라스마 상태의 검증, 감마선 영역에서의 더 높은 공간분해능 관측에 따라 우주선 가속 현장에서의 물리 과정에 대한 이해가 깊어질 것으로 기대한다.

4.3.6 외부은하계 우주선

초신성 잔해, 펄서 성운에서 가속 가능한 우주선의 최고에너지는 기껏해야 10^{15} eV이다. 4.2.2절에서 설명했듯이 충격파에서 가속할 수 있는 최고에너지는 충격파 속도의 2제곱, 자기장 세기, 가속시간의 곱에 비례한다〔(식 4.23)〕. 한편, 4.1절에서 설명했던 단순한 고찰에서 우주선의 최고에너지는 가속원의 크기와 자기장의 곱으로 제한된다(그림 4.4). 따라서 10^{20} eV인 최고에너지 우주선의 가속원으로는 초신성이나 중성자별보다 큰 천체

이거나 충격파 속도가 좀 더 빠르거나 가속시간이 긴 것 중 적어도 하나는 만족하는 천체여야 한다. 이러한 천체는 우리은하가 아니라 외부은하에 있는 것으로 생각되며, 다음과 같은 후보를 들 수 있다.

은하단 충돌

은하단은 큰 것에는 1000개 이상의 은하를 포함하며, 암흑물질dark matter까지 포함하면 그 질량은 전형적으로 $10^{15}\,M_\odot$인 거대한 계이다. 은하간 물질은 중력 때문에 가열되어 1000만 K 이상의 고온 플라스마가 되면서 X선에서 밝게 빛난다. 은하단의 형성 과정에 관한 견해는 다음과 같다.

차가운 암흑물질을 포함하는 우주 역학진화의 수치 모의실험으로 알게 된 것에 따르면, 소규모 집단이 먼저 만들어지고 그것들이 충돌·합체함으로써 큰 은하단이 이루어진다. 실제로 충돌 도중이라 생각되는 은하단도 다수 발견되고 있다. 충돌할 때의 상대속도는 은하단의 중력 퍼텐셜로 뭔가가 떨어지는 속도는 $1000\,\mathrm{kms^{-1}}$ 이상으로 생각되며, 은하간 가스 중에서의 음속을 넘어서기 때문에 충격파가 발생할 수 있다. 게다가 충돌·합체는 10^9년 이상 걸리기 때문에 충격파에 따른 입자 가속시간은 충분하다. GZK 한계가 나타나기 시작하는 비행시간 $\sim 10^8$년에 10^{20} eV의 고에너지 입자가 생성하면 된다.

찬드라에서 $z=0.296$에 있는 것으로 알려진 은하단 1E 0657−56의 관측에서 은하단 중에 충돌·합체에 따른 충격파가 존재한다는 것이 밝혀졌다(그림 4.17). 그림 4.17(위)의 X선 이미지에서 오른쪽 덩어리가 서브 클러스터이며, 동쪽에서 서쪽으로(그림에서는 왼쪽에서 오른쪽으로) 빠져나가는 것으로 생각된다. 그 앞면으로 보 쇼크Bow Shock 구조[8]가 보인다. 이 충격

8 예를 들어 고속으로 진행하는 배의 뱃머리에서 발생하는 활 모양의 파도 구조를 가리킨다.

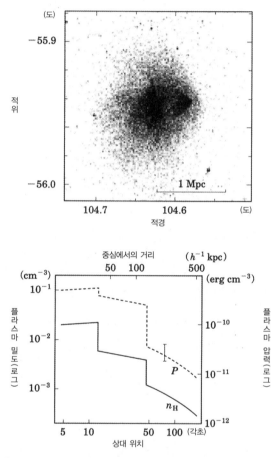

그림 4.17 '찬드라'로 관측한 IE 0657–56의 결과(Markevitch *et al.* 2002, *ApJ*, 567, L27에서 전재). 위가 X선 이미지이며, 아래는 핵을 통과하는 면에서의 압력(P)과 밀도(n_H)의 변화. 밀도(실선)는 2개 부분(반지름 12각초과 50각초 부근)에서 큰 변화를 보이지만, 압력(점선)은 반지름 12각초의 핵 표면에 해당하는 장소에서는 변화가 거의 없다.

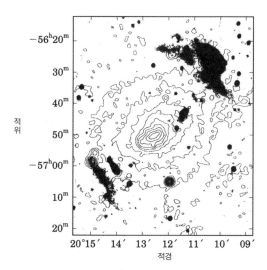

그림 4.18 은하단 Abell 3667에서의 전파 렐릭 관측 예(Rottgering *et al.* 1997, *MNRAS*, 290, 577에서 전재). 등고선은 ROSTA에서 관측한 X선 강도를 나타내며, 짙고 옅은 검은색은 843MHz의 전파 세기를 나타낸다.

면에 수직 방향으로 은하간 물질의 밀도와 압력을 추정한 것이 그림 4.17(아래)이다. 밀도는 충격면의 바깥쪽 경계(반지름 50각초)와, 농축 가스가 집중된 핵 부분(반지름 12각초) 등 두 군데에 불연속면이 있다. 압력은 충격면에서는 열 배나 변하지만, 핵 주변에서는 거의 변하지 않아 접촉 불연속면을 이루고 있다.

이와 같은 충격파에 따라 가속된 전자가 존재하는 것은 전파, 경X선 관측으로 밝혀져 왔다. 확장된 전파복사는 전체 은하단의 10 % 정도에 존재한다. 중심 부근으로 확장된 전파복사를 '하일로'라고 하며, 편광은 약하다. 이는 중심의 활동은하핵에서 공급되는 고에너지 전자에서의 복사로 생각된다. 한편, 은하단 주변부에 렐릭relic이라는 불규칙한 형태의 전파복사가 발견되는 경우도 있다(그림 4.18). 이 복사에는 20 % 정도의 편광을 보이는 것이 많으며, 수 10^{-10} T의 자기장을 가진 성간에서 전자가 가속되어 싱크로트론 복사를 하는 것으로 생각된다. 싱크로트론 복사로 에너지를 잃는 수명은 10^8년 정도로, 충돌·합체의 시간척도보다 짧기 때문에 지금도 계속 가속되고 있다.

이와 같은 고에너지 전자가 존재하면 우주배경복사의 2.7 K 광자와의 역콤프턴 산란에 따라 경X선 복사가 생성된다. 전형적인 전파복사 광도는 10^{34-35} W인데, 2.7 K 광자와 수 10^{-10} T의 자기장과의 에너지 밀도비에서 예상되는 X선 광도 또한 10^{34-35} W이다[(식 4.1)].

이탈리아와 네덜란드의 X선 천문위성 베포Beppo SAX에서 머리털자리 은하단, 처녀자리 은하단, Abell 3667, Abell 2256, Abell 2199 등 7개의 은하단에서 20 keV 이상의 경X선이 검출되어 비열적 복사를 나타내는 것으로 알려졌다. 그러나 20~80 keV에서 관측되는 경X선 광도가 10^{36-37} W로 100배 정도나 밝다는 것에서 양성자의 기여, 또는 아주 약한 은하간 자기장을 염두에 둘 필요도 있다. 앞으로 좀 더 정밀한 관측이 기대된다.

활동은하핵, 감마선 폭발

공간적인 크기나 가속 가능한 시간은 은하단 충격파에는 도저히 미치지 못하지만, 그 대신 충격파의 속도나 자기장 세기가 우리은하 천체를 넘어서는 것이 활동은하핵의 제트와 감마선 폭발이다. 따라서 이것들도 최고 에너지 우주선 가속원 후보로 여긴다. 활동은하핵의 제트는 퀘이사, 전파은하 등으로 보이는데(3.1.1절, 표 3.1), 적어도 그 발생원 부근에서는 거의 광속에 가까운 속도이다. 이것들이 충격파를 만들면 매우 효율적인 고에너지 가속기가 된다. 제트를 정면에서 바라보는 천체를 '블레이저'라고 하며, 가장 격렬하게 변동하는 은하핵이다(3.1.5절). 블레이저 중에는 격렬하게 변동하는 TeV 감마선을 방출하는 것도 발견되고 있다(Mkn 421이나

Mkn 501 등). 짧은 시간에도 하전입자가 매우 높은 에너지로 가속되고 있을 것이다. 이보다 더 극한적인 천체는 감마선 폭발(5장)이다. 그 정체는 아직 분명히 밝혀지지 않았지만 대부분 광속의 제트를 정면에서 바라보는 것으로 생각된다.

 칼럼 ## 우주 최대의 가속기

소립자 등 미크로 세계를 해명하는 실험에는 인공가속기가 사용된다. 현재 가능한 최대에너지는 대체로 10^{13} eV(LHC 가속기)로 이것은 양성자-양성자 충돌이지만, 정지물질에 대한 양자 에너지로 환산하면 약 10^{17} eV이다. 이에 비해 우주선은 최대 10^{20} eV에까지 이른다. 이로써 우주선으로 말미암아 초고에너지 영역에서의 소립자 반응에 대해 중요한 식견을 갖출 수 있었다.

소립자 물리학 초기에는 여러 새로운 입자가 소립자 실험에 앞서 우주선에서 발견되었다. 예를 들면 1935년에 유가와 히데키湯川秀樹가 이론적으로 예언했던 π 중간자는 1947년의 기구실험으로 우주선에서 발견되었다. π 중간자는 우주선 양성자가 대기와 반응해서 만들어졌다.

우주선 양성자의 가속기 중 하나로 초신성 SN 1006을 들 수 있다. SN 1006은 1000년 전 늑대자리 초신성으로 태어났다는 것이 후지와라노 데이카의 일기 『명월기』에 기록되어 있다(제1권 3장의 그림 3.18, 이 책 그림 4.11 참조).

출현 당시(1006년 5월 1일)에는 화성이 이따금씩 가까이 있어 화성 같았다는 기록이 있다. 그 후 일주일 정도 점점 밝아졌다는 사실은 중국이나 아라비아 여러 나라의 문헌에서도 볼 수 있다. 스자쿠는 SN 1006이 핵폭주형 초신성(Ia형)이라는 것을 확실히 밝혀냈다. Ia형은 절대광도가 익히 알려져 있다(실제로 표준광원으로서 우주의 크기를 계측하는 수단으로 활용한다). 따라서 SN 1006까지의 거리에서 겉보기 밝기를 추정할 수 있다. 그 최대광도는 분명 초승달을 능가했을 것이다. 그야말로 사상 최고로 밝은 초신성이었던 셈이다. 이 '데이카의 초신성'이 1000년 정도 가속해온 양성자, 이것이 멀리 지구로 와서 유가와의 중간자 이론을 실증해준 것일까.

4.4 뉴트리노 천문학

뉴트리노는 물질과의 상호작용이 매우 약하기 때문에 물질 깊숙한 곳까지 관통할 수 있다. 따라서 '뉴트리노 천문학'은 천체의 깊숙한 곳을 찾는 천문학이다. 대마젤란성운에서의 초신성 잔해(SN 1987A)나 태양에서의 뉴트리노 관측으로 뉴트리노 천문학의 막을 열게 되었다.

4.4.1 초신성 뉴트리노

대질량성 내부에서는 pp 연쇄 및 CNO 사이클(탄소·질소·산소 반응)이라 불리는 일련의 반응에서 수소가 연소해서 헬륨이 합성된다($4p \rightarrow He + 2e^+ + 2\nu_e$) (4.4.1절의 칼럼 「별 내부에서는」 참조). 내부 밀도가 약 $10^7 \, kgm^{-3}$, 온도가 약 $10^8 \, K$이 되면 헬륨이 연소해서 탄소를 만드는 반응($3He \rightarrow C$)이 일어난다. 이보다 더 고온, 고밀도가 되면 탄소, 산소, 네온, 규소 연소 순으로 진행되며, 최종적으로 철이 합성된다. 철은 핵자당 결합에너지가 가장 큰 원자핵이므로 열핵융합반응에 따라 생성되는 원소로는 마지막 원소다.

별 내부에서 이런 식으로 원소 합성이 진행되기 때문에 초신성 폭발 직전의 별 내부는 안쪽에서부터 순서대로 철, 규소, 산소, 탄소, 헬륨, 수소 층이 양파 모양으로 분포한다. 별 진화의 모의실험에 따르면 철핵의 질량은 약 $1.5 \, M_\odot$이다. 그 후 에너지 방출로 중력수축이 진행되어 온도가 상승해 $5 \times 10^9 \, K$을 넘으면 철이 헬륨으로 분해되는 흡열반응($Fe + \gamma \rightarrow 13He + 4n - 124.4 \, MeV$)에 따라 불안정 영역으로 들어가 초신성 폭발을 일으킨다.

밀도 상승과 전자 뉴트리노 방출에 따라 전자포획반응(원자핵 안팎의 양성자의 중성자화 : $e^- + p \rightarrow \nu_e + n$)이 진행되면서 중성자별을 형성하게 된다. 중성자별은 밀도가 약 $3 \times 10^{17} \text{ kgm}^{-3}$ 정도로, 그 $M_\odot$ 정도의 질량은 10 km 정도의 크기다. 따라서 자유롭게 방출된 중력에너지 (E_b)는

$$E_b = \frac{GM^2}{R} = 3 \times 10^{46} \left(\frac{M}{M_\odot} \right)^2 \left(\frac{R}{10 \text{ km}} \right)^{-1} \text{ [J]} \qquad (4.26)$$

으로 주어진다. 이 에너지의 대부분은 뉴트리노가 별에서 운반해온 뒤 사라진다. 1987년 2월 23일 초신성에서의 뉴트리노는 가미오칸데 실험 Kamioka Nucleon Decay Experiment과 IMB 실험Irvine-Michigan-Brookhaven 장치에서 처음으로 포착되었다.

가미오칸데는 1980년대에 처음으로 기후岐阜현 가미오카神岡 광산의 지하 1000 m에 건설되었다. 장치는 3000톤의 물탱크 안쪽 면에 지름 0.5 m 광전자 증배관 948개를 1 m 간격으로 부착한 것으로, 하전입자가 물속에 있는 빛의 속도보다 빠르게 운동할 때 발생하는 체렌코프Cherenkov광光을 포착했다. 체렌코프광은 입자의 진행방향에 대해 꼭지각이 $\cos^{-1}(1/n\beta)$인 원추 모양으로 복사한다. 여기에서 n은 물의 굴절률로 약 1.33이고, β는 입자의 속도를 진공 중의 광속도로 나눈 값으로, $\beta = 1$일 때 꼭지각은 약 42도이다. 그 현상의 예를 그림 4.19에 나타냈다. 각 광전자 증배관에서는 빛의 도착시각과 세기를 측정함으로써 도착시각의 차에서 입자의 발생점을, 빛의 세기에서 입자 에너지를 대강 계산할 수 있었다. 입자의 방향은 체렌코프광의 고리 모양에서 구했다.

IMB 실험은 오하이오 주 모튼 소금광산 지하 600 m에 만들어진 7000톤의 실험장치로, 반지름 20 cm의 광전자 증배관 2048개를 이용했다. 초신성 폭발을 관측하는 데 사용된 유효부피는, 가미오칸데 실험은 2140톤, IMB 실험은 6000톤이었다. 또 얻을 수 있는 뉴트리노 에너지의 하한값은 가미오칸데가 8.7 MeV, IMB는 38 MeV였다(50 % 효율에서의 값).

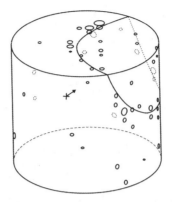

그림 4.19 가미오칸데가 포착한 뉴트리노 현상의 예. 그림의 작은 동그라미는 빛을 받은 광전자 증배관을 나타낸다(Hirata *et al.* 1988, *Phys. Rev.*, D38, 448, 그림 7에서 전재).

그림 4.20에 뉴트리노와 물분자의 반응 단면적을 표시했다. 초신성 폭발에서는 모든 유형의 뉴트리노, 즉 전자 뉴트리노(ν_e), 뮤 뉴트리노(ν_μ), 타우 뉴트리노(ν_τ)와 그 반입자들($\bar{\nu}_e$, $\bar{\nu}_\mu$, $\bar{\nu}_\tau$)이 만들어지지만, 에너지는 수십 MeV 정도이기 때문에 그림 4.20에서 $\bar{\nu}_e + p \rightarrow e^+ + n$이 주요 반응임을 알 수 있다.

이 반응에서 관측되는 e^+의 에너지 (E_{e^+})와 뉴트리노의 에너지 E_ν에 $E_{e^+} = E_\nu - 1.3$ MeV라는 관계에서 뉴트리노의 에너지를 직접 측정할 수 있다. 그러나 뉴트리노의 에너지는 양성자의 질량에 비해 매우 작기 때문에, 이때 생성되는 e^+와 뉴트리노 방향(즉 초신성에서의 방향)은 거의 상관이 없다. 이에 비해 전자 산란($\nu + e^- \rightarrow \nu + e^-$)에서는 전자가 앞쪽으로 튕겨져 날아간다.

SN 1987A에 동반한 뉴트리노가 1987년 2월 23일 7시 35분(세계시)에 관측되었다. 가미오칸데는 13초 동안 11개, IMB는 6초 동안 8개의 현상을 관측했다. 이 현상들의 시간분포를 그림 4.21로 나타냈다. 또 그림 4.22에는 현상의 방향과 에너지의 상관관계를 나타냈다. 특별히 초신성 방향

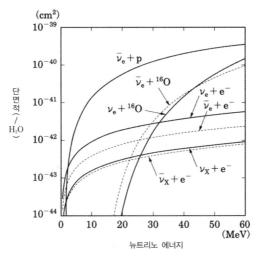

그림 4.20 뉴트리노 반응의 단면적. 가로축은 뉴트리노의 에너지, 세로축은 물분자 주변의 단면적을 나타낸다. ν_x는 ν_μ 또는 ν_τ를 나타낸다.

과 상관관계가 강해 보이지 않으며, 대부분의 현상은 $\bar{\nu}_e + p \longrightarrow e^+ + n$ 반응에 따른 현상임을 보여준다. 따라서 $\bar{\nu}_e$의 에너지 분포가 페르미−디랙 분포Fermi-Dirac statistics[9]라고 가정해 가미오칸데와 IMB 자료에서 온도를 구하면 $kT \sim 4$ MeV가 된다. 이 값에 대응하는 $\bar{\nu}_e$의 평균 에너지($\langle E_{\bar{\nu}_e} \rangle$)는 13 MeV이다. 관측된 현상의 수와 뉴트리노 단면적으로 적분 뉴트리노 플럭스(ϕ)를 구하면 약 5×10^{13} $\bar{\nu}_e$ m^{-2}이 된다. SN 1987A까지의 거리 (R)는 17만 광년이므로 $\bar{\nu}_e$에 따라 방출된 에너지는 $\langle E_{\bar{\nu}_e} \rangle \phi \times 4\pi R^2$ $\sim 3 \times 10^{45}$ J이 된다.

뉴트리노에는 입자/반입자까지 고려하면 모두 여섯 종류가 있으므로 모든 뉴트리노의 평균 에너지가 거의 동등하다고 하면 뉴트리노에 따라 방출되는 에너지는 약 2×10^{46} J이 된다. 이 값은 철핵에서 중성자별이 형성

---

9 페르미 입자가 따르는 통계분포. 양자역학과 통계역학에서 그 분포식은 $\dfrac{E_\nu^2}{\exp(-E_\nu/kT)+1}$이 된다.

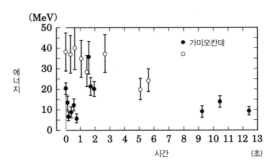

그림 4.21 가미오칸데와 IMB가 포착한 SN 1987A에서의 뉴트리노 신호. 각각의 점은 하나하나의 현상을 나타낸다. 가로축은 최초 현상으로부터의 시간, 세로축은 각 현상의 에너지를 나타낸다 (Kamiokande Collaboration 1987, *Phys. Rev. Lett.*, 58, 1490; *Phys. Rev.* D38, 448. IMB Collaboration 1987, *Phys. Rev. Lett.* 58, 1494에서 전재).

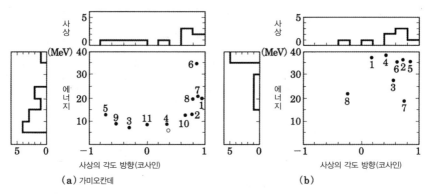

그림 4.22 SN 1987A에 따른 뉴트리노 현상의 초신성에서의 방향(가로축)과 현상의 에너지(세로축). (a)는 가미오칸데에서의 현상을 나타내며, (b)는 IMB에서의 현상. 2차원 분포의 각 점들은 하나하나의 현상을 나타내며, 숫자는 현상의 시간 순서를 나타낸다.

될 때 자유롭게 방출되는 에너지〔(식 4.26)〕와 잘 들어맞는다.

광학관측에 따른 SN 1987A의 폭발은 셸턴I. Shelton이 세계 최초로 보고했는데, 시간적으로 가장 빠른 관측은 2월 23일 10시 33분(세계시)이었다. 또 2월 23일 9시 22분(세계시) 시점에는 광학적으로 관측되지는 않았음을 존스A. Jones가 보고했는데, 이는 핵이 중력붕괴하고 나서 별빛을 방출하기까지 두 시간 넘게 걸렸음을 보여준다.

별 내부에서는

별 내부의 수소연소에는 두 종류의 연쇄반응이 있다(다음 그림).

주변을 둘러싼 이중선 반응으로 뉴트리노가 생성된다. 이 반응들을 위에서부터 순서대로 pp, pep, hep, ^{7}Be, ^{8}B, ^{13}N, ^{15}O, ^{17}F 뉴트리노라고 한다. 표준태양 모형에서 이것들의 세기는 pp 뉴트리노가 $5.94 \times 10^{14}(\pm 1\ \%)m^{-2}s^{-1}$, ^{7}Be 뉴트리노가 $4.86 \times 10^{13}(\pm 12\ \%)m^{-2}s^{-1}$, pep 뉴트리노가 $1.4 \times 10^{12}(\pm 2\ \%)m^{-2}s^{-1}$, ^{8}B 뉴트리노가 $5.79 \times 10^{10}(\pm 23\ \%)m^{-2}s^{-1}$, hep 뉴트리노가 $7.88 \times 10^7(\pm 16\ \%)m^{-2}s^{-1}$이다(괄호 안은 오차 범위).

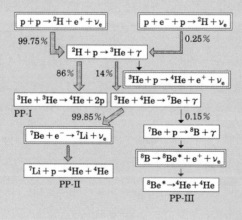

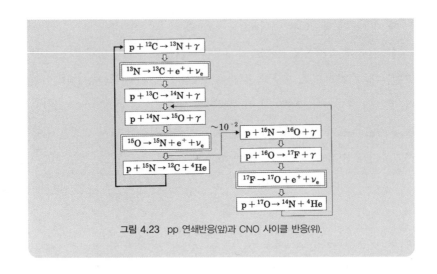

그림 4.23 pp 연쇄반응(앞)과 CNO 사이클 반응(위).

4.4.2 태양 뉴트리노 문제

표준태양 모형(SSM: Standard Solar Model)의 계산에 따르면 태양 중심에서 벌어지는 핵융합반응은 총에너지 생성의 약 99 %가 pp 연쇄반응이며, 나머지 1 %가 CNO 사이클 반응이다. 이 반응들로 예상되는 뉴트리노(칼럼 「별 내부에서는」 참조)의 에너지 스펙트럼을 그림 4.24으로 나타냈다.

세계 최초의 태양 뉴트리노 관측은 1960년대의 데이비스R. Davis 연구진이 미국의 홈스테이크Homestake 광산에서 한 실험이었다. 이 실험은 615톤의 테트라클로로에틸렌(C_2Cl_4)을 사용하여 뉴트리노와 ^{37}Cl의 반응으로 만들어진 ^{37}Ar을 약 80일 간격으로 회수하고, 이 ^{37}Ar의 붕괴수를 저低 자연방사선 측정치 비례계수관으로 계측했다. 이런 실험방식을 복사화학법이라고 하며, 어떤 에너지 역치闡値 이상의 뉴트리노 적분량을 측정한다. 뉴트리노와 ^{37}Cl 반응의 에너지 역치는 0.814 MeV로, ^{37}Ar 생성률에 기여하는 것은 주로 ^8B 뉴트리노이다(약 76 %가 ^8B 뉴트리노, 15 %가 ^7Be 뉴트리노, 그 밖에 pep, CNO 뉴트리노. 칼럼 「별 내부에서는」 참조).

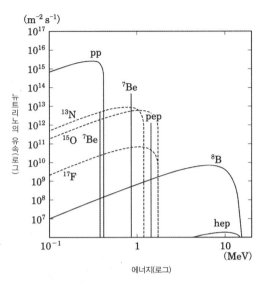

그림 4.24 표준태양 모형으로 예상되는 태양 뉴트리노 스펙트럼. 실선은 pp 연쇄반응에서의 뉴트리노, 점선은 CNO 사이클에서의 뉴트리노를 나타낸다(칼럼 「별 내부에서는」 참조).

홈스테이크 실험에서 관측했던 ^{37}Ar의 생성률은 약 0.5개/일로, 표준태양 모형의 예상치 1.4개/일의 1/3밖에 안 되었고, 이를 '태양 뉴트리노 문제'로 제기했다. 가미오칸데 실험은 1989년에 세계에서 최초로 실시간 검출기에 따른 태양 뉴트리노 관측에 성공했다. ^8B 태양 뉴트리노에 따라 앞쪽에 산란된 전자의 체렌코프광을 포착한 것이다. ^8B 뉴트리노의 세기는 표준태양 모형 예상치의 반 정도로, 태양 뉴트리노 문제를 다시 한 번 확인한 셈이다.

그 후 태양 뉴트리노의 주성분인 pp, ^7Be 뉴트리노에 감도感度가 있는 복사화학법 실험이 러시아(SAGE 실험)와 이탈리아(GALLEX 실험)에서 시행되었다. 이 실험들에서는 ν_e와 ^{71}Ga의 반응으로 만들어지는 ^{71}Ge의 수를 헤아렸다. 이 반응의 역치는 0.233 MeV로, 표준태양 모형의 예상으로는 ^{71}Ge 생성률에 대한 pp 뉴트리노의 기여가 약 54 %, ^7Be 뉴트리노가 약 27 %, ^{8}B 뉴트리노가 약 9 %, 나머지는 pep, CNO 뉴트리노이다. SAGE 실험은 Ga 홑원소 물질 54톤을 사용하고, GALLEX 실험에서는 Ga 30톤을 GaCl$_3$ 용액으로 만들어 실험했다. 이 모든 실험에서 계측한 ^{71}Ge의 생성률은 예상치의 약 52 %였다.

4.4.3 뉴트리노 진동

태양 뉴트리노의 관측 결과와 표준태양 모형으로 예상을 비교하는 경우에는 뉴트리노가 그 종류를 바꿔버리는 현상('뉴트리노 진동'이라고 한다. 칼럼 「중성자별의 중심부는 어떤 세계일까」참조)을 반드시 고려해야 한다. 뉴트리노에는 전자 뉴트리노(ν_e), 뮤 뉴트리노(ν_μ), 타우 뉴트리노(ν_τ), 이렇게 세 종류가 있는데(칼럼 「중성자별의 중심부는 어떤 세계일까」참조), 태양 중심에서의 핵융합반응 때 발생하는 뉴트리노는 ν_e이다.

이하 ν_μ와 ν_τ를 합해서 ν_X라고 쓰고, ν_e와 ν_X 사이의 진동에 대해 설명하고자 한다. 뉴트리노가 약한 상호작용에 따라 발생할 때에는 '약한 상호작용의 고유상태'[10]에 있는 것으로 간주한다. 구체적으로는 ν_e와 ν_X이다. 한편, 뉴트리노가 공간을 전파하는 경우에는 '물질의 고유상태'로 작용한다. 질량의 고유상태를 ν_1, ν_2라고 하면, 일반적으로 약한 상호작용의 고유상태와의 관계는 다음과 같이 쓸 수 있다.

$$\begin{pmatrix} \nu_e \\ \nu_X \end{pmatrix} = \begin{pmatrix} \cos\theta & \sin\theta \\ -\sin\theta & \cos\theta \end{pmatrix} \begin{pmatrix} \nu_1 \\ \nu_2 \end{pmatrix} \tag{4.27}$$

여기에서 θ는 '혼합각'이라고 한다. 시각 $t=0$에 ν_e로 만들어진 뉴트리노가 어느 시각 t에 ν_e로 관측될 확률 $P(\nu_e \rightarrow \nu_e)$는, 질량의 고유상태에

---

10 양자역학 용어로 기본적인 상태를 말한다. 일반적인 상태는 고유상태를 기술하는 파동함수와 중의적으로 표현한다.

대한 슈뢰딩거 방정식을 풀어서 구할 수 있으므로

$$P(\nu_e \rightarrow \nu_e) = 1 - \sin^2 2\theta \times \sin^2\left(1.27 \times \Delta m^2 \frac{L}{E}\right) \quad (4.28)$$

이 된다. 여기에서 Δm^2(단위는 eV²)은 질량 고유값의 2제곱의 차($m_2^2 - m_1^2$), L은 뉴트리노 비행거리($t \times$광속도), E(MeV)는 뉴트리노의 에너지이다. (식 4.28)은 진공 중을 전파하는 경우에 적용할 수 있지만, 태양 내부처럼 고밀도 물질이 존재하는 환경에서의 전파에서는 반드시 물질에 따른 효과(구체적으로는 ν_e와 ν_x에서 전자와의 전방 산란 진폭이 다름)를 고려해야한다. 뉴트리노 에너지, 뉴트리노 진동을 기술하는 변수(Δm^2, 혼합각 θ)에 따라 물질효과를 나타내는 방식은 다르지만, 다음에 설명하듯이 에너지가 높은 ⁸B 뉴트리노 진동의 경우에는 태양 표면에 도달할 때까지 물질효과에 따라 약 2/3의 뉴트리노가 ν_x가 된다.

4.4.4. 태양 뉴트리노 문제의 해결

'태양 뉴트리노 문제'의 원인이 '뉴트리노 진동'이라고 확정한 것은 슈퍼 가미오칸데(SK)와 SNO(Sudbury Neutrino Observatory)에 따른 정밀 관측이다. 슈퍼 가미오칸데는 가미오카 광산의 지하 1000 m에 건설된 순도가 매우 높은 물 5만 톤을 이용한 장치로(그림 4.25 왼쪽), 유효부피가 가미오칸데의 30배(실제로 태양 뉴트리노 관측에 사용되는 부피)에 이른다. 높이 42 m, 지름 40미터의 물탱크 안쪽 면에 지름 50 cm의 광전자 증배관 1만 1146개가 부착되어 있어 광전자 면이 40 %를 차지한다. 이 광전자 면의 밀도는 가미오칸데의 두 배로, 더 낮은 에너지 현상까지 포착할 수 있다.

　슈퍼 가미오칸데는 가미오칸데와 마찬가지로 뉴트리노와 전자의 산란을 이용하여 ⁸B 태양 뉴트리노를 포착했다. 뉴트리노와 전자의 산란에서

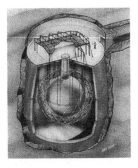

그림 4.25 슈퍼 가미오칸데 실험장치(왼쪽)와 SNO 실험장치(오른쪽)(Super-Kamiokande Collaboration 2002, *Phys. Lett.*, B539, 179. SNO Collaboration 2002, *Phys. Rev. Lett.* 89, 011301에서 전재).

는 ν_e뿐만 아니라 ν_μ, ν_τ도 기여한다. ν_μ나 ν_τ는 ν_e의 약 $1/(6\sim7)$(이하 R이라고 쓴다)이다. 태양의 중심에서 생성되는 ν_e 중에서 $P_{\rm osc}$의 비율로 ν_μ 또는 ν_τ가 되었다면, 슈퍼 가미오칸데로 관측되는 뉴트리노 세기는 예상값의 $(1-P_{\rm osc})+P_{\rm osc}\times R$이 된다. 슈퍼 가미오칸데는 1996년 5월부터 2001년 7월까지 약 2만 2400개의 태양 뉴트리노 현상을 관측했다. 이를 전자 산란에 따른 뉴트리노 세기로 환산하면 $(2.35\pm0.08)\times10^{10}\,{\rm m}^{-2}\,{\rm s}^{-1}$이 된다.

SNO 실험장치는 캐나다의 새드베리 광산 지하 2092 m에 건설한 중수(D_2O)를 사용한 장치이다(그림 4.25 오른쪽). 중앙부에 건설한 미국산 용기에 중수(D_2O)가 1000톤 저장되어 있는데, 그 안에서 발생하는 체렌코프광을 용기 주변에 설치한 지름 0.2 m의 광전자 증배관 9456개에서 포획한다. 태양 뉴트리노에서는 다음과 같이 세 종류의 반응이 관측되었다.

(1) $\nu_e+D \rightarrow e^-+p+p$ (전하 커런트current 반응 : CC라고 한다)[11]

(2) $\nu_e+D \rightarrow \nu+n+p$ (중성 커런트 반응 : NC라고 한다)[12]

(3) $\nu_e+e^- \rightarrow \nu+e^-$ (전자 산란).

[11] 전하를 가지는 $W^\pm$ 보손을 매개로 하는 반응(칼럼 「중성자별의 중심부는 어떤 세계일까」 참조).
[12] 중성의 Z 보손을 매개로 하는 반응(칼럼 「중성자별의 중심부는 어떤 세계일까」 참조).

전하 커런트 반응, 중성 커런트 반응, 전자 산란에 따른 현상은 입자의 방향성과 사물의 형태 정보를 이용하여 통계적으로 식별이 가능하다. SNO로 관측된 현상의 수를 태양 뉴트리노 세기로 바꾸면 다음과 같다.

$$CC의 세기 : (1.68\,^{+0.10}_{-0.12}) \times 10^{10}\ \mathrm{m}^{-2}\,\mathrm{s}^{-1},$$

$$전자 산란의 세기 : (2.35 \pm 0.27) \times 10^{10}\ \mathrm{m}^{-2}\,\mathrm{s}^{-1},$$

$$NC의 세기 : (4.94\,^{+0.43}_{-0.40}) \times 10^{10}\ \mathrm{m}^{-2}\,\mathrm{s}^{-1},$$

슈퍼 가미오칸데와 SNO 장치에서 얻은 결과를 이용하여 ν_e의 세기와 $\nu_\mu + \nu_\tau$의 세기를 2차원 그림으로 표시하면 그림 4.26과 같다. 그림에서 보듯이 지구에서 관측되는 태양 뉴트리노에는 ν_μ, ν_τ의 성분이 있는데, 태양 내부에서는 ν_e로 생성되기 때문에 뉴트리노가 날아가면서 종류를 바꾸고 있음을 알 수 있다.

슈퍼 가미오칸데, SNO 실험에서는 뉴트리노 반응의 에너지 스펙트럼과 세기의 주야간 변동(진동 매개변수에 따라서는 지구의 물질이 뉴트리노 진동에 영향을 주어 밤낮의 세기가 다른 경우가 있다)도 정밀하게 측정하고 있으며, 이러한 자료를 사용하여 뉴트리노 진동 매개변수를 구했더니 질량 2제곱의 차(Δm^2)는 $(5-12) \times 10^{-5}\ \mathrm{eV}^2$, 혼합각 θ는 약 33도로 얻을 수 있었다.

슈퍼 가미오칸데, SNO 실험에서 ^{8}B 뉴트리노는 매우 정밀하게 관측되었고, 사실 ^{8}B 뉴트리노는 전체 태양 뉴트리노의 0.01 %에 지나지 않는다. 대부분의 태양 뉴트리노는 1 MeV 이하의 에너지로, 이 에너지 영역의 관측은 갈륨(Gallium, Ga) 실험에 따라 적분량 정도만 측정될 뿐이다. 저에너지 영역을 정밀하게 측정할 수 있는 실시간 방식에 따른 태양 뉴트리노 실험은 앞으로의 과제로 남아 있다.

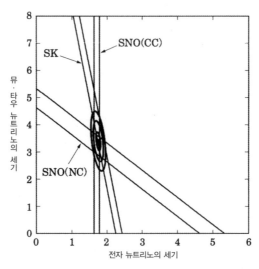

그림 4.26 슈퍼 가미오칸데(SK)와 SNO의 태양 뉴트리노 관측으로 얻은 전자 뉴트리노의 세기와 뮤ㆍ타우 뉴트리노의 세기. 띠는 각 실험의 ±1 표준편차의 간격을 나타내며, 세 겹 타원은 양쪽의 결과를 통합해서 허용되는 범위로 안쪽에서부터 68%, 95%, 99.73%의 신뢰도 범위를 나타낸다(Super-Kamiokande Collaboration 2002, *Phys. Lett.*, B539, 179. SNO Collaboration 2002, *Phys. Rev. Lett.*, 89, 011301; 2004, *Phys. Rev. Lett.*, 92, 181301; nucl-ex/0502021에서 전재).

4.5 중력파 천문학

중력파는 시공의 뒤틀림을 전파하는 파동이다. 물질과의 상호작용은 앞 절에서 설명했던 뉴트리노보다 약하다. 따라서 '중력파 천문학'은 우주의 가장 깊은 곳을 찾는 마지막 분야가 될 수 있다. 앞으로의 발전이 기대되는 새로운 분야이다.

4.5.1 중력파 검출

물질과의 상호작용이 약하다는 것은 곧 거꾸로 검출이 곤란하기 때문에 지금까지 중력파가 직접 검출된 적은 없다. 그러나 검출기 감도의 눈부신 발달로 2010년대에 검출이 실현되면서 중력파 천문학의 시작을 알렸다.

중력파가 통과하면 서로 직교하는 두 방향(기선)의 길이가 공간의 뒤틀림에 대응하여 아주 미미한 신축성을 보인다. 가장 먼저 일본에서 가동에 들어간 TAMA300에서는 300 m의 기선으로, 미국의 LIGO(The Laser Interferometer Gravitational-Wave Observatory)나 유럽의 버고Virgo 등의 중력파 관측 계획에서는 3~4 km 기선의 레이저 간섭계를 사용해서 이 신축성을 측정한다(그림 4.27).[13] 관측 대상은 주파수 약 10 Hz에서 수 kHz의 중력파로, 가장 유력한 중력파원은 중성자별 또는 블랙홀로 구성된 쌍성의 합체 및 대질량성의 중력붕괴이다. 따라서 이제부터는 이것들을 중심으로 분석하기로 한다.

4.5.2 고밀도별 쌍성의 합체

두 개의 중성자별이나 두 개의 블랙홀로 이루어진 쌍성의 합체는 가장 유망한 중력파원이며, 그중에서도 쌍성 중성자별의 합체는 다음의 두 가지 이유에서 가장 확실한 중력파원으로 볼 수 있다.

- LIGO나 '버고'로 연 1회 이상 검출이 예상된다.[14]
- 중력파의 파형이 다른 중력파원에 비해 지나치게 예상하기 쉬워 검증에 유리하다.

이제부터는 쌍성 중성자별을 찾아내어 쌍성의 진화 및 중력파의 파형에

---

13 일본에서는 300 m 기선의 레이저 간섭계 TAMA300이 1999년부터 가동했다. 3 km급 장기선 대형 검출기 LCGT를 기후현 가미오카시에 건설하여 2015년 말 시험 관측을 거쳐 2017년부터 본격 가동할 계획이다(옮긴이 주). 이 기술실증기 CLIO(기선 길이 100 m)는 일부 주파수대에서는 기선 길이 3~4 km의 LIGO나 '버고'와 엇비슷하다.

14 우주 나이에 비해 훨씬 짧은 수명에서 합체하는 쌍성 중성자별은 우리은하에서 이미 4개나 발견되었다(1장). 그 별들의 존재로 한 은하계에서 1만~100만 년에 한 번 합체가 일어나는 것으로 추정된다. 중력파 검출기의 최종목표 감도가 달성되면 우리에게서 약 300 Mpc 이내 거리에 있는 쌍성 중성자별의 합체를 검출할 수 있다. 따라서 그 반지름 안에 있는 모든 은하를 고려하면 연간 1~100회 정도의 합체를 검출할 수 있으리라 예상된다.

그림 4.27 미국 핸퍼드에 건설된 4 km 기선의 레이저 간섭계형 중력파 검출기 LIGO(http://www.ligo.caltech.edu에서 전재).

대해 설명하기로 한다. 쌍성 중성자별은 대질량성으로 이루어진 쌍성이 초신성 폭발을 두 차례 일으킨 뒤에 형성되며, 그 후 중력파 복사에 따라 궤도 반지름이 줄어든다(그림 4.28).

궤도 반지름과 함께 이심률도 줄어들어 합체 전에 원궤도에 있는 것으로 생각된다. 그 경우 중력파의 주파수는 궤도 각속도를 π로 나누어

$$f = 10.5 \left(\frac{M}{2.8 \, M_\odot} \right)^{1/2} \left(\frac{a}{700 \text{ km}} \right)^{-3/2} \text{ [Hz]} \qquad (4.29)$$

로 쓸 수 있다. 여기에서 M은 질량의 합계를, a는 궤도 반지름을 나타낸다. 질량이 2.8 $M_\odot$의 전형적인 중성자별인 경우 궤도 반지름이 약 700 km 이하일 때 $f > 10$ Hz가 되므로, 이때 복사되는 중력파가 관측 목표가 된다. 또 $a = 700$ km에서 합체까지 걸리는 시간은 약 15분으로 매우 짧다.

중력파 복사의 시간척도 τ_{GW}는 합체까지 항상 궤도 주기 P보다 길다. 이 때문에 관측 시작 후 대부분은 단열적인 진화를 한다. 궤도 반지름이 약 30 km가 되면 τ_{GW}가 P에 비해 무시할 수 없을 만큼 짧아지며 궤도 반지름의 감소에 속도가 붙기 시작한다. 더 줄어들면 두 물체 간에 작용하는

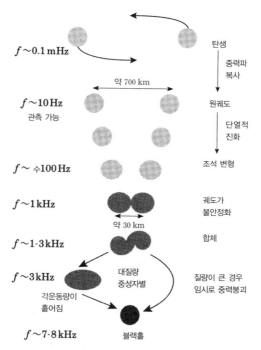

$f \sim 0.1\,\mathrm{mHz}$

약 700 km

$f \sim 10\,\mathrm{Hz}$
관측 가능

$f \sim \risingdotseq 100\,\mathrm{Hz}$

$f \sim 1\,\mathrm{kHz}$

약 30 km

$f \sim 1\text{-}3\,\mathrm{kHz}$

$f \sim 3\,\mathrm{kHz}$

각운동량이
흩어짐

$f \sim 7\text{-}8\,\mathrm{kHz}$

탄생

중력파
복사

원궤도

단열적
진화

조석 변형

궤도가
불안정화

합체

대질량
중성자별

질량이 큰 경우
임시로 중력붕괴

블랙홀

그림 4.28 쌍성 중성자별의 탄생에서부터 합체까지 복사되는 중력파의 주파수.

일반상대론적 상호작용이나 조석潮汐작용에 따라 쌍성 중성자별은 안정적인 원궤도를 유지할 수 없어 합체한다. 합체 후에는 회전하는 블랙홀이나 고속 회전하는 대질량 중성자별 중 하나가 형성된다(뒤에서 다시 설명).

지금까지 관측된 쌍성 중성자별의 각 중성자별의 질량은 모두 1.3~1.4 $M_\odot$ 부근의 값을 가진다. 이것이 일반적인 경향이라면 지금까지 설명했던 10 Hz 이후의 진화 양상은 많은 쌍성 중성자별에 대해 잘 들어맞는다. 블랙홀끼리의 쌍성이라면 질량이 더 커지기 때문에 고비가 되는 값이 다르다. 예를 들어 $M = 10\,M_\odot$이라면 $f = 10$ Hz가 되는 것은 $a = 1100$ km일 때이다. 또 합체가 시작되는 것이 $a = 6GM/c^2 \approx 90$ km 정도일 때라면 합체가 시작되는 주파수는 약 430 Hz이다.

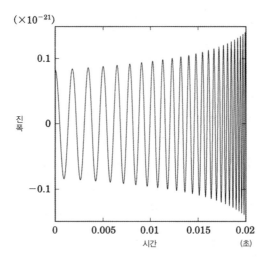

그림 4.29 합체 직전의 쌍성 중성자별에서 복사되는 중력파의 예상 파형. 14 Mpc 거리에 있으며, 질량이 모두 1.4인 쌍성을 궤도면과 수직 방향에서 관측한 경우이다. 가로축은 시간, 세로축은 진폭을 나타내며 10^{-21}을 단위로 했다.

그림 4.29는 합체 직후의 쌍성에서 복사되는 중력파의 예상 형태를 보여준다. 합체 직후에는 거의 정상적인 원궤도를 그리면서 천천히 궤도 반지름을 줄이기 때문에 진폭과 주파수가 서서히 올라가는 사인 곡선이다. 이러한 파형을 '처프 파형'이라고 한다.[15]

(식 4.35)(4.5.2절의 칼럼 「아인슈타인 방정식을 풀어 보자」)를 사용하면 궤도면과 수직인 방향에서 관측하는 경우의 중력파 진폭 h는

$$h = \left(\frac{4G^2 M_1 M_2}{c^4 a r} \right)$$
$$\approx 8 \times 10^{-24} \left(\frac{100 \text{ Mpc}}{r} \right) \left(\frac{M_1}{1.4 \, M_\odot} \right) \left(\frac{M_2}{1.4 \, M_\odot} \right) \left(\frac{700 \text{ km}}{a} \right) \quad (4.30)$$

---

[15] 처프chirp란 '찌르르(높고 날카롭게 우는 소리)'라는 뜻이다. 쌍성이 합체할 경우 그림 4.29처럼 고주파 중력파가 반복해서 복사된다고 하여 처프 파형이라고 이름을 붙였다.

으로 쓸 수 있다. 여기에서 M_1, M_2는 쌍성을 구성하는 중성자별의 질량을 나타내며, r은 관측자에서 쌍성까지의 거리이다. 또 관측되는 진폭은 궤도면과 시선방향의 각도에 따라 궤도면과 수평인 방향에서 관측하는 경우에 검출되는 진폭은 절반 정도가 된다.

앞에서 설명했던 것처럼 합체까지 항상 $\tau_{GW} > P$가 성립한다. 이 때문에 거의 주파수가 같은 f 중력파가 반복해서 복사된다. 그 파수를 N이라면 약 $N^{1/2}$배 실효적인 진폭이 커진다. 여기에서 N은 근사적으로 $f \times \tau_{GW}$로 나타낼 수 있고, 일반상대론에 따르면 τ_{GW}는 $f^{-8/3}$에 비례하므로 저주파수 쪽에서 실효진폭은 더 증폭된다. h는 $f^{2/3}$에 비례한다. 따라서 실효진폭은 $f^{-1/6}$에 비례한다.

그림 4.30은 처프 파형의 실효진폭 스펙트럼을 보여준다. 인자 $N^{1/2}$ 덕분에 저주파수 쪽에서 h보다 훨씬 커진다. 참고로 초기 LIGO와 차기 LIGO 잡음곡선도 함께 표시했다. 차기 LIGO를 이용하면 약 300 Mpc 거리에 있는 쌍성 중성자별에서의, 또 약 1500 Mpc 거리에 있는 쌍성 블랙홀에서의 처프 파형을 검출할 수 있으리라 예상된다.

합체 후의 운명은 쌍성의 구성요소에 따라 달라진다. 쌍성 블랙홀인 경우에는 블랙홀이 형성된다. 중성자별과 블랙홀의 쌍성이라면 블랙홀의 질량이 충분히 무거울 때에는 중성자별이 블랙홀에 먹히고, 가벼울 때에는 (블랙홀 회전을 제로로 해 약 4 $M_\odot$ 이하인 경우) 중성자별이 합체 전에 조석 파괴된다. 쌍성 중성자별인 경우는 계의 합계 질량이 충분히 클 때에는 블랙홀이, 가벼울 때에는 대질량 중성자별이 형성된다. 단, 대질량 중성자별은 그 후 중력파 복사나 자기장에 따른 각운동량 운반 효과로 각운동량을 잃거나 아니면 각운동량 분포를 변화시킨다. 그 결과 중력붕괴하고 최종적으로는 회전하는 블랙홀이 형성된다.

합체 과정에 따라 복사되는 중력파 파형도 달라진다. 블랙홀이 합체 후

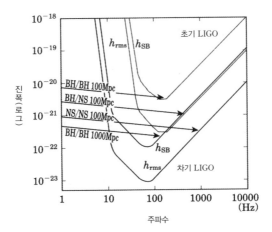

그림 4.30 LIGO의 감도에 대한 합체 직전에 있는 근접 쌍성에서의 중력파 스펙트럼. NS와 BH는 각각 1.4 $M_\odot$와 10 $M_\odot$의 중성자별과 블랙홀을 나타낸다. 화살표 끝 부근의 주파수에서 합체가 시작된다. $h_{\rm rms}$는 검출기의 잡음곡선을, $h_{\rm SB}$는 실질적인 감도(이보다 큰 진폭의 중력파가 아니면 검출 불가)를 나타낸다. $h_{\rm SB}$는 약 11$h_{\rm rms}$이다.

순식간에 형성되는 경우에는, 그림 4.31처럼 특징적인 감쇠진동을 보이는 중력파가 복사된다. 감쇠진동의 파장과 감쇠율은 블랙홀의 질량과 회전에 의존한다. 따라서 중력파를 검출함으로써 블랙홀의 탄생이 분명해지고, 더 나아가 그 질량과 회전을 결정지을 수 있게 되었다.

질량이 비교적 작은 쌍성 중성자별이 합체하는 경우에는 대질량 중성자별이 탄생한다. 그림 4.32에 질량이 똑같이 1.3 $M_\odot$인 두 중성자별이 합체해 대질량 중성자별이 탄생하는 모의실험 결과를 나타냈다. 중성자별을 모형화할 때 구대칭 중성자별의 최대 질량이 2.04 $M_\odot$인 경화 상태방정식 (1.2.2절)을 채용한다.[16] 궤도 각운동량이 그대로 자전 각운동량으로 끌려들

---

[16] 대질량 중성자별의 탄생 여부는 상태방정식에 따라 크게 의존한다. 중성자별의 밀도가 원자핵 밀도의 약 3배가 넘으면 핵력을 정확히 이해할 수 없어 그 상태방정식 역시 잘 알지 못한다. 여러 이론 모형 중에서, 좀 더 큰 압력을 예고하는 상태방정식을 경화硬化 상태방정식이라 하고, 비교적 작은 압력을 예고하는 것을 연화軟化 상태방정식이라고 한다. 상태방정식이 경화된 쪽이 대질량 중성자별이 만들어지기 쉽다.

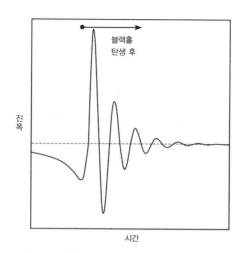

그림 4.31 블랙홀이 형성될 때 복사되는 중력파의 예상 파형.

어가기 때문에 원심력이 크게 작용한 결과, 중력붕괴를 벗어난 질량 2.6 $M_\odot$인 중성자별이 만들어진다. 대질량 중성자별은 고속 회전하는데다 비축대칭 형상을 잠시 유지하므로 진폭이 큰 중력파를 오랜 시간 복사한다.

그림 4.33에 그 파형을 나타냈다. t＝3밀리초 이후로 계속되는 주기 약 0.3밀리초의 준주기적 진동이 일그러진 대질량 중성자별의 회전운동에 따라 달라진다. 그런데 회전운동에너지는 중력파 복사에 따라 흩어지므로 블랙홀로의 중력붕괴까지 300주기 정도 준주기적 중력파가 복사된다. 푸리에 변환을 실행하면 3 kHz 부근에서 특징적인 최댓값이 나타나는데, 이것을 검출하면 대질량 중성자별이 탄생한 증거를 얻을 수 있다. 중력파 검출기에 따른 검출이 기대되는 중력파 중 하나이다.

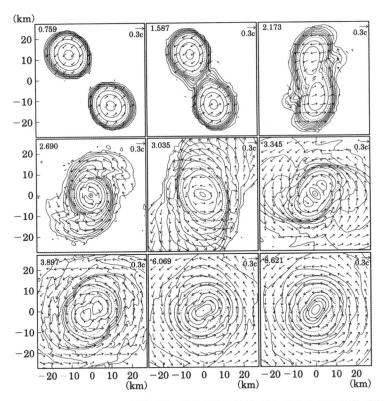

그림 4.32 질량이 모두 1.3$M_\odot$의 쌍성 중성자별의 합체 모의실험 결과. 합체 후 타원체형의 대질량 중성자별이 형성된다. 궤도면 상의 밀도 등고선과 속도장을 그리고 있다. 합체 전의 궤도 주기는 2.11밀리초이다. 밀도 등고선은 $2\times10^{17}\times i\,\mathrm{kgm^{-3}}(i{=}1{-}10)$ 및 $2\times10^{17}\times10^{-0.5i}\,\mathrm{kgm^{-3}}(i{=}1{-}7)$에 대해 그려져 있다. 또 점선은 $2\times10^{17}\,\mathrm{kgm^{-3}}$을 나타낸다. 각 패널의 왼쪽 위에 합체 개시 후 밀리초 단위의 경과시간을, 오른쪽 위에 속도 벡터의 크기 척도를 표시해 놓았다.

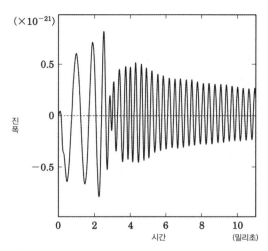

그림 4.33 쌍성 궤도면에 수직 방향으로 관측된, 합체 시 및 합체 후에 복사되는 중력파의 파형. 질량이 모두 $1.3\,M_\odot$인 중성자별끼리 합체하여 대질량 중성자별이 형성되는 경우. 관측자와의 거리는 $20\,\mathrm{Mpc}$로 했다.

⭐ 칼럼

아인슈타인 방정식을 풀어 보자

본문의 중력파 복사식은 아래 아인슈타인 방정식에서 이끌어낸다. 어렵다고 생각되는 독자들은 그 분위기만이라도 느껴보기 바란다.

$$G_{\mu\nu} = \kappa T_{\mu\nu} \tag{4.31}$$

여기에서 $G_{\mu\nu}$는 시공의 구부러짐 정도를 나타내는 아인슈타인 텐서(Einstein tensor, 시공의 성질을 나타내는 계량 텐서 $g_{\mu\nu}$의 2차 미분함수), $T_{\mu\nu}$는 물질의 분포나 운동상태를 나타내는 에너지 운동량 텐서, 그리고 $\kappa = 8\pi G c^{-4}$이다. 이 텐서들은 시간 1차원, 공간 3차원, 모두 4행 4열의 행렬로 표시되며, 그리스 문자의 첨자는 0(시간), 1-3(공간)을 취한다. 또 (식 4.31)은 뉴턴 역학에서 중력장의 퍼텐셜 Ψ을 결정하는 식(푸아송 방정식)

$$\Delta\Psi \equiv \left(\frac{\partial^2}{\partial x^2} + \frac{\partial^2}{\partial y^2} + \frac{\partial^2}{\partial z^2} \right) \Psi = 4\pi G\rho \tag{4.32}$$

를 확장한 형태가 된다. 단 ρ는 물질밀도이다.

여기에서 계량 텐서 밀도를 $\sqrt{-g}\,g^{\mu\nu}=\eta^{\mu\nu}+\tilde{h}^{\,\mu\nu}$로 형식적으로 쓴다. g는 $g_{\mu\nu}$의 행렬식, $\eta^{\mu\nu}$는 평탄한(물질이나 에너지가 없는) 시공의 계량, 그리고 $\tilde{h}^{\,\mu\nu}$는 평탄한 시공에서의 어긋남을 나타낸다. 이를 (식 4.31)에 대입해 평탄한 시공에서의 어긋남이 작은 것으로 해서 $\tilde{h}^{\,\mu\nu}$의 2차 이상의 항을 없애고, 또 좌표변환의 자유도를 잘 선택하면, 에너지 운동량 텐서를 기원으로 한 파동방정식을 얻을 수 있다.

$$\left(-\frac{1}{c^2}\frac{\partial^2}{\partial t^2}+\Delta\right)\tilde{h}^{\,\mu\nu}=-2\kappa T^{\mu\nu}. \tag{4.33}$$

이 식은 물질분포가 바뀌면 그에 따라 시공의 변형이 광속도로 전파된다는 것을 잘 보여준다.

통상적인 좌표계$(x_1\equiv x,\ x_2\equiv y,\ x_3\equiv z)$에서는 중력파 통과 전의 두 점 간 거리의 2제곱은 $dt^2=dl_0^2\equiv\sum_{i=1}^{3}dx_i^2$로 주어진다. 한편, 중력파가 통과한 후에는

$$dl^2=dl_0^2+\sum_{i,\,j=1}^{3}h_{ij}\,dx_i\,dx_j \tag{4.34}$$

가 된다. 중력파 검출이란 이 변화의 정도를 측정하는 것이다.

물질의 운동속도가 광속도에 비해 훨씬 느릴 때는 중력파원에서 r 떨어진 장소에서의 중력파 진폭 h_{ij}와 에너지 복사율(광도) dE/dt는, 4중극 공식을 사용하여 다음과 같이 쓸 수 있다.

$$h_{ij}(t,\,r)=\frac{2G}{rc^4}\left[\frac{d^2\mathcal{I}_{ij}}{dt^2}\left(t-\frac{r}{c}\right)\right]^{TT}, \tag{4.35}$$

$$\frac{dE}{dt}=\frac{G}{5c^5}\sum_{i,\,j=1}^{3}\frac{d^3\mathcal{I}_{ij}}{dt^3}\frac{d^3\mathcal{I}_{ij}}{dt^3}. \tag{4.36}$$

여기에서 $\mathcal{I}_{ij}$는 물질이 만드는 4중극자 모멘트 I_{ij}에 대하여

$$\mathcal{I}_{ij}\equiv I_{ij}-\frac{1}{3}\delta_{ij}\sum_{k=1}^{3}I_{kk} \tag{4.37}$$

로 정의된다. 트레이스가 제로(즉 $2 \sum_{i=1}^{3} I_{ij} = 0$)인 텐서이다. TT는 진행방향에 대하여 가로파이면서 트레이스 제로 성분을 취한다는 것을 보여준다. 또 첨자 ij는 세 방향의 공간 어딘가를 나타낸다. (식 4.36)은 구대칭인 물체($I_{ij}=0$), 또는 정상적인 물체($dI_{ij}/dt=0$)는 중력파를 복사하지 않는다는 것을 보여준다.

4.5.3 중력붕괴형 초신성 폭발

약 8 $M_\odot$ 이상의 초기 질량을 가지는 항성은 중력붕괴형 초신성 폭발로 일생을 마감한다. 그리고 그 중심에는 중성자별이나 블랙홀이 형성된다. 중력붕괴가 비구대칭으로 진행되면 중력파가 복사된다. 관측적으로 초신성 폭발은 한 은하 안에서 100년에 한 번꼴로 일어나는 것으로 추정된다.

따라서 처녀자리 은하단(우리은하에서 약 18 Mpc 거리)까지의 거리 안에 있는 모든 은하를 고려하면 2, 3년에 한 번 정도 발생하는 것으로 볼 수 있다. 특징적인 중력파의 주파수는 중성자별이라면 회전속도나 상태방정식, 블랙홀이라면 질량이나 회전에 좌우되는데, 모두 수백 Hz~수 kHz 정도 된다.

그러면 (식 4.35)(칼럼 「아인슈타인 방정식을 풀어 보자」)를 사용하여 중력파의 진폭을 대강 평가해 보자. 다음에서는 중력붕괴가 축대칭으로 진행된다고 가정해서 원통좌표(ϖ, z)를 채용한다. 먼저 회전 중성자별이 형성되는 경우를 생각해보자. 이 경우 중력붕괴해서 원시중성자별이 형성된 직후에 충격파가 발생한다. 이때 중력파의 진폭은 최대가 된다. 4중극자 모멘트의 2차 미분 최댓값을 대강

$$\ddot{I}_{ij}|_{\max} \sim \kappa M R^2 (2\pi f)^2 \tag{4.38}$$

로 평가한다. M, R, f는 원시중성자별의 질량, 반지름 및 중력파 주파수를 나타낸다. $\kappa = I_{\varpi\varpi}/(MR^2)$은 원시중성자별의 밀도분포에 의존하는 양으로 대개 0.1~0.2의 값을 취한다. 그러면 거리 r에서 측정되는 진폭은

$$h \sim 2 \times 10^{-23} \left(\frac{20 \text{ Mpc}}{r} \right) \left(\frac{\kappa}{0.1} \right) \left(\frac{\delta_I}{0.2} \right) \left(\frac{M}{1.4 \, M_\odot} \right) \left(\frac{R}{20 \text{ km}} \right)^2 \times \left(\frac{f}{1 \text{ kHz}} \right)^2$$

(4.39)

로 어림된다. 여기에서 $\delta_I = |1 - 2I_{zz}/I_{\varpi\varpi}|$로 정의되는데, 이것은 비구대칭성을 보이는 1 이하의 양이다. 진폭이 작기 때문에 운 좋게 우리은하계나 근처 은하에서 만들어진 경우에만 유력한 중력파원이 된다.

모의실험으로 계산된 중력파 파형의 예를 그림 4.34에 나타냈다. 초기의 회전속도, 회전규칙, 상태방정식의 차이에 따라 다양한 파형의 중력파가 만들어지지만, 여기에서는 그중에서도 전형적으로 보이는 파형을 나타냈다. 이 경우 중력파의 진폭은 중력붕괴와 함께 커지는데, 원시중성자별이 탄생하면서 충격파가 발생했을 때 최댓값을 보인다. 그 후 원시중성자별의 진동으로 준주기적인 중력파가 복사된다. 그 주파수는 원시중성자별의 기본 고유 진동수에 대응하며, 이 모형의 경우는 약 700 Hz 정도이다.

원시중성자별이 탄생한 뒤, 충격파가 바깥쪽으로 전파되는 동안에도 관측 가능한 중력파가 발생할 수도 있다. 원시중성자별 표면 부근에서 대류가 발생하거나, 또 그 결과로 원시중성자별 고유의 진동이 다시 들뜨거나 해서 비정상적이면서도 비구대칭 운동이 일어나기 때문이다. 특히 최근에 원시중성자별이 탄생 후 수백 주기에 걸쳐 준주기적으로 진동한 결과, 지구에서 20 Mpc 떨어진 거리에서 초신성이 일어났다 해도 실효진폭이 10^{-22} 이상인 중력파가 발생할 수 있다는 계산 결과가 제시됨으로써 중력

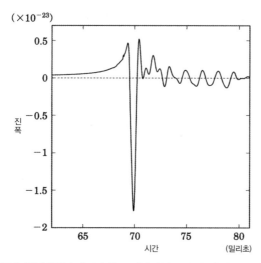

그림 4.34 원시중성자별이 형성될 때 복사되는 중력파 파형의 예. 회전축과 수직 방향에서 관측된 경우. 관측자까지의 거리를 10 Mpc로 하고, 또 중력붕괴하는 철핵의 질량은 약 1.5 $M_\odot$이다. 이 모형에서는 철핵은 중력붕괴 전에 강체 회전한 상태로, 그 회전운동 에너지와 중력 퍼텐셜 에너지의 비는 0.009이다. 이 비가 작으면 진폭은 더 작아진다.

파 연구자들에게 놀라움을 안겨주기도 했다. 다만 현재로써는 이 결과가 옳은지 그른지 밝혀지지 않고 있어 앞으로 좀 더 자세한 연구가 기대된다.

4.5.2절에서 소개했듯이 블랙홀이 형성된 경우에는 감쇠진동이 특징인 중력파가 복사된다. 여기에서는 복사되는 전체 에너지를 ΔE로 두고, 또 파형을 감쇠진동형으로 나타내는 것으로 하여 최대진폭에 대한 표식을 부여한다. 블랙홀은 축대칭이면서 적도면 대칭으로 형성한다고 가정하여 4중극 성분에만 착안하면, 중력파의 진폭 h는

$$h = \frac{A(t-r/c)}{r}\sin^2\theta \qquad (4.40)$$

이 된다(θ는 회전축과 시선방향을 이루는 각). (식 4.36)(칼럼 「아인슈타인 방정

식을 풀어 보자」)에서 광도는 다음과 같이 구해진다.

$$\frac{dE}{dt} = \frac{2c^3}{15G}\dot{A}^2 \qquad (4.41)$$

여기에서 A는 다음과 같은 함수형이 되는 것으로 가정한다.

$$A(u, r) = A_0 e^{-u/t_d} \sin(2\pi f u) \ (u \geqq 0). \qquad (4.42)$$

t_d, f는 감쇠시간과 주파수를 나타낸다. A_0는 최대진폭을 나타내는 정수로, 간단하게 지연시간 $u = t - r/c < 0$에서는 $A = 0$으로 한다. (식 4.41)을 u로 적분하면,

$$\Delta E = \int_0^\infty \frac{dE}{dt} du = \frac{4c^3}{15\,G} (\pi f A_0)^2 t_d \qquad (4.43)$$

으로 쓸 수 있다. $\varepsilon \equiv \Delta E / Mc^2$로 하면 거리 r로 측정하는 중력파의 최대진폭은

$$h_{\max} \approx 7 \times 10^{23} \left(\frac{20\,\mathrm{Mpc}}{r}\right) \left(\frac{\varepsilon}{10^{-6}}\right)^{1/2} \left(\frac{M}{10\,M_\odot}\right)^{1/2} \left(\frac{f}{1\,\mathrm{kHz}}\right)^{-1}$$
$$\times \left(\frac{t_d}{1\,\mathrm{ms}}\right)^{-1/2} \qquad (4.44)$$

가 된다. 블랙홀의 질량 M, 스핀 q에 대해 f와 t_d는

$$f \approx 1.21 \left(\frac{M}{10\,M_\odot}\right)^{-1} (1 + 0.087q^2 + 0.50q^4) \quad [\mathrm{kHz}], \qquad (4.45)$$

$$t_d \approx 0.554 \left(\frac{M}{10\,M_\odot}\right) (1 - 0.0061q^2 + 0.23q^4) \quad [\mathrm{ms}]. \qquad (4.46)$$

과 같이 근사할 수 있다.

ε을 평가하려면 수치 모의실험이 필요하지만 지금까지 계산이 상세하게 이루어지지 않았다. 단, $q \sim 0.5$에 대해 $\varepsilon \sim 10^{-6}$이 된다는 것을 보여주는 계산 결과가 있어 이것을 채용하면, 최대진폭은 10 Mpc 거리에서 약 10^{-22}로 예상된다. 이 값은 중성자별이 형성되는 경우보다 약 한 자릿수 크다. 한편, 블랙홀 형성의 빈도는 중성자별에 비해 한 자릿수 이상 작을 것으로 예상된다. 1년에 한 번꼴로 발생빈도를 예상한다면 $r \gtrsim 50$ Mpc 정도로 가정할 필요가 있다. 따라서 기대되는 h_{max}의 전형적인 값 또한 10^{-23} 정도로 작다.

이러한 평가에서 알 수 있듯이 초신성 폭발에서는 초밀집성 쌍성의 경우에서처럼 큰 진폭은 예상되지 않는다. 중력파 검출에서는 잡음 속에서 진폭이 작은 신호를 추출해야 하기 때문에 정밀한 중력파의 이론파형이 필요하다. 그러나 중성자별이 형성될 때 복사되는 중력파의 정확한 이론파형을 예측하는 데에는 초신성의 폭발 메커니즘이나 고밀도 물질의 상태방정식에 불명확한 점들이 많아 곤란하다. 한편, 블랙홀이 형성될 때에는 그림 4.31과 같은 블랙홀 고유의 중력파가 복사되므로 정확한 이론파형을 예측하는 것이 비교적 쉽다. 단, 초신성 폭발로 블랙홀이 탄생하는 빈도는 확실히 작다. 또한 감쇠진동 파형은 검출기 잡음과 그 형태가 비슷해 판별이 어렵다. 초신성 폭발은 은하계가 아주 가까운 은하에서 만들어졌을 때에만 중력파원이 되는 것으로 보아야 할 것이다.

초신성 폭발에는 이점도 있다. 폭발이 전자기파, 또는 (근처에서 발생하면) 뉴트리노에서 관측될 수 있기 때문이다. 발생시간과 방향이 정확히 구해지면 검증 가능성이 높아진다. 이 때문에 근방에서 발생할 때를 대비하여 중력파를 포획할 수 있는 준비가 진행되고 있다.

제5장
감마선 폭발

5.1 감마선 폭발의 여러 현상

1973년, 미국의 로스앨러모스 국립연구소의 클레베사델R. Klebesadel 연구진은 짧은 논문 한 편을 발표했다. 내용은 핵실험 탐지위성 VELA가 발견한 열여섯 개의 감마선 폭발이었다. 역사상 많은 발견들이 그랬듯이 당시 우주에서 다량의 감마선이 날아온 것은 전혀 예상치 못한 일이었다. 클레베사델 연구진은 논문에서 초신성 폭발과 감마선 폭발의 관련성에 대해 다뤘는데, 이 문제는 발견 이후 꼭 30년 만에 다시 뜨거운 논란의 대상이 되었으며, 현재로써는 적어도 어떤 종류의 감마선 폭발이 Ic형 초신성 폭발[1]과 관련 있음이 확실시되고 있다. 논문 한 편으로 시작된 감마선 폭발에 관한 연구는 오늘날까지 관련 문헌이 약 5000건을 넘어섰고, 1997년 이후에는 엄청난 발견이 잇달아 보고되어 지금은 가장 활발한 우주물리학 연구 분야로 성장했다. 이 절에서는 감마선 폭발의 관측적 측면을 설명하고자 한다.

5.1.1 감마선 폭발의 전자기 복사

2장에서 살펴본 것처럼, 일부 X선 쌍성계에서는 중성자별 표면에 강착한 물질이 폭주적인 열적 반응을 일으킴으로써 X선 폭발 현상이 발생한다. 감마선 폭발 또한 갑자기 폭발적으로 발생한다는 점에서 X선 폭발을 비롯한 고에너지 돌발Transient현상의 하나로 볼 수 있다. 다만 그 지속시간이나 광도곡선은 천차만별로, 지속시간이 10밀리초인 아주 짧은 폭발부터 1000초 이상 되는 것까지 다양하다. 감마선 폭발의 감마선 광도곡선을 그림 5.1로 나타냈는데, 이것은 CGRO에 탑재된 BATSE(Burst And Transient

---

[1] 일반적인 대질량성의 폭발(II형)과는 달리, 폭발 전에 수소나 헬륨 바깥층을 날려버린 별이 일으킨 것으로 생각된다. 이 유형에서 별이 아주 무거울 때 초신성 폭발을 일으킨다.

Source Experiment)로 관측한 것이다.

감마선 폭발은 언제 어디에서 발생할지 전혀 예상할 수 없다. 또 아주 짧은 시간 동안만 빛을 내는 현상인 동시에 감마선 자체는 방향을 특정하기 어려운 전자기 복사이기도 하다. 따라서 다른 파장을 관측해서 대응하는 천체를 찾아내는 일이 어려워 이에 대한 천문학적 연구가 뒤처지게 되었다. 지속시간뿐만 아니라 상당히 다양한 광도곡선을 보이는 것으로도 널리 알려져 있으며, 그림 5.1에 예시했듯이 격렬한 시간변동을 보이는 폭발도 많다. 또 광도곡선은 관측하는 에너지 대역에 따라 좌우된다. 일반적으로 높은 에너지에서 날카로운 스펙트럼이 나타난다. 주의해야 할 점은 감마선 폭발의 광도곡선에는 전형적인 형태가 없다는 것이다.

니시무라 준西村純이나 무라카미 도시오村上敏夫 연구진은 '덴마'나 '깅가'를 이용해 감마선 폭발은 X선에서도 밝게 빛난다는 것을 보여주었다. 감마선 폭발을 '감마선' 폭발로 부르는 이유는 그 스펙트럼이 X선 폭발 등의 다른 고에너지 돌발천체보다 높은 에너지 대역에서 상대적으로 더 많은 전자기 복사를 내기 때문이다(이 같은 특징을 '스펙트럼이 경직되었다'고 표현한다). 관측되는 감마선 폭발 광자의 미분 스펙트럼, 즉 단위시간에 단위면적·단위 에너지당 검출되는 광자수를 $\phi(E)$로 하면, 다음의 경험식으로 표현할 수 있다. 이 식은 제안자 밴드D. Band에 빗대어 밴드 함수Band Function라고 한다.

$$
\phi(E) = \begin{cases} A\left(\dfrac{E}{100\text{keV}}\right)^{\alpha} \exp(-E/E_0) & ((\alpha-\beta)E_0 \geqq E), \\[2ex] A\left(\dfrac{(\alpha-\beta)E_0}{100\text{keV}}\right)^{\alpha-\beta} \exp(\beta-\alpha)\left(\dfrac{E}{100\text{keV}}\right)^{\beta} & ((\alpha-\beta)E_0 \leqq E). \end{cases}
$$

(5.1)

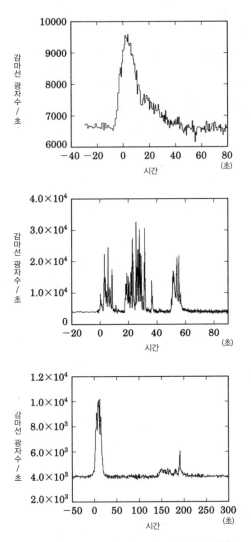

그림 5.1 CGRO에 탑재된 BATSE 검출기가 관측한 세 개의 감마선 폭발(BATSE 4B Catalog CD-ROM(1997)에서 인용).

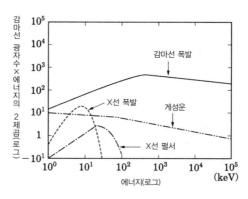

그림 5.2 $E^2 \times \phi(E)$ 스펙트럼.

E는 광자의 에너지, α와 β는 스펙트럼 형태를 결정하는 매개변수, A는 전체의 규격화 매개변수이다. 밴드 함수는 두 에너지의 멱함수, 즉 저에너지 쪽은 E^α, 고에너지 쪽은 $E^\beta(\alpha<0,\ \beta<0)$을 비스듬히 접속한 형태를 취한다. 매개변수 E_0에는 스펙트럼의 멱함수가 굴절 에너지를 부여한다.

$\phi(E)$를 기본으로 $E^2 \times \phi(E)$라는 함수를 만들어 보자. 이것은 천문학에서 보통 νF_ν 스펙트럼으로 불리는 것에 대응해서 로그로 표현되는 에너지 대역당 복사되는 에너지의 크기를 나타낸다. 그림 5.2에 '전형적인' 감마선 폭발 스펙트럼과 X선 폭발, 쌍성계 X선 펄서, 게성운에서의 스펙트럼을 모식적으로 나타냈다. 이 스펙트럼의 최댓값이 복사가 가장 강한 에너지 대역을 나타낸다. 이 최댓값을 부여하는 에너지를 E_P라고 하기로 하자. 예를 들어 X선 폭발에서 E_P는 수 keV이다. 감마선 폭발은 이 현상들보다 높은 에너지 대역에서 전자기 복사가 방출된다는 것이 관측적으로 알려져 있다. 멱함수의 굴절을 측정하려면 관측 대역이 충분히 넓어야 한다. (식 5.1)에서 알 수 있듯이 광자지수가 $\alpha \geqq -2$인 동시에 $\beta < -2$일 때, $E_P = E_0 \times (2+\alpha)$로 최고에너지를 구할 수 있다.

감마선 폭발에서의 전자기 복사는 어떤 메커니즘으로 복사되는 것일까?

5.2절에서 언급하겠지만, 감마선 폭발의 원래 에너지원은 상대론적 속도로 팽창하는 중입자의 운동에너지이다. 상대적으로 느린 속도의 중입자 집단(이것을 중입자 껍질이라고 하자)에 느린 속도의 중입자 껍질이 부딪치거나 들이받아서 발생하는 충격파(내부 충격파) 과정에서 중입자의 운동에너지는 전자의 운동에너지나 자기장 에너지로 전환되며, 전자의 싱크로트론 복사로 전자기 복사가 생성된다는 견해가 유력하다. 이것을 '싱크로트론 충격파 모형'이라고 한다.

내부 충격파로 전자나 자기장으로 변환되는 에너지의 효율 등, 반드시 이론적으로 해결해야 할 문제들이 많이 남아 있다. 관측으로 얻을 수 있는 최고에너지 E_P는 현상적으로는 감마선 폭발에서의 전자기 복사 스펙트럼의 '경화硬化'를 표현하는 매개변수이지만, 동시에 싱크로트론 충격파 모형 입장에서는 충격파로 가속된 전자의 에너지 분포와 관련한 지표가 된다. 따라서 E_P의 관측은 감마선 폭발을 연구하는 데 아주 중요하다.

감마선 폭발의 전자기 복사 전부를 싱크로트론 충격파 모형만으로 설명할 수는 없다. 그 근거는 GeV를 넘어서는 에너지를 가진 감마선 광자가 감마선 폭발과 함께 검출되기 때문이다. 이와 같은 고에너지 감마선 관측은 주로 CGRO에 탑재된 EGRET(Energetic Gamma Ray Experiment Telescope)가 주도했다.

1994년 2월 17일, 감마선 폭발 GRB 940217이 CGRO에 탑재된 BATSE, EGRET 및 태양 극궤도위성 율리시스Ulysses에 탑재된 감마선 폭발 검출기에서 동시에 기록되었다. 놀랍게도 감마선 폭발이 일어나고 나서 약 4500초 후에 최고에너지 18 GeV의 감마선이 검출되었다.

감마선 폭발의 전자기 복사 지속시간은 다섯 자릿수에 걸쳐 분포한다는 것을 설명했다. 밝기가 다른 폭발의 지속시간을 정량적으로 평가하기 위해 각 감마선 폭발의 지속시간을 나타내는 양으로 T_{90}을 사용하는 경우가

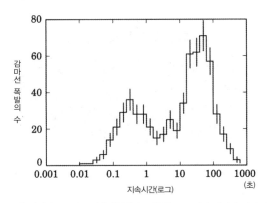

그림 5.3 CGRO에 탑재된 BATSE 관측장치에서 포착한 1234가지 예에서 감마선 폭발의 지속시간 (T_{90}) 분포를 나타냈다(BATSE 4B Catalog CD-ROM(1997)에서 인용).

많다. 이는 관측된 폭발한 전체 광자수에서 처음과 마지막 5 %를 제외하고 90 %의 광자수를 포함하는 시간으로 정의한다. 그림 5.3은 CGRO에 탑재된 BATSE 관측장치로 관측된 T_{90}의 분포 상황을 보여준다. 이 분포에서는 약 2초를 경계로 두 개의 최댓값을 볼 수 있다.

감마선 폭발은 짧은 시간의 충돌현상이자 주로 감마선 대역에서 발견, 관측되어 왔기 때문에 어느 방향에서 왔는지 특정하기가 어렵다는 것은 이미 말한 바와 같다. 다만 감마선 검출효율의 각도 의존성을 근거로 몇 도 정도의 정밀도라면 어느 방향에서 왔는지를 결정할 수 있다. 이 같은 방식으로 감마선 폭발의 공간분포를 가장 계통적으로 구한 것은 BATSE 의 관측이다. 그림 5.4는 BATSE가 검출한 감마선 폭발 2704가지 예의 방향분포를 은하좌표에 표시한 것이다. 통계적인 분석에서도 감마선 폭발은 천체상에 균일하게 분포하고 있음을 알 수 있다. 또 어두운 감마선 폭발이 밝은 감마선 폭발보다 적다는 것도 보여주고 있다.

감마선 폭발이 10밀리초 정도의 빠른 변동을 보이는 동시에 1 MeV 이상의 감마선을 복사하는 것은 5.2절에서 다룰 콤팩트니스compactness 문제

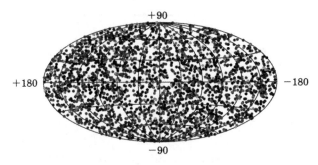

그림 5.4 BATSE 관측장치에서 포착한 2704가지 예에서 감마선 폭발의 도래 방향 분포를 은하좌표로 표시했다(화보 8 참조, http://cossc.gsfc.nasa.gov/docs/cgro/batse/에서 전재).

가 제기된다. 명백한 대응 천체를 밝혀낼 수 없다는 점에서 감마선 폭발이 은하계 내부 현상인지 외부 현상인지에 대한 논쟁이 계속되는 가운데 1997년에는 이 감마선 폭발원까지의 거리 문제를 단번에 해명할 수 있는 엄청난 발견이 있었다.

5.1.2 감마선 폭발 잔광

X선 천문위성 '베포Beppo SAX'에 탑재된 X선 광시야 카메라(WFC)는 감마선 폭발 GRB 970228에서 X선을 검출했다. 감마선 폭발이 X선도 복사한다는 것은 X선 위성 '깅가'의 관측 등에서 이미 알려진 사실로, 발견 이후 30년에 걸친 감마선 폭발 관측에 GRB 970228의 X선이 진정한 돌파구를 제공했다.

WFC는 부호화 마스크conding mask라는 특수한 방법으로 이 감마선 폭발의 위치를 측정할 수 있었다. 베포 SAX는 즉시 주 관측장치인 X선 망원경을 이 위치로 돌렸고, 감마선 폭발 위치에서 미지의 X선 천체를 발견했다. 계속해서 수행된 가시광 관측에서, 가시광에서도 빛나는 천체가 X선 천체 위치에서 발견되었다. X선·가시광 천체에서 시간과 함께 멱함수적

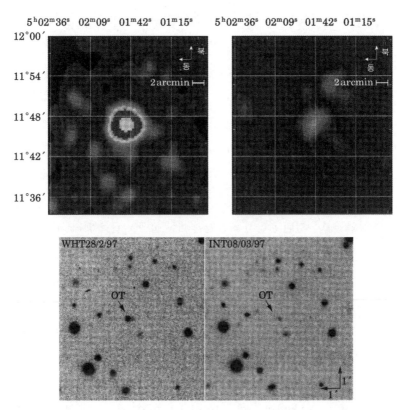

그림 5.5 (위) 베포 SAX가 관측한 GRB 970228의 X선 사진(가운데 밝은 부분). 좌표는 적위(도, 분, 초), 적경(시, 분, 초). 왼쪽은 폭발로부터 8시간 후, 오른쪽은 3일 후 X선의 잔광을 나타낸다(Costa *et al*, 1997, *Nature*, 387, 783에서 전재). (아래) 이어서 발견된 가시광의 잔광(OT로 표기). 왼쪽은 폭발 당일, 오른쪽은 8일 후의 가시광 사진이다(약 7분각 사방)(Van Paradijs 1997, *Nature*, 386, 686에서 전재)(화보 9 참조). Copyright ⓒ 1997, Nature Publishing Group.

으로 감광하는 모습이 관측되면서 감마선 폭발에 잇따르는 잔광after glow 이라는 것이 확인되었다. GRB 970228은 그림 5.5(위)에서 폭발하고 나서 8시간 후(왼쪽)와 8일 후(오른쪽)의 가시광 잔광을 보여준다.

가시광에서의 감마선 폭발 잔광을 발견함으로써 감마선 폭발 위치를 정확히 결정할 수 있었음은 물론, 감마선 폭발 대응 천체까지 밝혀낼 수 있었다. 많은 감마선 폭발에 대해 모천체로 생각되는 은하가 발견되었고, 그 가시광의 분광관측에서 모은하의 적색이동(즉 거리)을 결정지을 수 있게 되었다. 그림 5.6은 GRB 970508 모은하의 가시광 분광 스펙트럼을 보여준다. 가시광 분광관측으로 적색이동이 $z = 0.835$(약 69억 광년)로 결정된 최초의 감마선 폭발이 되었다. 그 결과 은하계 밖에 있는 우리 위치에서 수십억 광년 이상 떨어진 곳에서 발생한 폭발임이 분명해졌으며, 발견 이후 30년 동안 계속되었던 감마선 폭발원에 대한 논쟁이 끝을 맺게 되었다.

여기에서 곧 심각한 문제가 제기되었는데, 그중 하나가 앞에서 말한 콤팩트니스 문제이다. 이 문제는 상대론적 운동을 고려한 불덩어리 모형을 생각하면 피할 수 있다(5.2절). 예를 들어 GRB 990123의 경우, 관측된 감마선 영역에서의 복사 광도Fluence에서 등방적인 복사를 가정하면 복사된 전체 에너지는 $E_{iso} \sim 10^{47}$ J에 이른다. 초신성 폭발의 경우, 약 99 %의 에너지는 뉴트리노가 가져가고 전자기 복사로 전환되는 에너지는 겨우 1 % 정도임은 이미 말한 바와 같다. 감마선 폭발도 이 같은 정도로 가정하면 10^{49} J 이상의 에너지가 생성한 것이 된다.

그림 5.7에서 볼 수 있듯이 GRB 990510의 가시광·전파 잔광을 자세히 분석한 해리슨F. Harrison 연구진은 폭발이 일어나고 하루 이틀이 지난 시점에서 잔광곡선이 급격히 어두워지는 것을 발견했다. 이는 감마선 폭발의 중심천체에서 분출된 상대론적 속도의 중입자류가 조밀하게 응축되어 있기 때문으로 해석된다(5.2절 참조). 이처럼 조밀하게 응축된 중입자류

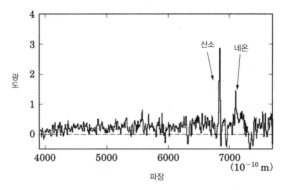

그림 5.6 GRB 970508 모은하의 분광관측으로 이 천체의 적색이동이 $z=0.835$라는 것을 알 수 있었다(Metzger *et al.* 1997, *Nature*, 387, 878에서 전재). Copyright © 1997, Nature Publishing Group

를 제트라고 한다(3.1절). 해리슨 연구진은 감마선 폭발은 등방적인 폭발현상이 아니며, 따라서 관측되는 전자기 복사에서 얻은 에너지 E_{iso}는 제트가 응축되어 있는 각도 θ_{jet}에서 반드시 보정해야 한다고 주장했다. GRB 990510의 경우 등방복사를 가정하면 $E_{iso}=2.9\times10^{46}$ J이 되는데, 이것을 보정하면 실제로는 $E_{\gamma}=10^{44}$ J 정도의 에너지가 전자기 복사로 전환하는 것으로 생각된다.

그 후 다수의 감마선 폭발 잔광 해석에서 광도곡선과 비슷한 굴곡이 있음을 알게 되었다. 이 굴곡이 나타나는 시간에서 어림한 θ_{jet}를 바탕으로, 감마선 폭발 전자기 복사의 전체 에너지는 거리와 굴곡이 판명된 감마선 폭발에서는 $E_{\gamma}=10^{44}$ J 정도에 집중하는 것을 알 수 있다.

5.1.3 감마선 폭발과 초신성

베포 SAX가 발견한 GRB 980425에서는 가시광 후보 천체로 특이한 초신성 SN 1998bw가 발견되면서 감마선 폭발과 초신성의 관련성이 지적되었다. 단, SN 1998bw는 $z=0.0085$(약 1억 광년)로 아주 가까운 곳에서

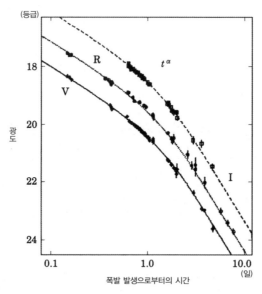

그림 5.7 GRB 990510의 가시광 잔광의 광도곡선. 폭발에서 1.2일이 지난 뒤 V, R, I의 모든 대역에서 광도곡선이 구부러져 있다. 이것은 감마선 폭발 제트의 '끝이 보였기 때문'으로 해석할 수 있어, 제트의 개구각을 추정할 수 있다. 등방적인 복사를 가정한 경우 E_{iso}=2.9×10^{46}J로 계산되지만, 제트 모양으로 응축된 복사로 가정하면 이 에너지는 E_γ=10^{44}J로 평가된다(Harrison *et al.* 1999, *ApJ*(Letters), 523, L121에서 전재).

발생한 초신성으로, 전형적인 감마선 폭발(~수십억 광년보다 멀다)보다 두 자릿수 가깝다. 또 시간에 대해 멱함수적으로 소광하는 가시광 잔광이 검출되지 않았다는 사실에서도 GRB 980425와 SN 1998bw의 관련성을 확실하게 증명하기가 이 시점에서는 곤란하다.

  SN 1998bw는 보통의 Ic형 초신성보다 밝으며, 광폭의 가시광 스펙트럼 구조를 가진다. 이는 초신성 폭발이 날려버린 물질의 속도가 매우 고속 (~10^4 kms^{-1})이기 때문으로 해석된다. 이와모토 고이치岩本弘一 연구진은 폭발이 등방적으로 일어난다고 가정하면 휘날린 물질의 운동에너지는 ~10^{45} J 정도가 된다는 것을 보여준다. 이는 보통의 초신성보다 한 자릿수 크다. 이처럼 일반적인 것보다 운동에너지가 큰 초신성을 '극초신성

hypernova'이라고 한다. 노모토 겐이치野本憲— 연구진의 이론적인 연구에서 '극초신성 폭발'은 대질량성 진화의 최종단계로 항성 질량 블랙홀이 탄생할 때 생기는 현상일 것으로 보고 있다.

돌발천체 탐사위성 'HETE-2'가 발견한 GRB 030329의 가시광 잔광은 밝은데다 장기간에 걸쳐 관측이 가능하기 때문에 '스바루' 등의 대망원경을 포함한 많은 천문대에서 자세히 관측되었다. 그 결과, 이 감마선 폭발의 적색이동은 $z = 0.169$(약 20억 광년)로 비교적 근방에서 발생했음을 알게 되었으며, 또 가시광 잔광이 시간에 대해 멱함수적으로 소광함에 따라 그 광원에 중첩되는 밝은 초신성 성분(SN 2003dh)을 발견할 수 있었다. 그림 5.8은 GRB 030329 잔광/SN 2003dh의 가시광 스펙트럼 폭발 후 33일까지의 시간발전을 나타냈다.

가시광 잔광의 스펙트럼(멱함수형 스펙트럼)의 성분을 제거하면 SN 2003dh의 가시광 스펙트럼은 SN 1998bw와 놀라울 정도로 비슷하다. 여기까지에 이르면 적어도 어떤 종류의 감마선 폭발과 어떤 종류의 극초신성(더 정확하게는 SN 1998bw와 같은 종류의 초신성) 감마선 폭발은, 대질량성의 붕괴로 블랙홀이 탄생하는 순간에 만들어지는 대폭발 현상으로 생각해도 좋을 것이다.

5.1.4 감마선 폭발의 종류

그림 5.3에 나타낸 것처럼 BATSE가 관측한 감마선 폭발의 지속시간은 약 2초를 경계로 두 가지 최댓값을 지닌 분포가 나타난다. 이와 비슷한 분포는 다양한 검출기로 관측한 결과에서도 얻을 수 있다. 즉 BATSE의 관측자료만의 고유 성질이 아니며, 일반적으로 감마선 폭발에는 지속시간이 약 2초 이하의 '짧은 감마선 폭발'과 약 2초 이상의 '긴 감마선 폭발'의 두 종류가 있음을 시사한다.

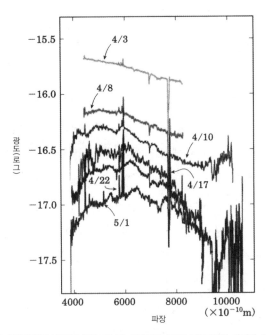

그림 5.8 GRB 030329/SN 2003dh의 가시광 스펙트럼. GRB 030329의 가시광 잔광이 소광하면서 SN 2003dh의 성분이 뚜렷하게 보인다(Hjorth *et al*. 2003, *Nature*, 423, 847에서 전재). Copyright © 2003, Nature Publishing Group.

사실 현재까지 상세한 관측은 '긴 감마선 폭발'에 대한 부분이 진행되고 있다. 이는 다음 두 가지 이유 때문이다. 첫 번째로 '짧은 감마선 폭발'은 전체 감마선 폭발의 25 % 정도에 지나지 않고, 전형적으로 지속시간이 약 0.3초로 짧아 검출되는 광자수의 통계도 상대적으로 빈약하기 때문이다. 두 번째로 베포 SAX는 '짧은 감마선 폭발'을 검출하기 힘든 장치이기 때문이다. 따라서 '긴 감마선 폭발'과 그에 뒤따르는 잔광에 대한 연구가 먼저 진행되었던 것이다. 이러한 상황은 HETE-2나 감마선 폭발 탐사위성 '스위프트Swift' 관측으로 개선하고 있다.

2005년에 잇달아 '짧은 감마선 폭발' 대응 천체가 여러 개 발견되었다.

'긴 감마선 폭발'과 달리 '짧은 감마선 폭발'은 타원은하나 소용돌이은하의 바깥쪽, 즉 별탄생이 활발하지 못한 영역에 가시광 잔광이 있다는 것이 밝혀졌다. 이로써 '짧은 감마선 폭발'은 쌍성계를 이루는 중성자별끼리, 또는 중성자별과 블랙홀이 충돌·합체할 때 생성되는 폭발일 것이라는 설이 다시 각광받게 되었다. 지금 시점에서는 명확히 단정할 수 없어 '스위프트' 등을 비롯해 한층 더 발전된 관측이 필요하다.

1980년대 '깅가'에 탑재된 감마선 폭발 검출기나 베포 SAX에 탑재된 WFC로 지속시간이나 광도곡선이 감마선 폭발과 비슷한 분포를 보이면서도 감마선이 아닌 X선 영역에서의 복사가 더 탁월한 듯한 현상을 여러 번 발견했다. 요시다 아쓰마사吉田篤正와 하이제J. Heise 연구진은 이 현상들이 E_P가 수십 keV 이상이라는 점만 제외한다면 감마선 폭발과 같음을 발견했다. 이 때문에 X선 과잉 감마선 폭발X-Ray Rich GRB 또는 X선 플래시X-Ray Flash라 불리기도 한다.

HETE-2는 계통적으로 이런 종류의 현상을 관측·해석해 왔는데 X선 과잉 감마선 폭발·X선 플래시는 각종 매개변수가 감마선 폭발에서부터 연속적으로 분포하고 있음을 찾아냈다. 이로써 감마선 폭발과 기원이 같은 현상으로 보는 것이 당연하다. 단지 감마선이 왜 적은지에 대해서는 그 발생 메커니즘까지 포함해 아직 해결하지 못한 현상이다. 한 가지 아이디어 차원에서 높은 적색이동 감마선 폭발이 아닐까 하고 조심스럽게 제안하기도 했지만, 대응 광학천체를 연구하면서 결정된 적색이동(z)의 분포에서 이 시나리오는 폐기되었다. 앞으로 감마선 폭발을 이해하는 데 중요한 열쇠를 쥔 현상이다.

항성 이름은 별자리 이름과 밝기 순서로 α, β, γ 식임은 잘 알고 있을 것이다. X선 별 백조자리 X-1도 이런 흐름이다. 최근에는 대망원경이나 고분해능 X선 위성 같은 다양한 파장의 관측장치 활약으로 새로운 천체가 속속 발견되고 있다. 이에 따른 혼란을 피하기 위해 국제천문연맹(IAU)에서는 새 천체의 이름 짓는 법을 다음과 같이 추천하고 있다. 이 추천 이전에 이름 지은 것들은 새로운 이름으로 바꾸지 않는다. 또 지금 엄격하게 추천하는 대로 반드시 이름 짓지 않는 것도 있다. 이 책에서는 여러 가지 천체 이름이 등장하므로 이것들에 대해 설명하도록 하겠다.

추천 이름 짓는 법은 '머리글자(세 글자 이상)와 수열로 구성된다. 그 사이는 공백을 둔다'로 되어 있다. 머리글자에는

- 카탈로그 이름(NGC, 3C)
- 사람이름(M, Abell, Mkn, HDE, SS)
- 관측장치 등(RX, AX, GRO, GRS, RX, 1E)
- 천체의 종류(SN, GRB)

등이 있다. 수열에는

- 일련번호(M 82, NGC 1068, Abell 2199, SS 433)
- 좌표 적경·적위(2000년 분점) J1713-3936
- 위치와 일련번호의 혼합(MCG-6-30-15)

등이 있다. 초신성이나 감마선 폭발은 위치나 일련번호가 아니라 그 현상이 일어났던 시기로 이름 붙인다.

- 초신성은 일어난 해와 그 순번(알파벳 순서)으로 표기한다. 예를 들어 SN 1987A는 1987년 최초로 발견된 초신성이다. 알파벳이 한 번 돌고 난 다음에는 SN 2000aa 식으로 알파벳 두 글자를 사용한다. 지금은 연 500개 이상 발견되고 있으므로 SN 2003dh 같은 이름이 있다.

- 감마선 폭발의 이름은 발생일의 연(yy)·월(mm)·일(dd)을 순서대로 두 자리 숫자로 표기한다. 예를 들어 GRB 940217은 1994년 2월 17일에 관측된 감마선 폭발이다.

5.2 감마선 폭발의 물리 구조

감마선 폭발과 감마선 플럭스는 대개 $f \sim 10^{-9}\,\mathrm{Wm^{-2}}$이다. 우주론적인 거리 $d \sim 10^{26}\,\mathrm{m}$에서부터 오기 때문에 등방적으로 복사하는 것이라고 보면 감마선 폭발의 광도는 $L_\gamma \sim 4\pi d^2 f \sim 10^{44}\,\mathrm{W}$가 된다. 은하 한 개의 광도는 대체로 $L_g \sim 10^{36}\,\mathrm{W}$이므로 감마선 폭발의 광도는 순간적으로 우주에 있는 전 은하의 광도에 견줄 만하다($L_\gamma \sim 10^8 L_g$). 감마선 폭발은 우주에서 가장 급격하게 밝은 현상이라고 할 수 있다.

이처럼 우주 최대의 폭발인 감마선 폭발은 어떻게 일어나는 것일까? 사실은 아직도 모르는 부분이 많기 때문에 비교적 연구가 진행된, 지속시간이 '긴 감마선 폭발'에 관한 이야기로 제한하여 이론적인 분석을 설명하고자 한다. 지속시간이 '짧은 감마선 폭발'에 관해서는 최근에야 비로소 연구가 진행되기 시작했기 때문이다(5.2.6절 참조).

5.2.1 상대론적 운동

모든 감마선 폭발 모형의 공통된 특징은 감마선 폭발과 그 잔광이 광속에 가까운 (상대론적인) 운동을 하는 물체에서 복사된다는 점이다. 이 결론은 다음의 콤팩트니스compactness 문제를 해결하는 유일한 방법에서 얻을지도 모른다.

관측되는 감마선 플럭스의 변동시간은 대체로 $\Delta t \sim 10$밀리초이므로, 단순하게 계산하면 복사 영역의 크기는 $R \sim c\Delta t \sim 3 \times 10^6 (\Delta t/10\ \mathrm{ms})$ [m]로 어림할 수 있다. 그동안 복사되는 감마선의 에너지는 $\sim L_\gamma \Delta t \sim 10^{42}$ J이다. 그중 감마선의 에너지가 충분히 높아 전자 · 양전자 쌍을 생성($\gamma\gamma \rightarrow e^+e^-$)할 수 있는 비율을 f_p로 한다(관측적으로 f_p는 그리 작지 않다). 한 쌍의 e^+e^-을 생성하는 단면적은 톰슨 단면적 σ_T 정도이므로 쌍생성의 전 단면적은

$\sigma_{\mathrm{T}} f_p L_\gamma \Delta t / m_e c^2$ 이다. 그 광학적 깊이는 쌍생성의 전 단면적과 영역 크기의 비이므로,

$$\tau_{\gamma\gamma} \sim \frac{\sigma_{\mathrm{T}} f_p L_\gamma \Delta t}{R^2 m_e c^2} \sim 10^{14} f_p \left(\frac{L_\gamma}{10^{44}\,\mathrm{W}}\right)\left(\frac{\Delta t}{10\,\mathrm{ms}}\right)^{-1} \tag{5.2}$$

가 되어 상당히 크다(광학적으로 두껍다)는 것을 알 수 있다. 단순하게 생각하면 감마선은 쌍생성을 일으켜 안에서 나오지 못한다는 문제가 발생한다.

상대론적 운동은 이 콤팩트니스 문제를 다음의 두 가지 효과로 해결한다.

• 복사체가 관측자를 향하면 광자의 에너지가 로렌츠 인자 $\Gamma = (1 - v^2/c^2)^{-1/2}$배만큼 청색이동한다.

즉, 관측되는 감마선은 복사체 공동계에서는 X선이어서 실제로는 전자·양전자 쌍을 생성할 수 있는 감마선의 비율 f_p는 $\Gamma^{2(\beta_B+1)}$배 정도로 감소한다. 여기에서 $\beta_B \sim -2$는 관측되는 감마선의 수 스펙트럼 $N(E)dE \propto E^{\beta_B}dE$의 멱함수이다. Γ에 대한 의존성은 공동계에서의 쌍생성의 조건 $E'_1 E'_2 > (m_e c^2)^2$이 실험계에서는 $E_1 > \Gamma^2 (m_e c^2)^2 / E_2 \propto \Gamma^2$이 되므로, 쌍생성이 가능한 감마선의 비율은 $f_p \propto \int_{E_1} N(E)dE \propto E_1^{\beta_B+1} \propto \Gamma^{2(\beta_B+1)}$이 된다.

• 복사 영역의 크기 R이 Γ^2배 정도 커도 상관없다.

정확히 복사체의 크기는 $R \sim c\Delta t$가 아니라 $R \sim c\Gamma^2 \Delta t$로 해야 한다. 그림 5.9처럼 중심에서 로렌츠 인자 Γ에서 복사체가 방출되어 거리 R부터 $2R$까지 빛났다고 해 보자. 관측자는 오른쪽 끝에 있다. 상대론적 분사출 효과(3.2.2절 참조)에 따라 복사는 복사체가 진행하는 방향으로 $\sim \Gamma^{-1}$ 정도

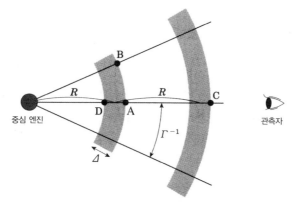

그림 5.9 관측자와 상대론적 복사체와 중심 엔진의 기하학적 관계. 복사체가 상대론적인 경우, 변동시간은 $\Delta t \sim R/c\Gamma^2 \ll R/c$가 된다.

각도로 좁혀져 있어 관측자는 복사체의 전면 $\sim \Gamma^{-1}$ 영역밖에 보이지 않는다. 그러면 거리 R에서 나온 빛이라도 도착시간의 편차는 $\Delta t \sim R/c$가 아니라 그림 5.9의 점 A와 B의 행로 차이에 따른 $\Delta t \sim R/c\Gamma^2$ 정도밖에 되지 않는다. 이를 각도 분산시간이라고 하며, 표면곡률에 좌우된다.

또 점 A에서 나온 빛과 점 C에서 나온 빛의 도착시간 차이도 $\Delta t \sim R/c\Gamma^2$ 정도밖에 되지 않는다. 복사체가 거의 광속 $v = c(1-\Gamma^{-2})^{1/2} \sim c(1 - \Gamma^{-2}/2)$로 움직이기 때문에 복사체가 점 A에서 점 C까지 움직이는 동안에 점 A에서 나온 빛과 복사체의 거리는 $cR/v - R \sim R/\Gamma^2$밖에 되지 않기 때문이다.

이런 이유들에서 $R \sim c\Gamma^2 \Delta t$를 구할 수 있다. 단지 중심 엔진의 변동시간 δt가 Δt 이하에서 짧다는 결론은 변하지 않는다. 왜냐하면 복사체가 $\sim \delta t$ 동안 방출되면 그 깊이는 $\Delta \sim c\delta t$가 되므로, 그림 5.9의 점 A에서 나온 빛과 점 D에서 나온 빛의 도착시간 차이 $\sim \Delta/c \sim \delta t$가 만들어지기 때문이다.

이 두 가지 상대론적 효과로 전자·양전자 쌍생성의 광학적 깊이 $\tau_{\gamma\gamma}$는 $\Gamma^{2(\beta_B+1)} \times \Gamma^{-4} \sim \Gamma^{-6}$배가 된다. (식 5.2)에서 대개 $\Gamma > 100$이면 $\tau_{\gamma\gamma} < 1$이

된다. 즉 감마선 폭발은 광속의 99.99 % 이상의 속도인 상대론적인 폭발
현상이다.

상대론적으로 운동하는 물질의 질량은, 그 운동에너지를 감마선 폭발의
전체 에너지 $E \sim 10^{44} J$ 정도로 하여 $M \sim E/c^2 \Gamma \sim 10^{-5} M_\odot (E/10^{44} \text{ J})$
$(\Gamma/100)^{-1}$이 된다. 어떻게 태양 질량의 $\sim 10^{-5}$라는 적은 질량에 $\sim 10^{44}$ J
이라는 큰 에너지를 부여하는지는 엄청난 수수께끼로, '중입자 부하baryon
load 문제'라고 한다.

5.2.2 불덩어리의 진화

앞 절을 정리한다면 일반적으로 감마선 폭발은,

(1) 질량을 $\Gamma > 100$까지 가속하고
(2) 그것을 밖으로 옮겨 $\tau_{\gamma\gamma} < 1$로 만든 다음,
(3) 에너지를 자유롭게 해 감마선 등을 방출한다

는 것을 알았다. 현재 감마선 폭발에 대한 관측을 설명할 뿐이라면 (1)의
과정은 아무래도 상관없다. 즉 $\Gamma > 100$인 물질이 방출되었다고 가정하는
것이다. 그러나 정말 $\Gamma > 100$까지 가속할 수 있을까? 여기에서는 가속구
조로서 가장 유명한 불덩어리 모형에 대해 알아보기로 한다.

어마어마한 에너지 E가 작은 반지름 R_0에서 방출되었다고 하자. 여기
에서 중심 엔진의 변동시간은 $\Delta t \sim 10$밀리초 이하로 $R_0 \sim 10^5 \text{ m} (< c\Delta t)$
라고 가정한다(그림 5.10 참조). 이것은 $\sim 10 \, M_\odot$의 블랙홀 슈바르츠실트
반지름 정도이기도 하다. 또 Δt 동안 방출되는 에너지가 $E \sim L_\gamma \Delta t \sim 10^{42}$ J
이라고 하자. (식 5.2)로 뚜렷하게 전자·양전자 쌍생성이 일어나 뜨거운
불덩어리가 만들어진다. 그 흑체온도(T)와 복사에너지 밀도(u)의 관계는
$u = aT^4$로 주어진다(스테판-볼츠만 법칙). 여기에서 $a = 4\sigma/c = 7.6 \times 10^{-16}$

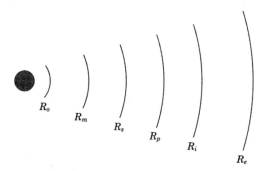

그림 5.10 불덩어리의 진화에서 볼 수 있는 특징적인 반지름. R_o는 불덩어리의 초기 반지름, R_m은 가속이 멈추는 반지름, R_s는 불덩어리의 두께가 팽창해 나가는 반지름, R_p는 불덩어리가 산란으로 투명해지는 반지름, R_i는 내부 충격파가 일어나는 반지름, R_e는 외부 충격파가 일어나는 반지름이다.

$J\,m^{-3}K^{-4}$이다. 결국 온도는 다음의 수식에 이른다.

$$T = \left(\frac{3E}{4\pi a R_0^3}\right)^{1/4} \sim 1\left(\frac{L_\gamma \Delta t}{10^{42}\,J}\right)^{1/4}\left(\frac{R_0}{10^5\,m}\right)^{-3/4} \quad [\text{MeV}] \qquad (5.3)$$

불덩어리는 스스로의 열압력으로 가속팽창한다. 단열 자유팽창이므로 (초기 우주처럼) 공동계에서의 엔트로피 $\propto T^3R^3$을 보존한다. 여기에서 $T \propto R^{-1}$이므로 불덩어리의 온도는 반지름에 반비례해서 내려간다. 또 관측자 계에서의 에너지 $\propto \Gamma T^4R^3$도 보존한다. 이로써 $\Gamma \propto R$이 되고, 불덩어리의 로렌츠 인자는 반지름에 비례해서 점점 커진다. 이 과정에서는 복사에너지가 운동에너지로 전환된다. 또 물질은 거의 광속으로 움직이므로 관측자 계에서는 처음 크기 정도의 깊이 $\Delta \sim R_0$을 가진 구껍질이 팽창하는 것처럼 보인다. 공동계에서의 깊이는 $\Delta' = \Gamma\Delta \sim R$에 따라 증가한다.

가속이 멈추는 것은 전체 에너지 E가 거의 물질의 운동에너지 ΓMc^2이 된 지점이다.[2] 즉 $\Gamma \sim E/Mc^2 \equiv \eta$까지 가속한다. 여기에서 질량 M의

| **2** 초기 우주에서 물질의 우세 시기를 가리킨다.

대부분은 양성자 등의 중입자가 차지하고 있어 매개변수 $\eta \equiv E/Mc^2$은 불덩어리에 중입자가 얼마나 섞여 있는지를 나타내는 지표가 된다. $\Gamma \propto R$이므로 가속이 멈추는 반지름은 다음과 같다.

$$R_m = \eta R_0 \sim 10^7 \left(\frac{\eta}{100}\right)\left(\frac{R_0}{10^5 \, \mathrm{m}}\right) \ [\mathrm{m}] \tag{5.4}$$

이 시점까지 전자·양전자 쌍은 대부분 함께 소멸하며, 중입자에 붙은 전자가 광학적 깊이를 담당한다.

그 후 불덩어리는 $\Gamma = \eta$인 상태로 등속팽창한다. 구껍질의 깊이는 처음에는 $\Delta \sim R_0$이지만 Γ에 2배 정도의 변동이 있었으므로 서서히 팽창한다. 증가분은 $\Delta \sim (v_1 - v_2)t \sim ct\left(\frac{1}{2\Gamma_2^2} - \frac{1}{2\Gamma_1^2}\right) \sim ct/\Gamma^2 \sim R/\Gamma^2$으로 대략 계산할 수 있다. 공동계에서는 $\Delta' = \Gamma\Delta = R/\Gamma$이다. 이것이 처음 깊이 이상이 된 반지름은 $R_s \sim \Gamma^2 R_0 \sim 10^9 (\Gamma/100)^2 (R_0/10^5 \mathrm{m})$ [m] 근처이다.

불덩어리가 팽창함에 따라 공동계에서의 전자밀도 $n'_e \sim E/4\pi R^2 m_p c^2 \eta \Delta'$는 감소하고, $\tau = \sigma_T n'_e \Delta' \sim 1$이 되면 불덩어리는 산란으로 투명해진다.[3] 이때의 광구의 반지름은 앞의 식 $n'_e = 1/\sigma_T \Delta'$를 대입하면 다음 식과 같다.

$$R_p \sim \left(\frac{\sigma_T E}{4\pi m_p c^2 \eta}\right)^{1/2} \sim 10^{10} \left(\frac{L_\gamma \Delta t}{10^{42} \, \mathrm{J}}\right)^{1/2} \left(\frac{\eta}{100}\right)^{-1/2} \ [\mathrm{m}] \tag{5.5}$$

따라서 바깥쪽에서 일어나는 감마선 폭발만 관측된다.

중입자가 너무 적으면(η가 너무 크면) $R_p < R_m$이 되므로 복사에너지가 운동에너지로 전환되기 전에 불덩어리가 산란으로 투명해진다. 즉 대부분

| 3 초기 우주에서 활짝 갠 상태에 해당한다.

의 에너지가 뜨거운 복사로 도망쳐버린다. 그러나 관측되는 감마선 폭발의 스펙트럼은 비열적이라서 이것은 모순된다. 이로써 $10^4 \gtrsim \eta$라는 제한이 붙는다. 한쪽 중입자가 너무 많으면 콤팩트니스 문제가 생기기 때문에 하한은 $10^2 \lesssim \eta$이다.

5.2.3 충격파에 따른 에너지 방출

앞 절에서 우리는 작은 영역에서 거대한 에너지가 자유롭게 방출되면 불덩어리가 만들어지고, 거기에 중입자가 적은 양으로 적당하게 포함되면 상대론적 속도까지 가속될 수 있음을 알게 되었다. 그러나 관측 가능한 광구 반지름의 바깥쪽에서 대부분의 에너지는 운동에너지로 바뀌기 때문에 이대로는 감마선 폭발이 일어나지 않는다. 어떤 방법으로든 운동에너지를 복사에너지로 바꿀 필요가 있다. 현재로써는 이 방법을 충격파로 생각하고 있다.

2체충돌을 생각하면 이해하기 쉬울 것이다. 로렌츠 인자 Γ_r의 질량 m_r이, 속도가 느린 로렌츠 인자 $\Gamma_s(<\Gamma_r)$의 질량 m_s에 충돌해서 로렌츠 인자 Γ_m 한 개의 질량 m_m이 되었다고 하자. 에너지와 운동량의 보존으로

$$m_r \Gamma_r + m_s \Gamma_s = (m_r + m_s + E_m/c^2)\Gamma_m, \tag{5.6}$$

$$m_r + \sqrt{\Gamma_r^2 - 1} + m_s\sqrt{\Gamma_s^2 - 1} = (m_r + m_s + E_m/c^2)\sqrt{\Gamma_m^2 - 1} \tag{5.7}$$

이 성립한다. 여기에서 E_m은 충돌로 자유로워진 내부 에너지로, 그 일부가 관측되는 복사에 해당된다. 위의 식을 풀면,

$$\Gamma_m = \frac{m_r \Gamma_r + m_s \Gamma_s}{\sqrt{m_r^2 + m_s^2 + 2m_r m_s \Gamma_{rs}}}, \tag{5.8}$$

$$E_m/c^2 = \sqrt{m_r^2 + m_s^2 + 2m_r m_s \Gamma_{rs}} - m_r - m_s \tag{5.9}$$

를 구할 수 있다. 여기에서 $\Gamma_{rs}=\Gamma_r\Gamma_s=\sqrt{\Gamma_r^2-1}\sqrt{\Gamma_s^2-1}$은 m_r에서 본 m_s의 로렌츠 인자이다. 에너지의 변환효율은

$$\varepsilon = 1 - \frac{(m_r+m_s)\Gamma_m}{m_r\Gamma_r+m_s\Gamma_s}$$

으로 주어진다.

먼저 $\Gamma_s=1$, $\Gamma_r\gg1$의 경우를 생각해보자. 이는 주변의 성간물질을 향해 불덩어리가 돌진해 들어오는 경우로, 이른바 외부 충격파 모형이다 (3.2.6절 참조). (식 5.8)에서 $\Gamma_m\sim\Gamma_r/2$이 되려면 $m_s\sim m_r/\Gamma_r$이어야 한다. 즉 대부분의 운동에너지를 변환하려면 주변 물질 m_s는 불덩어리 질량 m_r의 Γ_r^{-1} 정도가 좋다. 이런 사실에서 외부 충격파로 운동에너지가 자유로워지기 시작하는 반지름을 대략 계산할 수 있다.

반지름 R 내부에 있는 성간물질의 질량은 개수밀도를 n이라고 하면 $m_s\sim\dfrac{4\pi}{3}R^3nm_p$ 정도이다. 여기에서 m_p는 양성자의 질량이다. 전체 에너지는 $E=\Gamma_r\,m_r\,c^2\sim\Gamma_r^2\,m_s\,c^2\sim\dfrac{4\pi}{3}R^3nm_p\,c^2\Gamma_r^2$으로 나타낼 수 있으므로 외부 충격파의 반지름은 다음과 같다(그림 5.10 참조).

$$R_e \sim 10^{15}\left(\frac{E}{10^{46}\,\text{J}}\right)^{1/3}\left(\frac{n}{10^{-6}\,\text{m}^{-3}}\right)^{-1/3}\left(\frac{\Gamma_r}{100}\right)^{-2/3} \quad [\text{m}] \tag{5.10}$$

따라서 외부 충격파에서 복사가 관측되기 시작하는 것은 $t\sim R_e/c\Gamma_r^2\sim$ $300(E/10^{46}\,\text{J})^{1/3}(n/10^{-6}\,\text{m}^{-3})^{-1/3}(\Gamma_r/100)^{-8/3}$초 정도 뒤다(그림 5.9 참조).

다음으로 $\Gamma_r>\Gamma_s\gg1$의 경우를 생각해보자. 이는 중심 엔진이 서로 다른 Γ의 물질을 방출하고 그것들이 서로 충돌하는 경우로, 이른바 내부 충격파 모형이다(3.2.4절 참조). (식 5.8)에서 충돌 후는 다음과 같다.

$$\Gamma_m \simeq \sqrt{\frac{m_r \Gamma_r + m_s \Gamma_s}{m_r / \Gamma_r + m_s / \Gamma_s}} \qquad (5.11)$$

등질량 $m_r = m_s$의 경우, 에너지 변환효율은 $\varepsilon = 1 - 2\sqrt{\Gamma_r \Gamma_s}/(\Gamma_r + \Gamma_s)$이 되므로 $\Gamma_r = 2\Gamma_s$이면 $\varepsilon \sim 6\,\%$, $\Gamma_r = 10\Gamma_s$이면 $\varepsilon \sim 43\,\%$이다. 즉 Γ 비율이 클수록 에너지 변환효율이 높다는 것을 알 수 있다.

내부 충격파를 일으키는 반지름은 질량 m_s, δt가 지나고 나서 질량 m_r이 방출된 것으로 하면 다음과 같이 대강 계산할 수 있다(그림 5.10 참조).

$$R_i \sim \frac{c^2 \delta t}{v_r - v_s} \sim \frac{2c\delta t}{\Gamma_s^{-2} - \Gamma_r^{-2}} \sim 10^{11} \left(\frac{\delta t}{0.1\mathrm{s}}\right)\left(\frac{\Gamma_s}{100}\right)^2 \ [\mathrm{m}] \qquad (5.12)$$

따라서 내부 충격파에서의 복사 펄스의 폭은 $\sim R_i/c\Gamma^2 \sim \delta t$ 정도(그림 5.9 참조), 즉 질량 방출의 간격 정도가 된다.

감마선 폭발은 내부 충격파로, 잔광은 외부 충격파로 만들어진다는 설이 현재의 주류이다. 그 이유는 감마선 폭발의 엄청난 광도 변동은 내부 충격파로만 만들어질 수 있기 때문이다. 중심 엔진이 $\sim \delta t$ 간격으로 Γ가 다른 질량을 $t(\gg \delta t)$ 동안 방출했다면 물질은 거의 광속으로 움직이므로 관측되는 펄스도 간격 $\sim \delta t$로 $\sim t$ 동안 계속된다. 펄스 폭도 $\sim R_i/c\Gamma^2 \sim \delta t$이므로 변동을 심하게 만들 수 있다. 또 (식 5.10), (식 5.12)에서도 알 수 있듯이 전형적으로 내부 충격파는 외부 충격파의 안쪽 $R_i < R_e$에서 일어난다. 다수의 방출물은 여러 번 충돌을 일으켜 하나가 된 뒤, 성간물질과 외부 충격파를 일으켜 잔광을 만든다.

5.2.4 잔광의 싱크로트론 충격파 모형

앞 절에서는 충격파로 운동에너지를 내부 에너지로 변환시킬 수 있음을 보여주었다. 그렇다면 이 내부 에너지는 어떻게 복사되는 것일까? 현재로는 잔광에서 특히 싱크로트론 복사가 가장 유력한데(4.2.1절 참조), 이 절에서는 잔광의 표준 모형을 살펴보기로 한다. 아주 간단한 모형이지만 놀라울 정도로 관측 사실을 설명해 준다.

앞 절과 같은 간단한 2체충돌이 아닌 충격파 전후의 유체보존법칙을 고려하면, 충격파를 통과한 성간물질의 개수밀도와 내부의 에너지 밀도는,

$$n_2 = (4\Gamma + 3)n \simeq 4\Gamma n, \, e_2 = (\Gamma - 1)n_2 m_p c^2 \simeq 4\Gamma^2 n m_p c^2 \quad (5.13)$$

으로 증가한다는 것을 알 수 있다. 이것은 공동계에서의 양이다. 자유로운 내부 에너지 e_2는 일정 비율로 ε_e와 ε_B에서 전자의 가속과 자기장의 증폭에 사용된다. 가속된 전자가 $N(\gamma_e)d\gamma_e \propto \gamma_e^{-p}d\gamma_e$, $(\gamma_e > \gamma_m)$의 개수분포를 보이면(4.2.2절 참조) 전자의 질량을 m_e로 하여 $\int_{\gamma_m} N(\gamma_e)d\gamma_e = n_2$와 $m_e c^2 \int_{\gamma_m} N(\gamma_e)\gamma_e d\gamma_e = \varepsilon_e e_2$에서 전형적인 전자의 로렌츠 인자는 다음과 같다.

$$\gamma_m = \varepsilon_e \frac{p-2}{p-1} \frac{m_p}{m_e} \Gamma \quad (5.14)$$

여기에서 $p > 2$로 가정한다. 또 자기장은 $B^2/2\mu_0 = \varepsilon_B e_2$에서 다음과 같이 된다.

$$B = (8\mu_0 \varepsilon_B n m_p)^{1/2} \Gamma c \quad (5.15)$$

자기장에서 상대론적으로 움직이는 전자는 싱크로트론 복사한다. 개개의 전자가 내는 복사력과 전형적인 진동수는, $\gamma_e \gg 1$로 하면 다음과 같다.

$$P(\gamma_e) = \frac{4}{3}c\sigma_T \frac{B^2}{2\mu_0}\gamma_e^2\Gamma^2, \quad \nu(\gamma_e) = \Gamma\gamma_e^2\frac{q_e B}{2\pi m_e} \tag{5.16}$$

여기에서는 Γ^2와 Γ를 곱해서 관측되는 양으로 했다. 스펙트럼 $P_v \propto \nu^{1/3}$은 $P_\nu(\sim P/\nu)$ 형태라 $\nu > \nu(\gamma_e)$에서는 급격히 떨어진다. 그 최댓값은 $P_{v,\mathrm{max}} \sim P(\gamma_e)/\nu(\gamma_e)$ 정도이다. 각 전자의 기여를 모두 더하면 관측되는 잔광의 플럭스는 다음과 같다.

$$F_\nu = \begin{cases} (\nu/\nu_m)^{1/3}F_{\nu,\mathrm{max}} & (\nu/\nu_m \equiv \nu(\gamma_m)), \\ (\nu/\nu_m)^{-(p-1)/2}F_{\nu,\mathrm{max}} & (\nu_m < \nu) \end{cases} \tag{5.17}$$

저주파수 쪽 $\nu < \nu_m$의 스펙트럼은 전자 한 개의 경우와 같아 $\propto \nu^{1/3}$이지만, $\nu > \nu_m$에서는 전자가 멱함수와 같은 분포 $N(\gamma_e) \propto \gamma_e^{-p}$을 보이기 때문에 $\propto \nu^{-(p-1)/2}$이 된다. 완전히 굵어모은 전자의 총수는 $N_e \equiv 4\pi R^3 n/3$이므로 감마선 폭발까지의 거리를 D라고 하면 $F_{\nu,\mathrm{max}} \sim N_e P_{\nu,\mathrm{max}}/4\pi D^2$이다. 그림 5.11의 스펙트럼에는 고주파수 쪽에서는 전자의 냉각, 저주파수 쪽에서는 싱크로트론 자기흡수로, 뒤에 굴곡이 두 군데 나타난다. (식 5.7)에서 ν_m과 $F_{\nu,\mathrm{max}}$를 알 수 있으면 잔광의 플럭스를 계산할 수 있다. (식 5.14)~(식 5.16)에서 $\nu_m \propto \varepsilon_B^{1/2}\varepsilon_e^2 n^{1/2}\Gamma^4$, $F_{\nu,\mathrm{max}} \propto \varepsilon_B^{1/2}n^{3/2}\Gamma^2 R^3$이므로, 이제는 충격파의 반지름 R과 로렌츠 인자 Γ의 진화를 구하면 된다. 이것은 관측 시간의 함수식 $t \sim R/c\Gamma^2$(그림 5.9 참조)와 (식 5.10)에서 다음과 같이 구할 수 있다.

$$R \sim (3Et/4\pi nm_p c)^{1/4}, \quad \Gamma \sim (3E/4\pi nm_p c^5 t^3)^{1/8} \tag{5.18}$$

(식 5.18)은 충격파가 팽창함에 따라 질량이 늘어 감속되는 것을 나타낸다. 지금까지의 식을 모두 합치면 최종적으로 다음과 같은 식을 구할 수 있다.

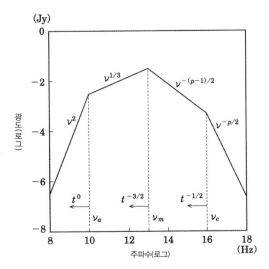

그림 5.11 감마선 폭발의 잔광의 이론적인 스펙트럼. ν_m은 전형적인 진동수, ν_c는 냉각 진동수, ν_a는 싱크로트론 자기흡수 진동수이다. 성간물질이 균일하면 각각 시간과 함께 $\nu_m \propto t^{-3/2}$, $\nu_c \propto t^{-1/2}$, $\nu_a \propto t^0$에 따라 진화한다.

$$\nu_m \sim 10^{15}\varepsilon_B^{1/2}\,\varepsilon_e^2(E/10^{46}\,\text{J})^{1/2}(t/1\,\text{day})^{-3/2}\ [\text{Hz}], \tag{5.19}$$

$$F_{\nu,\max} \sim 1\varepsilon_B^{1/2}\,n^{1/2}(E/10^{46}\,\text{J})(D/10^{26}\,\text{m})^{-2}\ [\text{Jy}] \tag{5.20}$$

$F_\nu(\nu>\nu_m)\propto T^\alpha \nu^\beta$으로 하고 $p\sim2.3$이면 $\alpha=3\beta/2\sim-1$이 되므로 관측과 잘 맞아떨어진다.

지금까지는 구대칭을 가정했지만, 충격파가 제트 모양인 경우 $T\sim(\theta/0.1)^{8/3}$ [day] 근처에 $F_\nu(\nu>\nu_m)\sim t^{-1}$에서 $F_\nu(\nu>\nu_m)\propto t^{-p}\sim t^{-2.3}$으로 꺾어져 급격히 어두워진다. 이것은 충격파가 감속하면 분사출각 Γ^{-1}이 제트의 열린각 θ보다 커지기 때문에 제트 바깥쪽의 어두운 부분까지 보이는데다 제트의 팽창 규칙도 바뀌기 때문이다. 실제로 굴곡이 관측되고 있으며, 감마선 폭발은 제트 모양으로 추정된다(5.1절의 그림 5.7 참조). 만약 제트 모양이라면 감마선 폭발의 전체 에너지는 구球 모양일 때보다 $\sim\theta^2\sim0.01$배 정도 작아 대체로 10^{44} J 정도가 된다. 한편, 실제 감마선 폭발의 빈도는 $\sim\theta^{-2}$ ~ 100배이다.

5.2.5 중심 엔진

감마선 폭발의 중심 엔진은 무엇일까? 중심 엔진의 크기는 감마선 폭발의 변동시간에 밀리초가 있기 때문에 $\sim 10^5$ m 이하이다. 전체 에너지는 감마선이 $\sim 10^{44}$ J이므로 효율을 10 % 정도로 보면 $\sim 10^{45}$ J이 된다. 이를 만족시키는 천체로는 이미 알고 있듯이 중성자별이나 블랙홀 정도가 있다.

중성자별의 회전에너지는 $\sim 10^{45}(P/1\mathrm{ms})^{-2}$ J이므로 자전주기 P가 밀리초라면 에너지는 충당할 수 있다. 자기장이 $\sim 10^{11}$ T라면 자기쌍극 복사에 따라 10초 정도(감마선 폭발의 지속시간 정도) 에너지를 방출할 수 있다. 블랙홀의 경우 질량이 $\sim 10\ M_\odot$이면 회전에너지는 최대 $\sim 10^{47}$ J이다. 이 에너지는 원칙적으로 자기장을 통해서 끌어모을 수 있다. 또 블랙홀이 만들어질 때 주변에 0.1 $M_\odot$ 정도의 강착원반이 만들어진 경우도 그 중력에너지가 $\sim 10^{45}$ J이 된다. 이 경우 원반의 강착시간이 감마선 폭발의 지속시간이 된다.

한편, 감마선 폭발이 대질량성의 중력붕괴와 함께 일어난다는 것을 보여주는 관측이 여럿 있다(5.1.3절 참조). 예를 들면 몇몇 감마선 폭발 뒤에 Ic형 초신성이 관측되기도 한다(다만 모든 감마선 폭발에 Ic형 초신성이 따르는지는 아직 분명하지 않다). 또 감마선 폭발의 모은하 연구에서도 별탄생이 활발한 지점에서 감마선 폭발이 생성되는 것을 보여준다. Ic형 초신성은 한 은하에서 1000년에 한 차례 정도 일어나므로, 감마선 폭발이 제트라는 점을 고려하더라도 Ic형 초신성 100~1000개 중에서 하나 정도가 감마선 폭발로 이어지는 셈이다.

이러한 관측이 나오기 전까지는 쌍성 중성자별의 합체도 감마선 폭발의

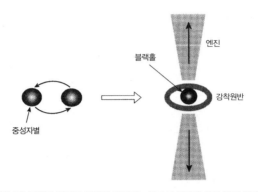

중성자별

블랙홀

엔진

강착원반

그림 5.12 쌍성 중성자별의 합체에 동반해 일어나는 감마선 폭발의 중심 엔진 상상도.

근원이 되는 후보로 여겼다(그림 5.12 참조). 쌍성 중성자별은 중력파를 방출하면서 궤도를 좁혀 합체한다. 합체할 때에는 감마선 폭발을 설명하는데 충분한 중력에너지 $\sim 10^{46}$ J을 방출한다. 또 우리은하 관측에서 추정되는 합체 빈도는 감마선 폭발과 같은 정도(한 은하에서 10만 년에서 100만 년에 한 차례 정도)이므로 감마선 폭발의 후보로 생각했던 것이다. 그러나 쌍성 중성자별이 합체할 때까지는 시간이 걸리므로 별탄생이 활발한 영역에서 감마선 폭발이 일어날 필연성이 없어 현재 '긴 감마선 폭발'의 기원에서 소수 의견으로 전락하고 말았다(단, '짧은 감마선 폭발'의 기원으로는 유력하다. 5.2.6절 참조).

현재의 주된 견해는 대질량성 가운데 특이한 것, 예를 들어 회전이 빠른 별이 중력붕괴해서 중심에 블랙홀과 무거운 강착원반을 만들고, 강착원반의 일부를 상대론적인 제트로 원반과 수직 방향에 방출한다는 것이다(그림 5.13 참조). 다만 상대론적인 제트의 형성구조는 아직도 전혀 모른다(3장 참조). 수치 모의실험에서도 $\Gamma > 100$의 제트는 아직 실현되지 않았다.

대질량성의 바깥층은 큰 기둥밀도 $> 10^{45}$ m^{-2}을 지니므로 중심에서 감마선이 복사되더라도 그대로 나오지는 못한다. 이 문제를 해결할 수 있는

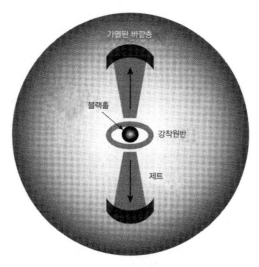

그림 5.13 대질량성의 중력붕괴에 동반하여 일어나는 감마선 폭발의 중심 엔진 상상도.

한 가지 방법은 상대론적인 제트를 이용해 별에 구멍을 내는 것이다(그림 5.13 참조). 실제로 중심에서 상대론적인 제트가 만들어지면 별을 관통하는 것이 수치 모의실험에서도 나타났다. 주의해야 할 점은 제트 전방에 있는 별의 바깥층은 질량이 $\sim 0.1\,M_\odot(\theta/0.1)^2$이므로, 이것을 모두 끌어모으면 제트는 비상대론적인 속도가 되어 감마선 폭발을 일으키지 않는다는 점이다(5.2.1절 참조). 바깥층은 제트에 충돌해 가열되어 옆으로 확산될 필요가 있다. 가열된 바깥층은 활동은하핵 제트에서의 커쿤과 비슷하다(3.2.6절).

5.2.6 그 밖의 이야깃거리와 전망

(1) 긴 감마선 폭발 : 대질량성 진화의 마지막 폭발과 관련 있음을 알게 되었다. 우주에서 최초로 생성된 별(종족 III)은 대질량성이었을 가능성이 높다. 따라서 최초의 항성이 형성되었을 무렵의 우주를 탐색하는 수단으로 감마선 폭발이나 그 잔광을 이용할 수 있을 것이다.

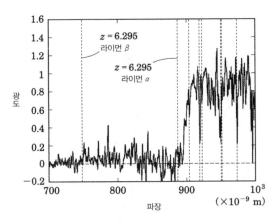

그림 5.14 GRB 050904 가시광 잔광을 '스바루' 망원경 FOCAS 분광기가 계측한 스펙트럼. 700~1000 nm의 파장 영역을 그림으로 나타냈다(1 nm은 10^{-9} m). $z = 6.295$에서의 라이먼 α, 라이먼 β의 위치를 점선으로 나타냈다. 약 900 nm 이하 파장에서, 스펙트럼 연속 성분이 감소하는 것은 중성 수소가스로 라이먼 α 흡수의 영향이 적색이동에 따라 장파장 쪽으로 이동했기 때문이다(Kawai *et al.* 2006, *Nature*, 440, 184에서 전재). Copyright © 2006, Nature Publishing Group.

2005년에 적색이동이 5를 넘어서는 감마선 폭발 GRB 050904가 발견되었다. 가와이 마사유키河合誠之 연구진은 '스바루' 망원경으로 매우 또렷한 분광 스펙트럼을 얻는 데 성공함으로써 $z = 6.295$(약 128억 광년)로 결정했다(그림 5.14). 지금까지는 이 감마선 폭발이 가장 먼 곳에서 발생한 감마선 폭발이지만, 더 높은 곳으로 적색이동한 감마선 폭발과 잔광의 관측·분석으로 먼 곳 우주의 이온화 상태 등을 연구할 수 있을 것으로 기대한다.

(2) 짧은 감마선 폭발 : '스위프트'가 최근에야 확실한 잔광을 관측했다. 이로써 모은하가 추정되면서 적색이동 또한 확정되었다. 별탄생이 활발하지 않은 타원은하에서 '짧은 감마선 폭발'이 일어나는 것도 있어, 적어도 그 일부는 '긴 감마선 폭발'과 다른 종족일지도 모른다(5.1.4절 참조).

(3) 무충돌 충격파의 물리 : 충격파로 운동에너지가 자유롭게 방출된다는 것을 5.2.3절에서 다루었는데, 그 에너지가 전자와 자기장으로 어느 정도 나가는지는 아직 이론적으로 계산이 불가능한 상태이다. 원래 계가 무

충돌 계라서 충격파가 일어나는지 여부가 문제이다. 무충돌 충격파를 수치 모의실험해 보려는 시도가 이루어지고 있다.

(4) 고에너지 복사 : 감마선 폭발은 $\sim 10^{20}$ eV 부근의 초고에너지 우주선의 근원으로 유력하다(4.1절). 이 우주선과 감마선의 폭발에서 나오는 광자가 상호작용하면 TeV를 넘어서는 고에너지 뉴트리노와 감마선이 생성된다. 고에너지 감마선은 역콤프턴 산란 등으로도 만들 수 있다. 그 밖에는 중력파도 기대된다. 특히 쌍성 중성자별의 합체가 '짧은 감마선 폭발'의 기원이라면 그리 멀지 않은 미래에 반드시 감마선 폭발과 함께 중력파가 관측될 것이다(4.5절).

(5) X선 플래시 : 이는 감마선을 내지 않는다는 점을 제외하면 감마선 폭발과 매우 비슷한 현상으로, 감마선 폭발과 기원이 같은 동일한 현상으로 생각되고 있다(5.1.4절 참조). 그 발생구조는 아직 분명하지는 않지만 한 가지 가능성은 제트를 옆에서 본 감마선 폭발이다. 옆에서 보면 청색이동이 약해져 감마선이 아니라 X선이 된다.

빅뱅에 버금가는 대폭발 – 감마선 폭발

　감마선 폭발 GRB 990123은 최대급 규모였다. 약 95억 광년이나 떨어진 곳에서의 폭발이었지만 가시광 9등급에 이르는 섬광이 관측되었다. 이 폭발이 은하계의 전형적인 항성 거리(예를 들면 1000광년)에서 일어났다면 틀림없이 태양의 열 배 정도의 밝기로 빛났을 것이다. 그야말로 빅뱅에 버금가는 대폭발이다.

　이처럼 거대한 감마선 폭발이 은하계에서 실제로 일어난다면 어떻게 될까? 미국 연구자들은 약 4억 5천만 년 전의 감마선 폭발이 고생대의 오르도비스기Ordovician Period – 실루리아기Silurian Period 생물 대멸종의 원인이라는 설을 발표했다. 겨우 10초 동안의 강렬한 감마선이 오존층의 약 절반을 파괴했고, 자외선이 생명의 대부분을 파괴했다는 것이다. 확실한 증거가 있는 것은 아니지만 감마선 폭발은 광대한 우주에서 일상다반사인 현상이므로 생명의 역사에서 수십억 년 동안 한 차례 정도는 은하계에서 제트가 지구를 향해 폭발했을 가능성은 부인할 수 없다.

　연감마선 리피터(1.2.6절)는 일반적인 감마선 폭발과 달리 은하계 내의 천체이고 방출에너지도 적다. 하지만 2004년 12월 27일에 SGR 1806-20에서 발생했던 대규모 섬광은 위성궤도에서의 감마선 개수가 $10^{11}\ \mathrm{m}^{-2}\mathrm{s}^{-1}$에 이르러 대부분의 검출기가 마비되었다. 폭발은 순간적이어서 문제가 별로 없겠지만 만약 장시간 계속된다면 방사선 피폭이 두려워 우주비행사의 우주선 밖의 활동은 전혀 불가능할 것이다.

참고문헌 ▰▰▰▰▰▰▰▰▰▰▰▰▰▰▰▰▰▰▰▰▰▰▰▰

전체

小山勝二 著, 『X線で探る宇宙』, 培風館, 1992

日本物理學會 編, 『現代の宇宙像 ― 宇宙の誕生から超新星爆發まで』, 培風館, 1997

高原文郎 著, 『天體高エネルギー 現象』(岩波講座 物理の世界 『地球と宇宙の物理』 4
巻), 岩波書店, 2002

嶺重 愼 著, 『ブラックホール天文學入門』, 裳華房, 2005

小山勝二・中村卓史・舞原俊憲・柴田一成 著, 『見えないもので宇宙を觀る ― 宇宙と
物質の神秘に迫る(1)』, 京都大學學術出版會, 2006

奧存治之・小山勝二・祖父江義明 著, 『天の川の眞實 ― 超巨大ブラックホールの巣窟
を暴く』, 誠文堂新光社, 2006

キップ. S. ソーン 著, 林 一・塚原周信 譯, 『ブラックホールと時空の歪み』, 白揚社,
1997

제1장

柴崎德明 著, 『中性子星とパルサー』, 培風館, 1993

제2장

北本俊二 著, 『X線でさぐるブラックホール ― X線天文學入門』, 裳華房, 1998

제3장

福江 純 著, 『宇宙ジェット ― 銀河宇宙を貫くプラズマ流』, 學習研究社, 1993

柴田一成・松元亮治・福江 純・嶺重 愼 編, 『活動する宇宙 ― 天體活動現象の物理』,
裳華房, 1999

제4장

寺澤敏夫 著, 『太陽圈の物理』(岩波講座 物理の世界 「地球と宇宙の物理」 2卷), 岩波書店, 2002

中村卓史・大橋正健・三尾典克 著, 『重力波をとらえる ― 存在の證明から檢出へ』, 京都大學學術出版會, 1998

柴田 大 著, 『一般相對論の世界を探る ― 重力波と數値相對論』 東京大學出版, 2007

현대의 천문학 시리즈 제8권

블랙홀과 고에너지 현상

초판 1쇄 발행일 | 2016년 11월 11일

엮은이 | 고야마 가쓰지 · 미네시게 신
감　수 | 김두환
옮긴이 | 주혜란

펴낸이 | 이원중
펴낸곳 | 지성사
출판등록일 | 1993년 12월 9일　등록번호 제10 - 916호
주소 | (03408) 서울시 은평구 진흥로1길, 4, 2층
전화 | (02)335 - 5494　팩스 (02)335 - 5496
홈페이지 | 지성사.한국　www.jisungsa.co.kr　**이메일** | jisungsa@hanmail.net

ISBN　978-89-7889-323-7　(94440)
　　　978-89-7889-255-1　(세트)

잘못된 책은 바꾸어드립니다. 책값은 뒤표지에 있습니다.

이 책의 한국어판 판권은 Tuttle-Mori Agency, Inc.와 Eric Yang Agency, Inc.를 통한
Nippon-Hyoron-sha Co.와의 독점 계약으로 지성사에 있습니다.
저작권법에 의해 한국 내에서 보호를 받는 저작물이므로 무단 전재와 무단 복제를 금합니다.

이 도서의 국립중앙도서관 출판예정도서목록(CIP)은 서지정보유통지원시스템 홈페이지(http://www.nl.go.kr)와
국가자료공동목록시스템(http://www.nl.go.kr/kolisnet)에서 이용하실 수 있습니다.(CIP제어번호: CIP2016024323)